钱塘莲花

——杭州奥体博览城主体育场科技创新实践

杭州奥体博览中心滨江建设指挥部　编著

The lotus besides the qiantang river

中国建筑工业出版社

图书在版编目（CIP）数据

钱塘莲花：杭州奥体博览城主体育场科技创新实践 / 杭州奥体博览中心滨江建设指挥部编著. — 北京：中国建筑工业出版社，2019.4

ISBN 978-7-112-23559-9

Ⅰ.①钱… Ⅱ.①杭… Ⅲ.①体育场—工程施工—概况—杭州 Ⅳ.①TU245

中国版本图书馆CIP数据核字（2019）第058960号

世纪工程——杭州奥体博览城的建设促进了杭州成功申办第19届亚洲运动会。八万人主体育场优雅而富有张力的花瓣外衣造就了一朵巨大、动态、华贵美丽的莲花，傲然绽放在钱塘江畔。

八万人主体育场是杭州奥体博览城体育运动场区的核心建筑，本书通过介绍该项目从国际招标、概念设计、方案研究，到设计、施工、建成的一系列建设过程，将如何精心设计、精心施工、精心管理的实际事例展现给读者。

全书介绍了八万人主体育场建设的新技术、新工艺，以及建设者们精益求精的精神，对促进我国新时代体育场馆建设的技术创新将会产生推广示范效应。

本书适合从事工程建设的技术人员、科研人员，以及大专院校相关专业师生参考阅读。

责任编辑：滕云飞
责任校对：李欣慰

钱塘莲花——杭州奥体博览城主体育场科技创新实践
杭州奥体博览中心滨江建设指挥部　编著

*

中国建筑工业出版社出版、发行（北京海淀三里河路9号）
各地新华书店、建筑书店经销
北京点击世代文化传媒有限公司制版
上海雅昌艺术印刷有限公司印刷

*

开本：880×1230毫米　1/16　印张：24¼　字数：545千字
2019年5月第一版　2019年5月第一次印刷
定价：268.00元
ISBN 978-7-112-23559-9
　　　（33848）

编委会

主　编： 劳唯中

副主编： 王　靖　刘　慧　周观根　游劲秋　蒋金生
　　　　包立忠

编　委（按姓氏笔画为序）：
　　　　丁伟军　王子颖　王永梅　王雨洁　朱可文
　　　　刘贵旺　李　扬　杨厚安　杨想兵　张　羿
　　　　张泽宇　张绍原　张雯雯　周　俊　程　波

序一

杭州，一座有着悠久历史、灿烂文化的名城，在新时代中国特色社会主义思想的指引下，在改革开放的大潮下，正在从西湖时代迈入钱塘江时代，蓬勃发展。

2009年，杭州市委市政府确定在钱江新城东南面的钱塘江南岸1.54km²的黄金宝地建设奥体博览城。奥体博览城设有两个中心，一是奥体中心，有8万座的主体育场，1.8万座的体育馆，6000座的游泳馆，1.6万座的网球中心和小球中心；二是博览中心，有7500个国际标准展位。其总建筑面积达270万m²，规模之大、标准之高前所未有，对杭州是一项富有挑战性的工程，一项标志性工程，是杭州新的城市名片。

8万座的主体育场工程建筑面积21.6万m²，总投资达25亿元，是国家特级大型体育建筑，是奥体中心的核心建筑，是杭州市新时代地标建筑。设计中充分考虑了赛后运营，将杭州群众文化中心、杭州非物质文化遗产保护中心和中国印学博物馆纳入其中。同时在核心区内建设有配套的地下商业，以及供市民旅游、休闲、健身、娱乐、购物等功能齐全的活动场所，创造了全新概念的大型体育公园。

主体育场建筑造型新颖，采用单层网壳和径向伸臂桁架与环向张弦梁组合空间钢结构体系，建筑美和结构美协调融合，犹如一朵巨大盛开的白莲花坐落在钱塘江南岸，与杭州钱江新城隔江遥遥相望，极大提升了杭州城市的品位和景观环境。

钱塘莲花——杭州奥体博览城主体育场的建设充分展现了新时代建设者们的创新精神和克难攻坚的科学态度，为我国体育建筑建设事业做出了贡献，值得我们广大工程技术人员学习。

中国工程院院士

浙江大学空间结构中心教授

2018年7月

序二

　　坐落在杭州钱塘江南岸的"钱塘莲花"——八万人主体育场是杭州奥体博览城的主要建筑，在 2016 年 G20 峰会前夕基本建成。"钱塘莲花"通过 G20 峰会走向世界，成为杭州一座闻名国内外的新的地标建筑。

　　《钱塘莲花》记录了这座地标建筑的建设全过程，从规划、设计到施工和管理，内容非常丰富。设计篇着重叙述了主体育场的设计思想，其创新理念怎么和杭州这座历史文化名城、杭州西湖、钱塘江相融合，方案设计者通过深入研究、论证，提升完善、精益求精，做到了精心设计。施工篇叙述了工程建设者们在建设中采用新材料、新技术、新工艺解决难题，克难攻坚，用一丝不苟的科学态度和解决难题的创新精神以及对重大结构质量全过程控制的方法，确保工程优质，做到了精心施工。管理篇叙述了新时代大型体育场馆建设管理的新理念、新方法、新举措，通过精准务实的应对措施克服了国际金融危机带来的融资特别艰难，新型建设管理体制探索期团队运作统筹特别困难等问题，助推奥体项目实现了"高起点规划、高强度投入、高标准建设、高效能管理"。

　　《钱塘莲花》这本书是对八万人主体育场诞生过程中遇到的重大事项的真实总结，值得推广，将对我国体育建筑的建设繁荣、健康发展提供宝贵经验。

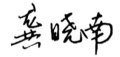

中国工程院院士

浙江大学滨海和城市岩土工程研究中心教授

2018 年 7 月

序三

  杭州奥体博览城是杭州从"西湖时代"迈向"钱塘江时代"、实施"拥江发展"的标志性工程，八万人主体育场更是其代表性建筑之一。主体育场工程自 2011 年 2 月正式开工以来，秉持精益求精的工匠精神，一步一个脚印：2012 年完成了混凝土结构工程，2013 年完成了钢结构工程，2014 年完成了金属屋面工程，2015年完成了幕墙工程，2016 年完成了亮灯工程，2017 年完成了精装修工程并通过了竣工验收。特别在 2016 年杭州 G20 峰会期间，主体育场以亮灯方式花开江畔，惊艳亮相于全世界，充分展示出这一百年工程"高贵单纯"的精品质量和杭州发展走入新时代的"静穆伟大"新形象，因而被世人亲切地称为"盛世莲花"。

  杭州八万人主体育场建筑面积约为 21.6 万 m^2，外形似莲花，造型动感飘逸，由 28 片大花瓣和 27 片小花瓣组成，可容纳 8 万人，是中国最大的体育场之一。它凝聚了国内外建筑师的智慧，设计方案展现出人与自然的高度融合；它凝聚了数十家参建单位的心血，建设过程体现出专业专注和攻坚克难的工匠精神；它凝聚了行政部门和业主单位的新理念，全程实现了"高起点规划、高强度投入、高标准建设、高效能管理"；它凝聚了杭州广大市民的热切希望，主体育场亮灯已成为钱塘江畔一道亮丽的风景，更重要的是项目设计之初杭州并无国际国内体育赛事筹备，更多考虑的还是市民免费健身的长远民生需要。相信杭州奥体主体育场的社会效益和民生效益将日渐体现。

  为了让广大市民能够有机会近距离感触杭州奥体主体育场这一划时代工程建设过程中的点点滴滴，同时也为及时总结主体育场在设计、施工和管理等方面的宝贵经验以供建筑从业人员参考，杭州奥体博览中心滨江建设指挥部编辑了这本以主体育场为主的建设全过程文集。相信读者能够有所收获，也相信此书将成为记载杭州奥体建设的重要文献。

中国工程设计大师

2018 年 7 月

序四

杭州新地标建筑——杭州奥体博览城主体育场，其外形由 28 片大花瓣和 27 片小花瓣组成，亭亭玉立于江畔，犹如钱塘潮"涌"现出一朵"白莲花"，轻盈华丽，卓然不群，展现了杭州特有的柔而不媚的文化气质。

从结构意义上来说，这一工程每个大、小花瓣的骨架采用了空间钢管桁架结构和弦支单层网壳结构，悬挑端檐口由内环桁架将大小花瓣连在一起，再覆以弧形金属屋面板，其结构的形状和建筑造型是一致的，正所谓形态美和结构美的有机统一。

该工程采用了许多新技术，开展了研发攻关和工艺改进，比如超长混凝土底板施工、百年耐久混凝土材料、复杂铸钢节点埋设、空间弯曲钢管制作、空间弧形金属屋面成形等，充分体现了新材料、新技术、新工艺的运用。令人印象深刻的是，业主和建设者精益求精的工作风格，以及不断追求工程高品质的不懈努力。

我承担了该工程的结构健康监测任务，从 2012 年持续至今。在这个工程中，我们采用自主研发的无线传感智能物联网监测系统，布设了 800 多个测点，这可能是迄今国内外最大规模测点数的健康监测项目。通过健康监测，我们完整记录了该结构从拼装到卸载的建造过程中的性能变化，获得了大量珍贵的数据，包括结构的应力分布，以及风荷载、雪荷载、温度场等结构效应。健康监测不仅为工程建设和正常使用提供了保障，也为科研和建筑设计取得了现场第一手实测资料。而且，该监测工程成为国家科技支撑计划项目的示范工程。

本书全面阐述了该项目的立项、建设和管理过程，内容丰富、具体、翔实，可参考性强。相信本书的出版可以为大型工程的建设提供非常有益的借鉴。

浙江大学建筑工程学院院长、教授

2018 年 8 月

前言

2008年，一声春雷，美丽的西子湖畔吹响了杭州跨江发展的号角，市委、市政府组建奥体博览城建设指挥部，钱江两岸春潮涌动，掀起了波澜壮阔的浪花。杭州这座历史文化名城将乘着中国新时代改革的大潮，从一个高点奔向另一个新的高点。

杭州要建设从来没有建设过的国际一流、国内领先的大型体育会展建筑，满足改革开放日益提高的人民文化生活水平。作为大都市迈向新时代的巨大工程，该建筑建设的起点定位要高。首先选址定位在钱塘江南岸，与杭州市民中心遥遥相望的约1.54km²的风水宝地上，场地中间有一条七甲河与钱塘江相连，周边有钱江三桥、四桥、庆春路过江隧道，有杭州国际机场快速大道和正在规划建设的望江路过江隧道、青年路过江隧道以及地铁6号、7号线，交通十分便利。

要做到国际一流、国内领先，关键在方案设计。2008年3月，杭州市进行国际招标，是吸纳国内、世界设计精英的一种途径。许多精彩绝伦的方案放在专家的案桌上，放在浙江省展览馆的大厅内，经过广大市民的挑选和专家多轮深入的评论，最终确定了2号方案为基本方案。

一场杭州新地标建筑群的建设从此拉开了序幕……

（注：本书仅记述主体育场的建设。本书编写中，参编单位和各位同仁给予了大力支持，提供了技术资料、图片、摄影照片等，在此表示感谢。参编单位：悉地国际设计顾问（深圳）有限公司、浙江省建筑科学设计研究院有限公司、中天建设集团有限公司、浙江东南网架股份有限公司、浙江中南建设集团有限公司。）

目录 | CONTENTS

The lotus beside the qiantang river

第
一
篇
设
计
篇

About the design

总体鸟瞰图

第一章 概念设计

第一节 设计构思

杭州悠久的历史与深厚的文化底蕴，注定了它的不平凡，元朝时它曾被意大利著名旅行家马可·波罗

赞誉为"世界上最美丽华贵之城"，丝绸、西湖、钱塘、龙井，更是给人们留下了不可磨灭的印象。

杭州奥体博览城设计的初衷是创造一座真正适于杭州的独特建筑，一座完全展现奥体中心、国际会

图1-1 沿江透视图

展中心功能和满足城市居民渴望的独特建筑。在人民眼中，它是一个具备卓越功能的复合多功能设施，是与杭州完美契合的地标性建筑，是杭州面向世界的窗口。

杭州三面环山、四面萦水，山与水的关系提供了重要的设计灵感———一种概念上的"环抱"。

杭州奥体博览城主体育场北邻钱塘江，东靠七甲河，是场内最接近水体的建筑，与钱塘江形成直接对

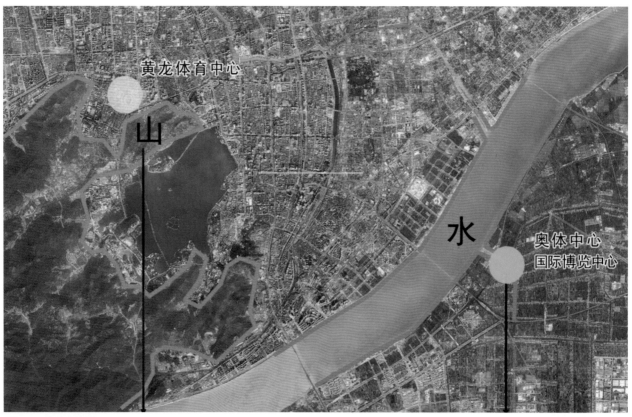

图1-2 市区平面图

图1-3 丝织

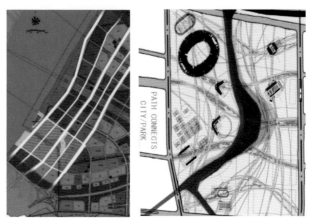

图1-4 路网

话。从整体方案来看，无论是游泳馆与水池之间的美学，还是会展中心建筑群体与七甲河的围合关系，都用一种呼应大环境的方式，将"围而不合"的"环抱"概念融入场地之中。

杭州盛产丝绸，蚕丝作为绸缎的原料被载入不少

中国古典诗词之中。如《诗经》中反映妇女从事农桑事业的情景："春日载阳，有鸣仓庚。女执懿筐，遵彼微行，爰求柔桑。"从大量的对蚕桑丝绸的描写中，我们可以窥见丝绸对杭州乃至中国文化的巨大影响。由丝绸延伸出的大概念反映了本设计对都市纹理与

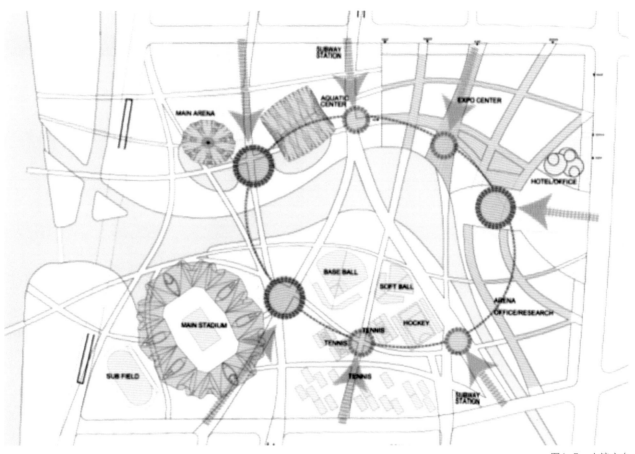

图1-5　人流方向

场地的理解：

　　场地的周边被完整的城市路网所围绕，但场地中心的七甲河南北向穿越，汇入钱塘江，完整的路网被迫切断。作为一个整体的城市空间，断裂的纹理需要修补与连接，场地设计需采用一种平滑柔顺的方式，在满足交通系统需求的同时，形成一种有机的联系，像丝一般将各种流线编织起来，不仅明确延伸城市交通系统，也形成一种动态的场地布局方式，同时对七甲河的曲线形态形成某种程度上的呼应。

　　概念梳理的结果，我们所提炼出的不仅是一个体育中心和博览中心，还首先应该是一个城市生活的场所，一个内容丰富的"公园"，是城市的一部分，而不是独立于城市之外的某个中心。它必须同时具有吸引和辐射的魅力，发展自身的同时带动周遭。它同时凝聚体育事件（庆典）和日常生活（休闲）两种氛围，不仅仅能提供多重功能的便利使用，更是一个展示生活场景的舞台。所在其中的建筑、景观不只是一个个凝结的形象，而更应该成为一种生活中的体验，具有参与感和共生性[1]。

　　经过反复的设计推敲，最终我们建立了基地的总体框架，即经纬编织的整体交通框架，以及"环山抱水"的空间结构。在此框架之上又重叠了两个层次的空间节点，第一个层次是基地边界的城市空间节点，由各个入口广场组成，第二个层次是七甲河沿岸的公

[1]　刘慧、秦笛．"看"不见的设计——杭州奥体博览城总体设计的成长之路 [J]. 建筑技艺 2011（3）: 134.

园空间节点,由各个休闲广场组成。这些节点同时也是"编织"的交点,承担基地的人流组织,人从城市的四面八方而来汇聚于此,相遇、停留、分别、分散至基地的各个部分。

第二节　规划设计

钱塘江自古以来一直滋养着杭州这片土地,孕育了这座城市的文化特征、地域特征及人文气质。"钱塘绿洲"的灵感基于对钱塘江自然环境的分布与文化历史背景的理解,进行抽象思维而得出的设计概念。通过对建筑体量的切割和穿透而形成的空间经络,就像水系和隐藏的丝绸文化一样,将自然和城市等外部因素最大程度地引入到建筑各个角落当中,为这些空间赋予生命和能量。与传统意义的建筑内外分明的做法不同,我们强调的建筑边界是内、外互相影响的,包括建筑与城市空间、建筑与自然(阳光、空气、水)、建筑与景观视觉、建筑与城市步行系统、建筑与人文生活等,而设计概念都体现在这些不同的层面当中。

2.1　总平面布置

奥体博览城有两个中心,一个是奥体中心,一个是会展中心。

奥体中心体育场馆投资大、维护费用高、回收资金缓慢,在设计前期阶段必须对日常运营充分考虑、精心策划,从源头上为日后的日常运营搭建出极具商业潜力的平台。设计以激活大型体育建筑的功能和公共投资的长远效益为目标,让仪式、典礼化的重大赛事活动成为日常城市生活中像节日般的一部分,将体育、商业、文化、旅游、度假及休闲等诸多功能要

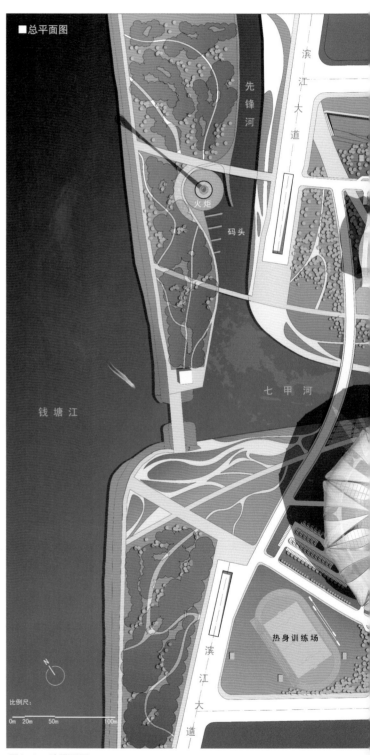

图1-6　总平面图

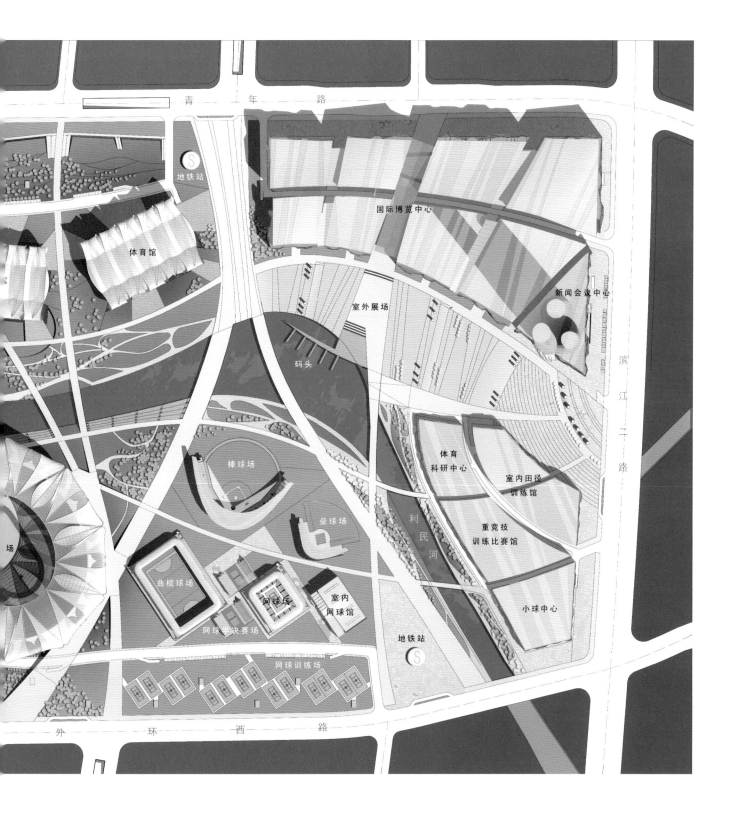

地铁站

体育馆

国际博览中心

新闻会议中心

室外展场

码头

滨江二路

体育科研中心

室内田径训练馆

棒球场

重竞技训练比赛馆

垒球场

利民河

曲棍球场

网球场

室内网球馆

网球半决赛场

小球中心

地铁站

网球训练场

外 环 西 路

素加以理性的布局设计，以多元化运营体系激发该地区持续的生命力，由此提升城市乃至更大范围的发展潜力。

我们关注的是如何让杭州奥体中心、国际博览中心成为城市新区的活力源，带动城市新区的发展，引导新区文化潮流及生活方式，提升城市品位，这是规划所思考的重点。研究奥体中心在城市新区内乃至整个杭州市内所承载的无形价值，是规划设计的关键。

规划设计方案将场馆布局在水与绿色之间，创造人与自然亲切对话的环境，营造一个集体育赛事、体育训练、商务休闲、生态健身于一体的生态体育公园。方案强调景观与建筑单体的地域特征，着重体现当代体育建筑技术与艺术的时代性，以打造体育公园为设计的基本概念，在满足大型比赛要求的同时，强调赛后运营的重要性。

杭州要在钱江新城市民中心的钱塘江对岸新建设一组标志性建筑群，因此规划设计将奥体中心、会展中心有机结合起来。奥体中心与会展中心结合后成为城市中最辉煌的建筑群之一，它们代表了这个城市的希望和梦想，它们为促进贸易和旅游，促进全民运动，激励经济和社会发展，提高人民生活品质贡献着巨大的力量。

总图布局考虑以下几个方面：

2.1.1 建筑与城市空间

建筑总体面向城市的街区空间敞开，将城市的气场与建筑形态一脉贯通。设计并未一味创造体育场和其他个别单体建筑形象，更多考虑的是如何最有效地利用建筑体量来围合塑造城市空间。所以从这个角度出发，真正的中心并非只是建筑本身，还有建筑围合的城市空间和生活在其中的人们。

2.1.2 建筑与景观视觉

规划设计范围地处钱塘江边，钱江新城对岸。从中间南北贯穿建设场地的七甲河，以及现存的湿地也为区域提供了某种程度的自然环境。开放的视觉通廊可以将这些景观资源渗透到建筑中的各个角落，穿梭于建筑中的行人也可以获得步移景异的动态景观体验；同时钱塘江岸与七甲河也为行人提供了视觉、听觉与触觉的享受。另一方面，场地内的建筑也给在钱塘江对岸及在船上的人们一种意想不到的视觉体验。

2.1.3 建筑与城市步行系统

沿建筑界面的城市步行系统设置若干大尺度的开口，将城市各个方向的人群吸纳到建筑内部当中去。建筑不再是矗立在城市街区并将其割裂开的庞然大物，其内部的经络和城市紧密相连。人们可以自由地穿越或停留，尽情体会建筑赋予城市的能量和意境。

2.1.4 建筑与自然（阳光、空气、水）

建筑在平面和剖面上通过穿孔和切割的方式向自然开放，充分地引入阳光、空气、风和水，使在建筑内部或步行平台上活动的人群能够体验到这些自然因素经建筑空间带来的宜人感受。

2.1.5 建筑与人文生活

场地东西侧两端的地铁站把来自不同地区的人群引入到场馆中，是为此项目注入能量的重要节点。而西侧的主体育场主广场不仅赛时能满足人流集散的需求，赛后更能作为新城市民集会、举办大型活动的主要场所，是城市聚合能量的重要节点。沿七甲河的步行平台作为这两个能量节点的联系纽带，被钱塘江和七甲河所环绕，共同满足新城人群及外来人群户内外的休闲、健身、娱乐、旅游等各种需求。

图1-7 树林

图1-8 浪涌

图1-9 河景

图1-10 码头

2.2 景观规划

2.2.1 设计构思：林幽，水涌

杭州，一座有着悠久历史、深厚文化的"美丽华贵之城"，可以用林海茫茫、溪流潺潺、亭台楼榭、风光旖旎概括这座魅力之城的园林特点。场内的景观设计，基于城市的景观特点，提取"林幽，水涌"的设计构想。

林幽：柔稍披风，郁郁青青，树林丛生；

　　　百草丰茂，桂竹萧萧，春和景明。

水涌：鳞浪层层，水声潺潺，秋风萧瑟；

　　　洪波涌起，波澜不惊，上下天光。

2.2.2 景观肌理

抽离出"林"和"水"的线条图案，流畅优美，明朗而富有力度。具有流动感的景观肌理正是用流畅优美的形式来表达对运动和活力的理解。一"幽"一"涌"，亦静亦动，公园与体育相融合，利用流动的线条围合塑造动静空间。

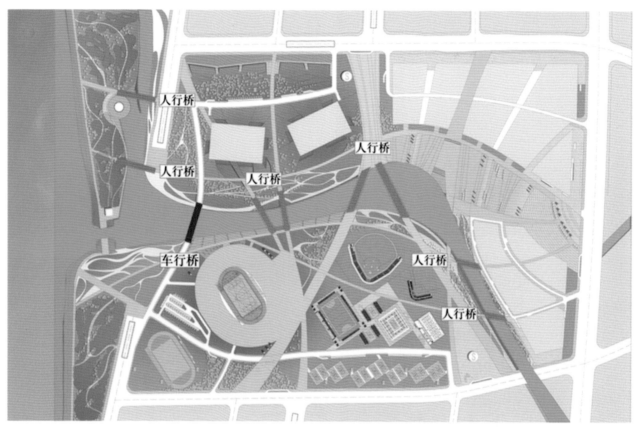

图1-11 平面图

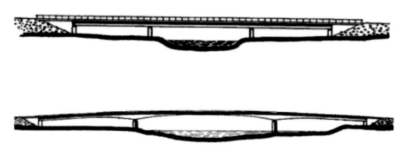

图1-12 桥梁造型创意

2.3 桥梁规划

根据场地特征，在七甲河上规划1座车行桥，8座人行桥。

2.3.1 结构形态规划

桥梁造型从避繁趋简入手，以最少的材料、构件组成最有效的传力通道，简洁明快、轻巧纤细、连续流畅。结构的纤细轻巧主要体现在桥梁主梁断面的形状、梁高的视觉印象及桥墩的体量处理上。

2.3.2 桥梁形态与场地环境

在规划设计中，使桥与环境互相补充、自然和谐，恰当地体现桥梁的存在，或是使桥从属于景观，掩映于环境中，点缀七甲河水景。桥型简洁轻巧、河水清

图1-13 树景

澈波平、倒影入水，虚实动静相映成趣。

2.4 绿化规划

场地绿化主要选用具有本地优势的树种，适当选用引进的外来树种，稳定骨干树种，实现植物多样化，创造多种生态环境，丰富植物群落。

确定以常绿阔叶树种为主，常绿与落叶阔叶树种混交的基本外貌，充分利用樟科、山东青科、山茶科、槭树科、木兰科、杜鹃花科、蔷薇科、豆科、灰木科、小檗科等观赏树种来造景。

2.5 商业运营规划

我们生活的世界瞬息万变，娱乐世界充满了竞争，而人们对最富激情的娱乐充满了向往，寻找着亲身参与到这些娱乐中的机会，并渴望这些娱乐能够唤起自己的激情。

体育健身是全民健身生活的潮流，也是大型体育公园的核心内容。公园内为全民健身提供了公益性的场地和器械，向公众开放，使这里成为新的生活方式的发源地。结合场馆开设各种不同档次规模的健身俱乐部，获取会员收益。非标准竞技类的城市极限运动

图1-14　河景

为年轻人所喜爱，其观赏性和参与性都具有相当优势，因而公园内设置相应的场地及设施，定期举办相关的商业活动，在吸引人流的同时创造体育公园营运的价值。

本项目注重突出体育中心绿地公园的优势，在目前人们对于健身需求日益提高的情况下，准确把握相对高规格的客户群体，为商务人士提供洽谈、会晤、度假、休闲、健身的一体化服务。同时还可以包括体育产业化的部分内容，为部分运动俱乐部的住宿提供场地及配套条件的优良服务。此外，户外运动拓展作

为锻炼员工意志和培养团队精神的有效手段，已经为越来越多的人所推崇，公园为企业提供定制的拓展训练服务，也将有助于公园获取收益。

2.6　交通规划

2.6.1　交通规划设计理念

奥体博览城是体育和会展类项目，交通的潮汐现象会十分明显，即赛时会有大量的人员和车辆进出，道路拥堵现象将会十分严重。为了缓解这种状况，本项目倡导"以人为本、公交优先，加强管理"的交通

图1-15 贵宾包厢及相关服务设施

图1-16 集会、庆典、演出等大型活动的使用

图1-17 休闲、健身

规划策略。"以人为本"是使区域内交通规划设计保证所有人能平等地、安全地、舒适地活动，形成和谐的公共活动空间。"公交优先"是为来去奥体博览城的人们提供高质量的公共交通服务，从而也保证以人为本、行人优先规划理念的实现。"加强管理"是指通过多种地面交通管理措施（红绿灯设置、合理分配上下行车线、

分时段开放出入口等）来对区域内交通总量进行控制，保证交通畅通。

2.6.2 交通管理措施

进入场地主要有3种车流：公共交通、社会车辆（VIP车辆）和货运车辆。合理安排好3种交通是解决交通潮汐现象的关键。因此，赛时对进出场地的出入

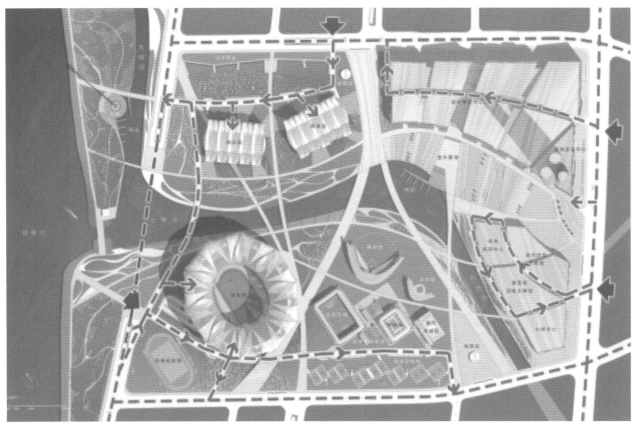

图1-18 车行系统图

口采取分时段交通管制措施，充分利用规划干道、过江隧道、桥梁和地铁来疏散人流，保证赛后人员能够及时离开。

2.6.3 场内步行系统

奥体博览城地面步行系统由个性化的广场、一系列的滨水空间以及流线型的人行步道等多元化元素组成。赛时只为观众开放，赛后将成为一个面向公众的、连接社会的综合步行系统。

主体育场与三球中心区之间设有二层平台，可使观众方便地进入主体育场，避免流线的混杂与交叉。

第三节　主体育场

作为奥体中心核心部分的主体育场建筑，它是如此独特，折射出城市的需要和期待，作为城市的大平台，它承载着这里的希冀和梦想。而杭州，一座有着悠久历史、深厚文化底蕴的魅力之城，这里有郁郁葱葱、流水潺潺的景色，更有华美丝绸、神话西湖，在这样的土地上建造起来的体育场，不仅要展现体育竞技的勃勃生机，更要刻画出天堂之城的美丽和华贵。

主体育场是整个奥体中心的心脏，也是位于钱塘江南岸的地标性建筑。主体育场设计的灵感源自于设计者对杭州自然环境与文化历史背景的深刻理解，并在此基础上进行的抽象构思。设计方案通过对建

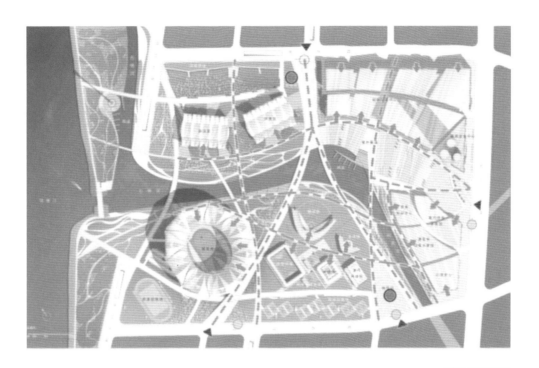

地铁站点

公交站点

图1-19 人行系统图

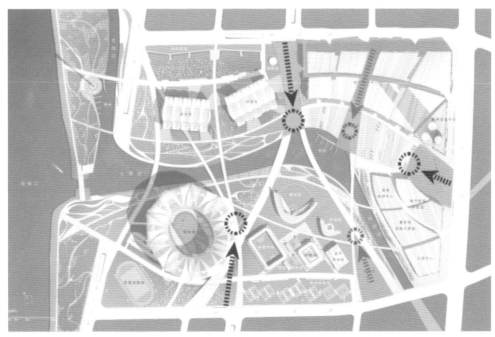

主要人流节点

主要城市人流

主要集散广场

图1-20 人流集散示意图

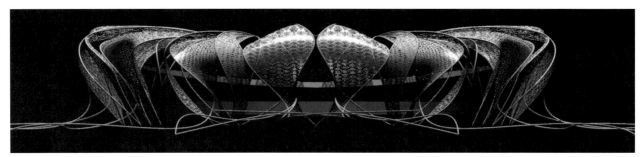

图1-21　体育场初始概念

筑体量的切割和穿透而形成的飘逸灵动的空间经络，隐喻着场地内的水系特征和丝绸文化。同时它还将自然和城市等外部因素最大程度地引入到建筑的各个角落当中，为这些空间赋予了生命和能量。

有别于钱塘江北岸日月同辉般的稳重，本设计追寻的是一种轻盈的律动感：通过"编织"的概念，将原本生硬的钢筋骨架转化为呼应场地曲线的柔美形态，再以一种秩序将这些体态轻盈的结构系统编织起来，最终形成了主体育场的主体造型。这些空间经络于外在以优雅又富有张力的花瓣外形为表现形式，正是活力动感与华贵美丽的完美结合，使人群行走在其中时，能够享受到一种震撼且轻盈的空间体验。

它们似花非花，如梦如幻，却又卓尔不群，傲然挺立在钱塘江畔。

第二章　深化设计

杭州奥体博览城建设项目在招投标工作结束之后，经历了长达一年半之久的设计优化和深化的过程。优化的主要工作集中在基地交通和建筑功能的整合与完善以及主体育场造型设计的精细化和标准化。在方案优化的过程中，项目团队始终坚持的原则就是保持初始设计理念的清晰完整，避免被具体问题左右。

第一节　总图优化

1.1　优地优用

杭州奥体博览城地处钱塘江南岸，与杭州市民中心隔江相望，占地 1.54km²，中间南北向有一条七甲河穿过，是滨江新城和钱江世纪城的中心区块，是一块黄金宝地，建设要让黄金宝地发挥黄金效益。

杭州奥体博览城具有举办国际体育比赛和国内全运会的大型体育竞赛功能，又有国际、国内大型会展功能。"赛时风光，赛后冷清"是国内许多大型体育场馆运营面临的一大难题。如何解决赛后利用问题，在方案设计中就必须充分考虑赛后运营策略，充分考虑优地优用，实现"一馆多用，以馆养馆"的目标。根据大型体育公园和杭州旅游从西湖延伸至钱塘江的理念，设计方案中提出了增加大型商业设施和地下停车库的内容，即在体育场馆地块设置地下大型商业设施，把奥体博览城建设成具有旅游、观光、休闲、健身、购物、娱乐等综合性功能、适应新时代的新型城市综合体。

杭州历史悠久、文化底蕴深厚、西湖秀丽甲天下，被誉为"人间天堂"。杭州丝绸、剪刀、绸伞、中国印、龙井茶、大运河……许许多多文化遗产闻名世界。为了赛后运营吸引人气，提高杭州市民生活品质，杭州市委、市政府将杭州群众文化活动中心和杭州非物质文化遗产保护中心纳入主体育场裙房内。

2008 年北京奥运会开幕式将"中国印"推向了世界，为了弘扬"中国印"，设计方案在主体育场裙房内增设了中国印学博物馆。

经过历时一年半多轮的探讨、研究、论证，奥体博览城的设计内容有了很大的提升和完善。国际招投标时，奥体滨江区块主体育场区建筑面积为 250010m²，体育馆、游泳馆为 98460m²，小球中心为 60385m²，国际博览中心为 446401m²。方案设计提升、完善后，奥体滨江区块主体育场区建筑面积达 529762m²，体育馆、游泳馆达 396950m²，小球中心达 184431m²，国际博览中心达 824500m²，总建筑面积从 99.37 万 m² 提高到约 270 万 m²，真正做到了优地优用。

1.2　滨江大道调整

设计优化方案将滨江大道北移，与原七甲防洪闸合并，释放出更多的土地，为体育场、体育馆及游泳馆的设计提供了更好的场地条件。

1.3　平台、桥梁的调整

主体育场根据优地优用原则和赛后运营策略增

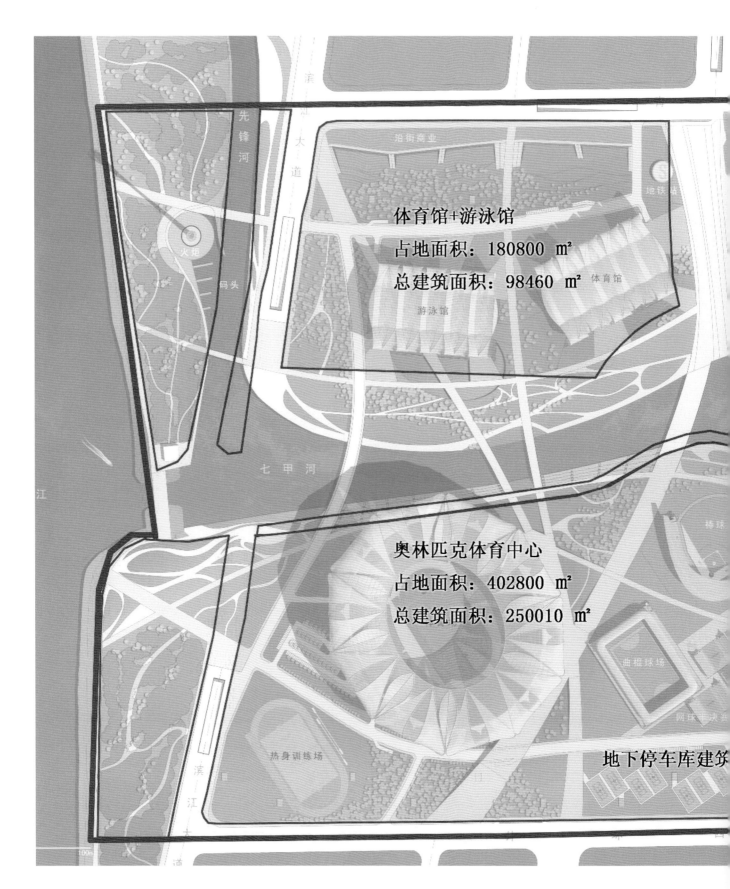

体育馆+游泳馆

占地面积：180800 ㎡

总建筑面积：98460 ㎡

奥林匹克体育中心

占地面积：402800 ㎡

总建筑面积：250010 ㎡

地下停车库建筑

国际博览中心

占地面积：209200 ㎡

总建筑面积：446401 ㎡

小球中心

占地面积：112100 ㎡

总建筑面积：60385 ㎡

236918 ㎡

图2-1　优地优用投标方案

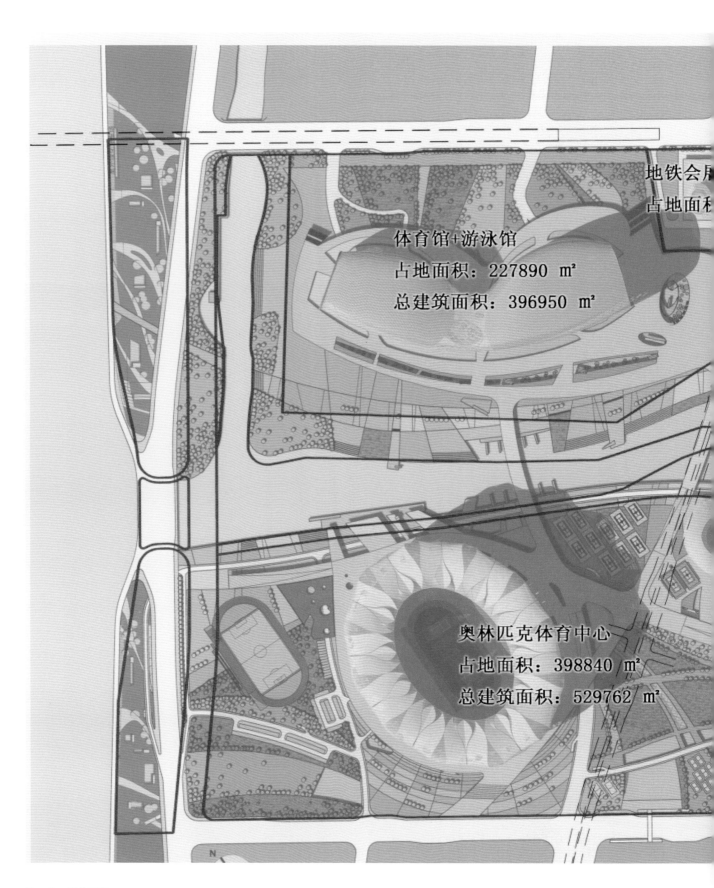

体育馆+游泳馆
占地面积：227890 ㎡
总建筑面积：396950 ㎡

地铁会展
占地面积

奥林匹克体育中心
占地面积：398840 ㎡
总建筑面积：529762 ㎡

国际博览中心
占地面积: 190250 ㎡
总建筑面积: 824500 ㎡

超高层双塔
占地面积: 77577 ㎡

小球中心
占地面积: 70366 ㎡
总建筑面积: 184431 ㎡

地铁奥体站上盖物业
占地面积: 46839 ㎡

图2-2 优地优用方案

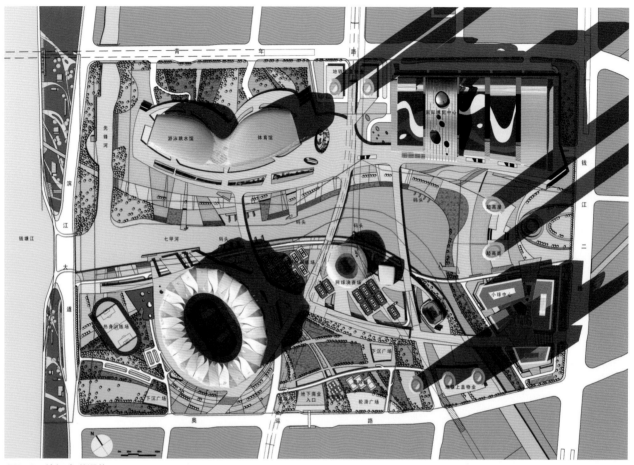

图2-3　滨江大道调整

加了 10 万 m² 的裙房建筑、25 万 m² 的配套及地下车库的建筑，为提升、扩展奥体场馆赛后作为新时代新型城市综合体的功能、大型体育公园的功能起到了重要作用。利用配套商业及地下车库，拉近了大型体育场馆与周围城市的距离；杭州地铁奥体站人流通过地下商业街可以直达各个场馆，有利于观众的聚集、疏散。

主体育场二层室外 4.5 万 m² 的疏散平台通过高架和桥梁将奥体博览城内主要的单体建筑连接起来。二层室外观众平台又可在赛后作为旅游观景平台、休闲平台使用。由于功能的变化，原来跨七甲河的纯步行桥升级为车行桥，场地内的交通便利性大大提升，

使各组建筑联系更为紧密。七甲河上下游原设计的 5 座桥改为 3 座，取消了先锋河上的 2 座人行桥，减少桥梁后，场地内拥有了更好的景观条件，降低造价的同时也使场内交通流线的组织更加顺畅。

1.4　增加网球中心

为了使奥体中心建设达到能承接国内、国际大型体育比赛的要求，原设计方案中比较分散的小型棒球场、曲棍球场被取消，规模较小的网球场馆得到提升，布置于主体育场的东南侧，形成一个业态完整、功能齐全、运营独立的网球中心。在建筑外形上，八万人主体育场是充满张力的巨型动态花瓣造型，网球中心

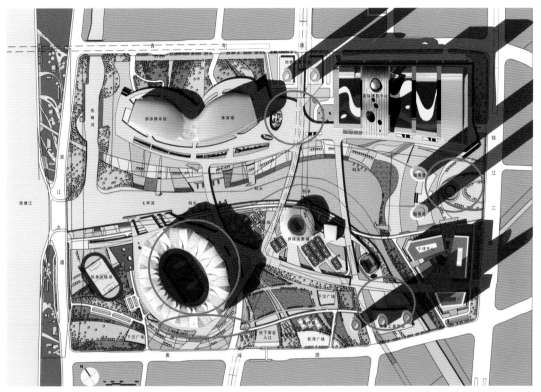

图2-4 主体育场平台调整

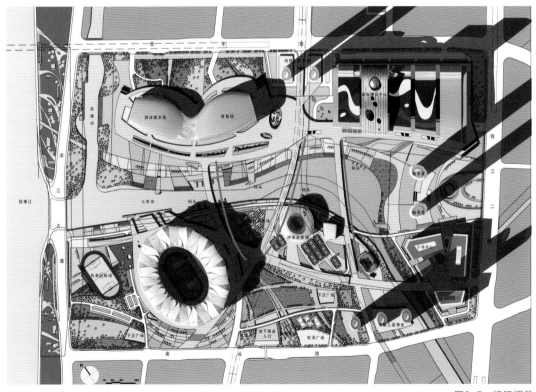

图2-5 桥梁调整

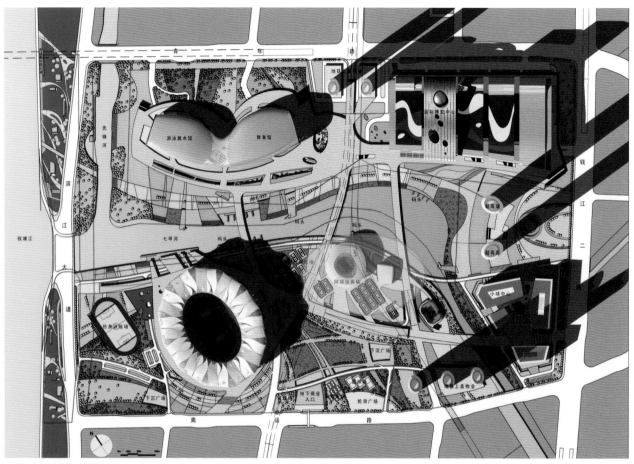

图2-6 网球中心调整

一万人的决赛场则是静态婉约的小花瓣造型，一动一静，更丰富了建筑群的观感。

1.5 场内交通研究

奥体博览城通过奥体、博览主要建筑群体功能的深化、完善、提升，场内总平面图进一步作了调整。场内路网交通系统从一层修改为两层，通过周边城市干道路网系统的规划、提升，场内交通网络与城市干道连接的出入口也基本确定。

1.6 七甲河河道调整

场区中间的七甲河自古以来是一条防洪排涝河道，在钱塘江出口有七甲闸。在此建设奥体博览城，要充分利用七甲河的湿地功能，一是要引江景入奥体博览城，将七甲河变为一条旅游观光河道，七甲闸东迁，原址改建为旅游船闸。运河大型槽坊船能从钱塘江进出奥体博览城，符合杭州从西湖时代迈向钱塘江时代的目标。河道蜿蜒弯曲，两岸建有游船码头，从而充分发挥七甲河的作用，做好、做足水文章。

1.7 建筑与城市交通系统

沿建筑边界面向城市的交通系统像丝编织的网络一般将各种流线编织起来，不仅明确延伸了都市的交通系统，也提供了一种动态的场地布局方式。

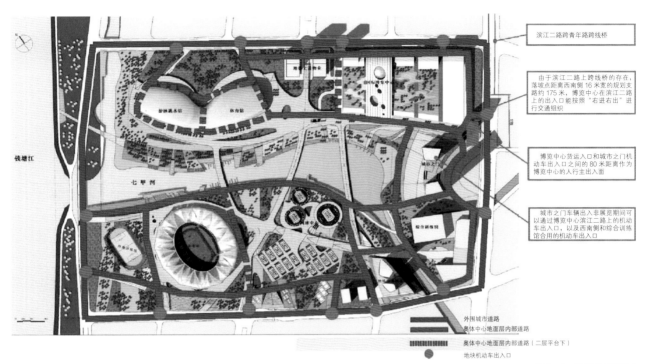

滨江二路跨青年路跨线桥

由于滨江二路上跨线桥的存在，落坡点距离西南侧16米宽的规划支路约175米，博览中心在滨江二路上的出入口能按照"右进右出"进行交通组织

博览中心货运入口和城市之门机动车出入口之间的80米距离作为博览中心的人行主出入面

城市之门车辆出入非展览期间可以通过博览中心滨江二路上的机动车出入口，以及西南侧和综合训练馆合用的机动车出入口

外围城市道路
奥体中心地面层内部道路
奥体中心地面层内部道路（二层平台下）
地块机动车出入口

图2-7　地面道路平面

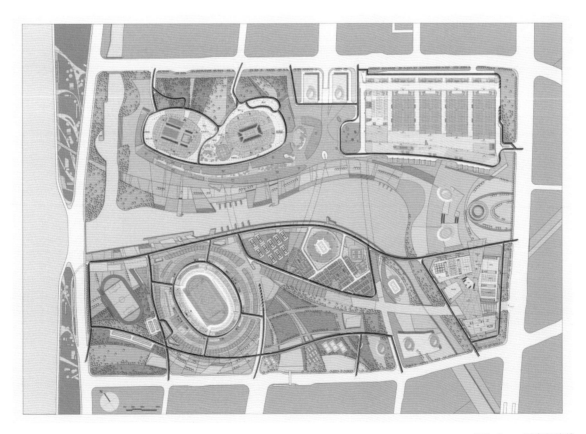

图2-8　一层车行流线

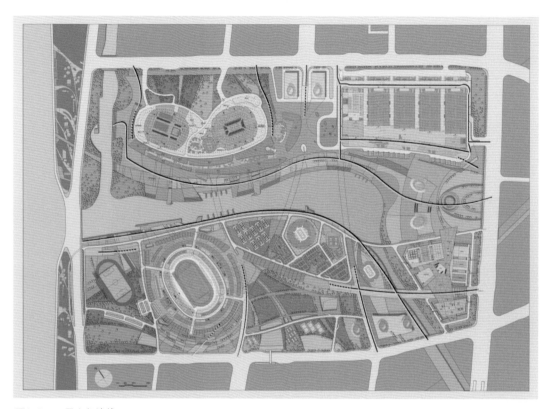

图2-9　一层人行流线

图2-10　二层车行流线

图2-11 二层人行流线

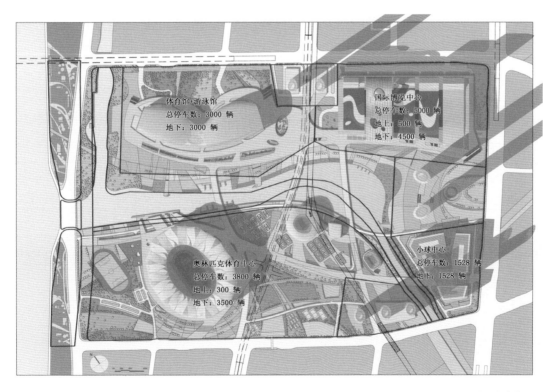

图2-12 地下停车位规划

图2-13 引江景入奥体博览城

主干道滨盛路在东西向穿越奥体博览中心场区时，路段改作地下隧道，并与各场馆的地下车库相通，赛后小汽车可直接通过滨盛路进入奥体博览城地下车库。通向地面有70多台电梯供人流上下，到达旅游、观光、休闲、健身、购物、娱乐等景点。为了提升大型体育场馆观众疏散的要求，杭州市地铁在场内东侧设有地铁博览站，在西侧设有地铁奥体站，奥体站还是杭州地铁6号、7号线的交汇站点。地铁站人流均通过地下商业街与各体育场馆相通，为赛时人流疏散，赛后旅游、健身、娱乐提供了便利、快捷的通道。

奥体博览城的外部交通在已有的钱江三桥、钱江四桥、庆春路过江隧道外，还规划有青年路、望江路过江隧道，极大地完善了奥体博览城外部的交通网络，并且提高了疏散能力。

第二节 河道、桥梁设计研究

杭州奥体博览城北临钱塘江，场内南北向有一条七甲河将场内分为两大区块。原来河道的功能是钱塘江南岸防洪排涝的出水口，在河道与钱塘江交汇处设有排灌站。

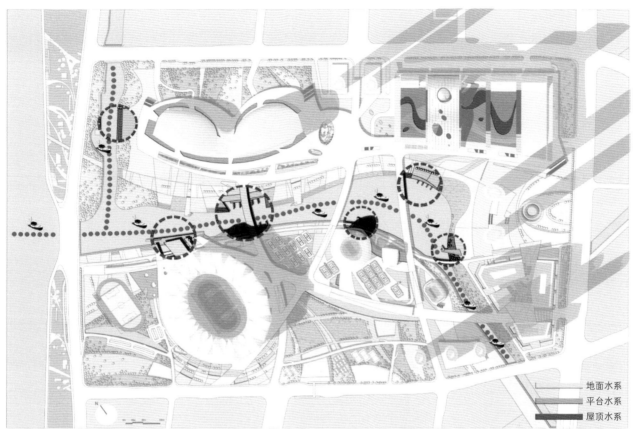

地面水系
平台水系
屋顶水系

图2-14 做好做足水文章

建设杭州奥体博览城是杭州市新时代实现"构筑大都市，建设新天堂"宏伟目标的重要组成部分，是杭州打造"生活品质之城"的重大工程，是从"西湖时代"迈入"钱塘江时代"的标志性建筑。七甲河需要从抗洪排涝河道改造成为提供旅游功能的景观河道，通过游船船闸与钱塘江连通，一方面连接西湖、京杭大运河、钱塘江的旅游景点，另一方面通过萧山的内河与湘湖等景点连通，从而延伸西湖的旅游线路。

2.1 船闸设计理念

七甲河游船船闸的功能是供杭州大型客运漕舫、画舫、水上巴士等旅游船只通行，船闸规模是确保一艘大型"杭州漕舫船"单向通行，上闸首位于内河侧，下闸首位于钱塘江大堤上。游船船闸正处在和钱塘江北岸市民中心的中轴线上，船闸设计要和七甲河桥梁、两岸的主体建筑和两岸的景观环境相结合，塑造为一个有机的整体，加强与奥体博览城的互相融合。

2.2 河道设计

七甲河改为旅游功能河道，在河道体型上配合河道两侧的主建筑群的外形，采用大弧形变宽手法，河道两岸设有游船码头，供游人上、下游船进入场内，两岸的游客步道、富有特色的绿色公园、景色各异的建筑群，令人心旷神怡。

2.3 桥梁设计

奥体博览城地处钱塘江南岸，由于钱塘江江堤比较高，室外地面上无法看到江景和钱塘江对岸的景观，再因七甲河改为旅游河道，大型漕舫船要开过内河，桥面就要求有一定的高度。设计方案将观众进出场入口设在二层平台（标高7.6m），场内交通除地面道路外，增加二层室外疏散平台，通过高架桥与各场馆相连。

桥梁设计形态要与环境融合，使桥与环境互相补充，自然和谐、恰当地体现桥梁是景观的一部分，点缀七甲河水景。桥型简洁、轻巧，河水清澈波平、倒影入水、虚实动静、相映成趣。

桥梁技术的不断发展创新给桥梁设计带来的巨大变化就是桥身越来越轻巧，桥梁结构已从古老的石材结构发展到混凝土结构再到现在广泛应用的钢结构、索结构等。轻盈、流畅地漂浮于水面，成为两岸交流的媒介是桥梁天性的诉求。水上的桥梁可以说是架设在镜面上的，它的设计不仅要考虑自身，还要考虑它在水中的倒影，两者结合才是桥梁完整的形象。

七甲河河面最宽处约200m，最窄处只有30m，河面宽度变化大，经设计优化后场内共有五座桥梁。根据河道功能、景观、经济综合考虑，采用下承拱钢结构拱桥，桥墩跨度为50m左右，桥梁造型外装饰立面要成为河道的一个景点，但又不能对公园内形态各异、璀璨夺目的建筑群造成喧宾夺主的影响。

第三节 主体育场设计规模

主体育场为特大型特级体育建筑，总座席数达80912座，可满足田径和足球比赛要求，可举办洲际、全国综合性运动会和国际田径及足球比赛。主体育场

及附属设施含比赛场地和热身练习场各一片，比赛、热身场地按国际标准400m综合田径场设计，内含一片国际标准尺寸的天然草坪足球场。

体育场及附属设施总建筑面积为228848m²，其中地下建筑面积为62074m²，地上建筑为166774m²。

第四节 主体育场功能布局

主体育场包含了两大功能：一是举办大型体育赛事的功能，二是开展群众文化活动的功能。设计中将文化功能与体育功能创造性地进行了结合，不仅为主体育场的赛后运营提供了良好的条件，也使市民能充分享受到体育公园的怡人环境，两者相得益彰。

主体育场及附属设施工程包括80912座的主体育场和位于主体育场西侧的热身场，以及第一检录处和能源中心。

竞赛用房主要分布在西侧二层平台下，满足国际及国内大赛的竞赛用房需求。

8万人看台设计充分考虑观看比赛的良好视觉效果和场内氛围，经过精细化设计，使每个观众具有良好的观赛视线。为保证场内有良好的竞赛氛围，看台及场地采用紧凑布置方式，体育场看台为三层连续看台，并在北侧朝向钱塘江处的中层和上层看台留出40~60m宽的开口，使体育场内面向钱塘江有良好的空间渗透和视觉景观。看台下布置了与赛事密切相关的各类房间和服务用房。

二层平台发挥重要的人流集散功能和消防环形通道功能，主体育场45000m²的二层平台轮廓近似椭圆形，南北长为333m，东西宽285m，既是赛时观众疏散平台，又可在赛后作为奥体中心休闲广场的一部分。西南侧和西北侧分别设有38m和33m宽的

图2-15　夜景鸟瞰图

图2-16　日景鸟瞰图

图2-17　人视点透视图

图2-18　设计概念

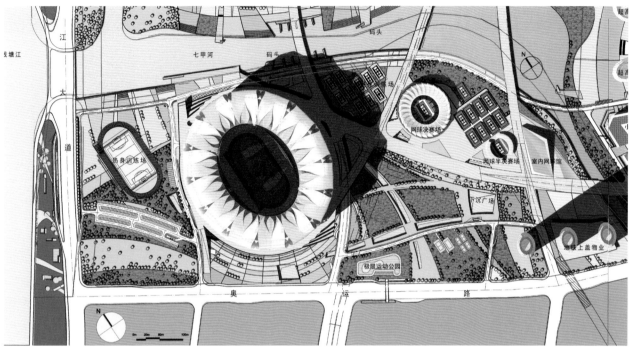

图2-19　主体育场平面效果图

图2-20　主体育场立面效果图

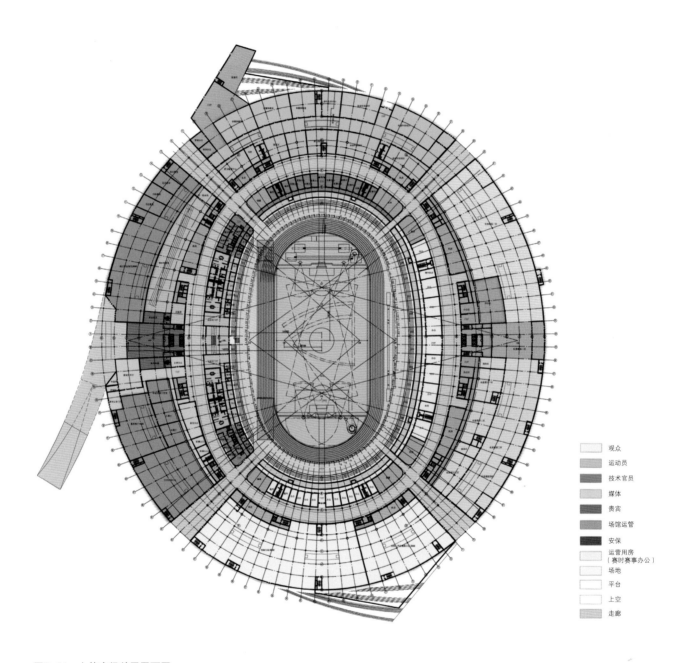

观众
运动员
技术官员
媒体
贵宾
场馆运管
安保
运营用房
（赛时赛事办公）
场地
平台
上空
走廊

图2-21 主体育场首层平面图

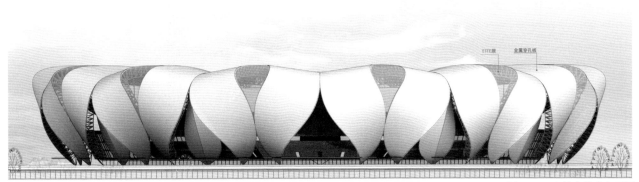

图2-22 主体育场北立面图

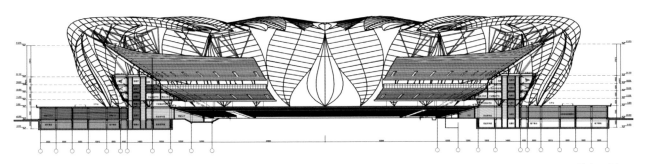

图2-23 主体育场剖面图

疏散大楼梯,东侧和南侧通过3座高架桥和场内各个场馆相连,满足观众的入场和疏散的要求,又满足赛后作为休闲、旅游观景、交通的要求。

首层沿主体育场竞赛用房的外侧还布置了杭州市群众文化活动中心、非物质文化遗产保护中心和中国印学博物馆。竞赛功能用房和文化功能用房之间设有一条10m宽的应急消防环形通道,在东南、东北、西南、西北四个方向通向室外。

主体育场二层为下层看台观众的入口层,设置了大型观众集散平台及观众服务用房。三层则为中层看台观众的入口层,同样设有观众集散平台及观众服务

用房。四、五层为要员贵宾的休息用房、包厢以及各类运营用房,赛后可灵活作为办公、会议等功能用房使用。最顶层为上层看台观众的入口层。

第五节 主体育场屋盖设计

设计首先对主体育场屋盖花瓣数量进行了一组对比研究。体育场钢结构屋盖创意采用以杭州丝绸编织、钱塘江大潮的波浪及西湖莲花的意境设计的花瓣造型。设计师对花瓣的数量进行了深入的分析研究,选择六个重要视点,做了20片、24片、28片、30

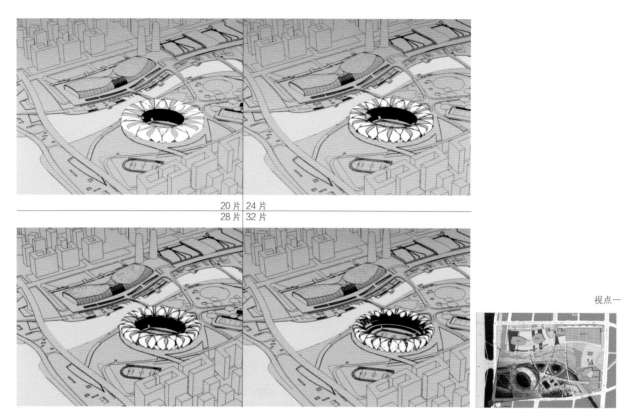

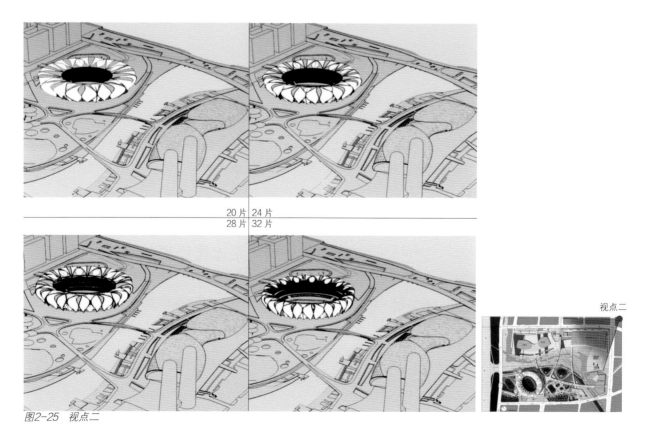

图2-24　视点一

图2-25　视点二

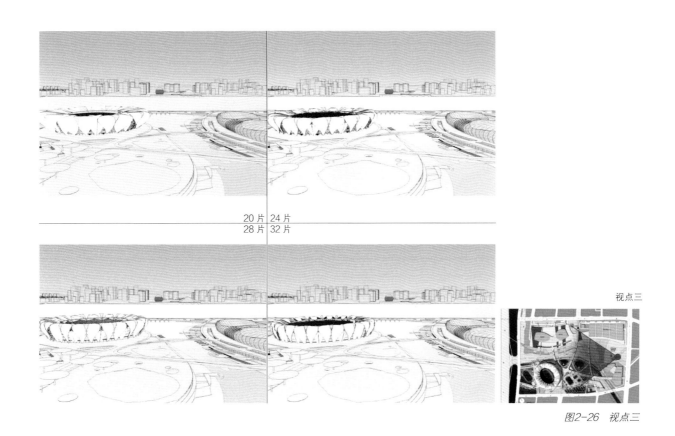

20 片 24 片
28 片 32 片

视点三

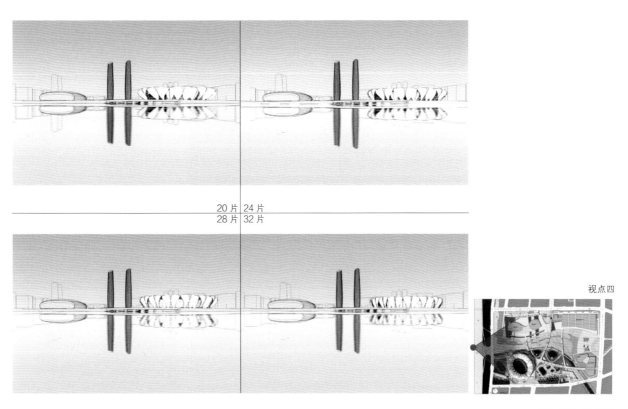

图2-26 视点三

20 片 24 片
28 片 32 片

视点四

图2-27 视点四

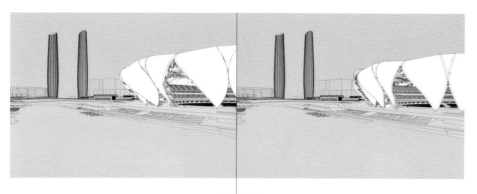

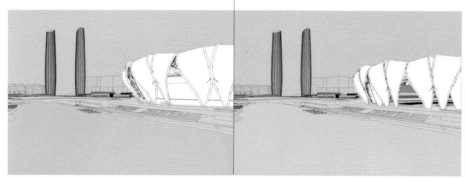

20 片 | 24 片
28 片 | 32 片

视点五

图2-28　视点五

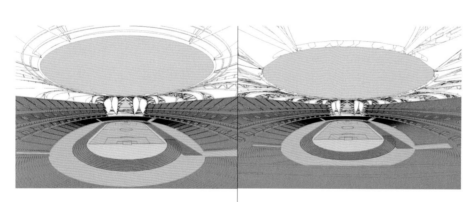

20 片 | 24 片
28 片 | 32 片

视点六

图2-29　视点六

图2-30 28片花瓣

片共四种方案，并进行了渲染和对比。通过不同角度的渲染，模拟建成从远景、中景、近景观察主体育场时的不同状态，得出比较全面、客观的判断。

经过以上的对比研究，设计最终采用28片花瓣的方案。

体育场屋盖构成单元研究的基本原则是标准化，即以尽量少的单元组合构成整个屋盖，可以尽量降低屋盖钢结构和幕墙的设计及建造难度，并有效地控制成本。

环绕体育场的14组花瓣成为体育场整个造型设计的母题。

屋盖的基本构成方式是：由两个大花瓣构成一个三角形单元，由这些三角形单元组成屋盖的基本体量，三角形之间的空隙由小花瓣填充。覆盖在观众看台区上的屋盖一共由14组花瓣组成，每组花瓣包含对称的两个大花瓣和立面及屋面各一组小花瓣。14组花瓣经过模数化处理共有A和B两种近似的类型，

使建造变得相对简单。

经过上述标准化设计，体育场屋盖被拆解成若干个标准单元，对于这么大尺度的钢结构，标准化建造可以很大程度上降低设计和建造的难度，有利于控制造价。

主体育场屋盖表皮拟采用轻质材料，设计对不同编织方式的金属网以及PTFE膜结构、铝镁锰板等不同的材料进行了效果研究。

最后决定采用铝镁锰金属板和阳光板相结合的方案。28片大花瓣和27片小花瓣的材质采用直立锁边铝镁锰金属板，金属板质感有力塑造了花瓣的造型。花瓣在立面部分进行穿孔，穿孔率从下部的30%过渡到肩部屋面不穿孔，立面的过渡化穿孔在满足内部空间通风排烟消防需求的同时，使立面富有光影变化。

屋面以及肩部的大小花瓣之间的区域采用了实心聚碳酸酯板（阳光板），材质通透、轻盈，与花瓣的金属材质形成鲜明对比，以衬托出花瓣的优美造型。

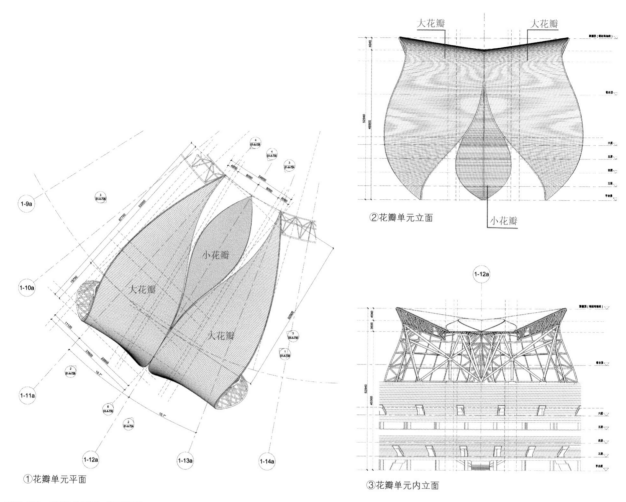

①花瓣单元平面

②花瓣单元立面

③花瓣单元内立面

图2-31 单组花瓣构成示意图

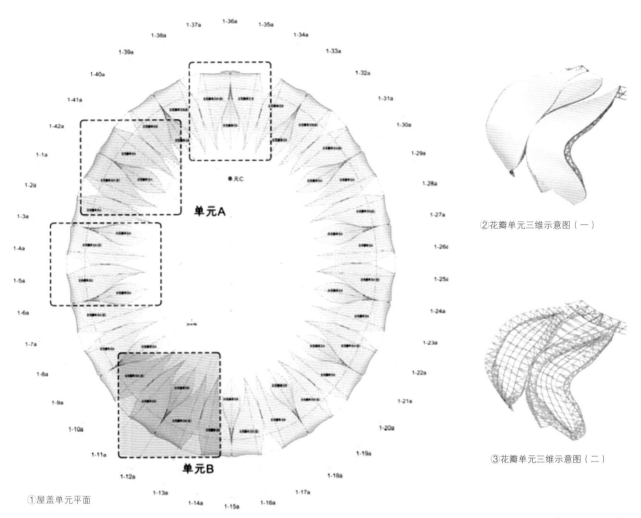

① 屋盖单元平面

② 花瓣单元三维示意图（一）

③ 花瓣单元三维示意图（二）

图2-32 屋盖单元构造示意图

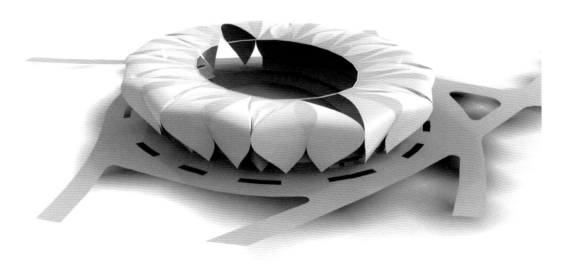

图2-33 鸟瞰图

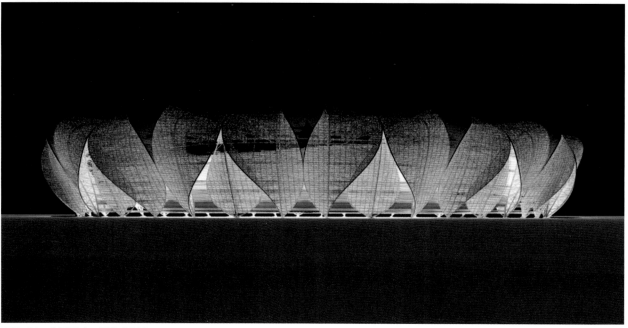

图2-34 金属网（日景和夜景）

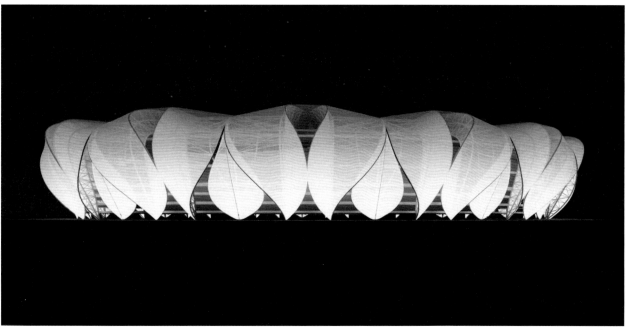

图2-35　PTFE（日景和夜景）

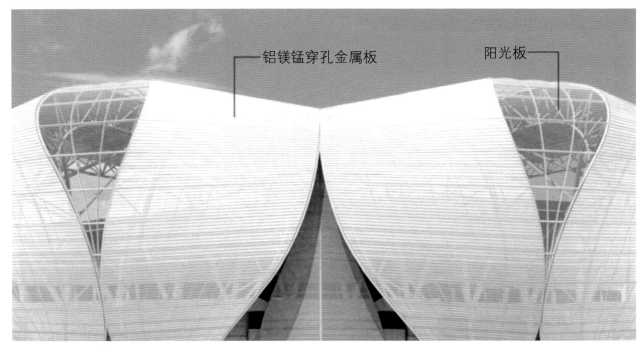

铝镁锰穿孔金属板　　　　　　　　阳光板

图2-36　屋盖材质效果图

第六节　景观照明设计

主体育场建筑及景观照明方案设计经多家专业设计公司参与竞标,最终由瓦萨照明设计咨询(上海)有限公司承担。

6.1　立意

西湖景区以其秀丽的湖光山色和众多的名胜古迹而闻名中外,以一湖、二峰、三泉、四寺、五山、六园、七洞、八墓、九溪、十景为胜,是中国著名的旅游胜地,也被人们誉为"人间天堂"。早期的杭州,围绕着西湖展开传统城市的经济发展格局,被称为"西湖时代"。

钱江新城代表了新世纪杭州大都市的形象和风貌。钱江新城的城市格局是以钱塘江为依托的宽阔城宇,其大气的特点与西湖的秀美形成一种强烈的反

差,并与之相互辉映,达到至美的境界。

杭州奥体博览城,位于钱塘江南岸、钱江三桥以东,其整体规划形成"绿心为核,轴线延展,水绿交融,五片环绕"的布局结构,由5幢建在地铁站上的高楼以及奥体城中心的双塔构成了标志性建筑——"北斗七星"。

6.2　构思

奥体博览城与钱江新城遥相呼应,取两岸日月争辉与北斗七星的寓意,将钱塘江两岸塑造成星河璀璨的夜晚景象。

站在钱塘江北岸钱江新城区眺望奥体博览城,这个视点是确立奥体博览城形象的重要视点,奥体博览城的城市名片形象由此而生,这里是杭州发展的重要展示窗口,仿佛眺望着杭州的未来。

图2-37 西湖保俶塔

图2-38 西湖雷峰塔

图2-39 钱江新城

6.3 设计方案

主体育场建筑设计采用优雅而富有张力的花瓣外形，它们似花非花，如梦如幻，对它的景观照明设计，也应融合建筑这一创意主题，表达杭州丝绸、西湖莲花的意境。层次分明，姿态迷人。

为满足不同时间不同使用功能，主体育场的灯光分为多个场景来展现：

"秀樾横塘十里香，水花晚色静年芳。"主体育场在绽放中散发着清香，引来全世界人民的驻足观赏，五湖四海、共襄盛事！

第七节 绿色建筑设计研究

7.1 绿色建筑设计的概念

绿色建筑是在建筑的全寿命周期内最大限度地节约资源（节能、节地、节水、节材）、保护环境和减少污染，为人们提供健康、适用和高效的使用空间，与自然和谐共生的建筑。就是消耗最少的地球资源，制造最少废弃物的建筑环境设计。

即将建设的杭州奥体博览城作为钱江南岸的新地标，以其庞大的规模和得天独厚的地理优势必将以

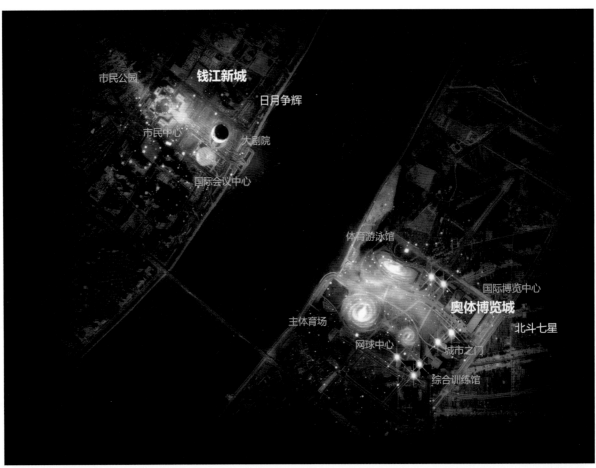

图2-40　平面图

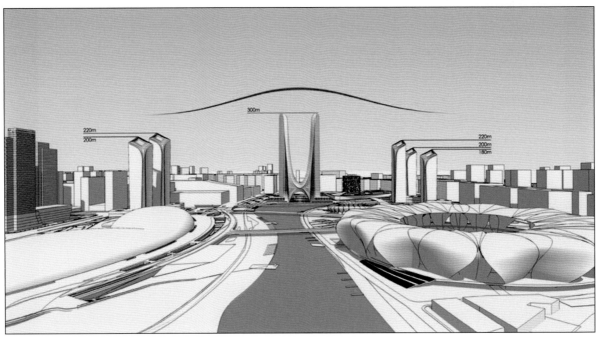

图2-41　立面图

图2-42　赛时方案

图2-43　节庆方案

图2-44　平日方案（夏）

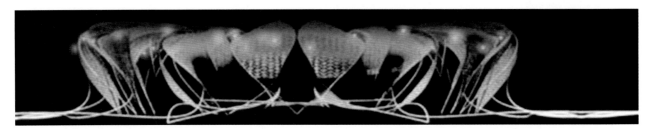

图2-45　主体育场景观照明设计意象

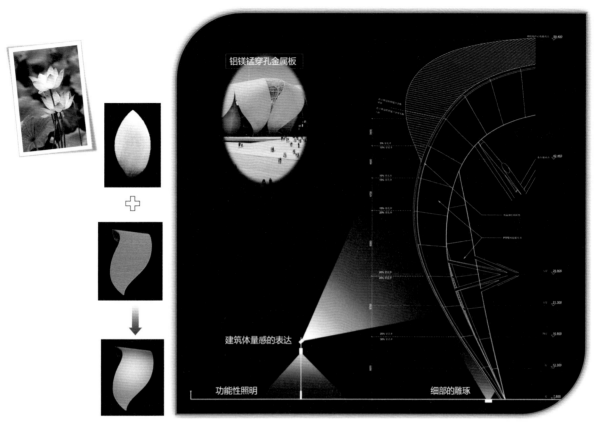

图2-46　细部设计

铝镁锰穿孔金属板

建筑体量感的表达

功能性照明　　　　　　　　　　　　　　细部的雕琢

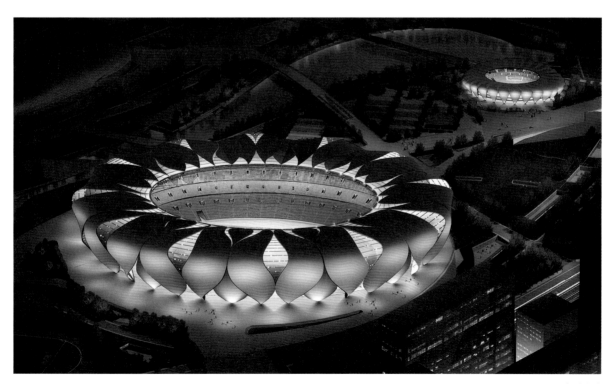

图2-47　赛时方案

图2-48　节庆方案

图2-49　平日方案

国内领先、世界一流、功能最全、档次最高的城市综合体的姿态成为杭州未来的体育、会展、商业、文化、娱乐中心。从选址、规划、设计、建设直到运行使用也理所当然成为社会关注的焦点。为了实现可持续发展的目标，最大限度地实现节能减排，要对环境的负面影响降至最小，必须进行绿色建筑设计。

7.2 主体育场绿色建筑设计主要的技术措施

7.2.1 节地与室外环境

主体育场占地约 8.3 万 m^2，总建筑面积约 22.9 万 m^2，地上建筑约 16.7 万 m^2，地下建筑约 6.2 万 m^2。地下一层至六层为主体育场相关配套用房，部分地下一层至首层为杭州群众文化活动中心，杭州非物质文化遗产保护中心，中国印学博物馆用房。地下建筑面积与建筑占地面积比为 73.4%，地下建筑面积与地上建筑面积比为 40.18%。室外透水地面面积约为 6.6 万 m^2，室外地面面积约为 15.9 万 m^2，室外透水面积比约为 41.7%。

7.2.2 节能与能源利用

1. 主体育场空调冷热源采用江水源热泵系统，江水源热泵系统承担主体育场全部空调冷热负荷。江水源热泵机组可以根据负荷进行自动调节。

2. 杭州群众文化活动中心、杭州非物质文化遗产保护中心、中国印学博物馆空调热源为燃气锅炉，锅炉热效率 90%。

空调冷源为电制冷系统。螺杆式冷水机组和离心式冷水机组性能系数满足节能规范要求。

7.2.3 照明设计

1. 一般照明选用绿色节能灯具，灯具具有高效、长寿、美观和防眩光功能。

2. 主体育场体育工艺照明采用 2000W、1000W

大功率金卤灯。

3. 应急照明有吊顶场所采用嵌入式格栅荧光灯，无吊顶场所采用控照式荧光灯、吸顶灯或管式吊灯。

7.2.4 节水与水资源利用

1. 本工程洁具给水及排水五金配件采用与卫生洁具配套的节水型配件。

2. 雨水集蓄利用：处理后的雨水用于场地的绿化灌溉、道路泼洒、车库地面冲洗。

利用主体育场屋盖屋面和二层平台雨水收集面积约为 $80000m^2$，收集的雨水汇入位于东侧七甲河边的雨水利用贮存处理系统。雨水处理回用工艺为：回收雨水→初期雨水弃留池→雨水调蓄池（$1500m^3$）→过滤→清水池（$200m^3$）→消毒→变频供水设备→回用。当雨季、雨水过量时，雨水可排入七甲河。根据测算，范围内年总给水量 $52804m^3$，非传统水源实际用量 $22008m^3$，非传统水源利用率约为 41.68%。

7.2.5 节材与材料资源利用

主体育场为特级大型体育建筑，下部看台为地下 1 层、地上 6 层现浇混凝土结构，上部钢结构屋盖为花瓣造型的悬挑空间管桁架 + 弦支单层网壳结构。现浇混凝土全部采用预拌混凝土，土建与装饰工程采用一体化设计施工，不破坏和拆除已有的建筑构件及设施，避免重复装饰。在建筑设计选材时考虑使用材料的可再循环使用性能。在保证安全和不污染环境的情况下，本项目使用了 28000t 钢材和 45000t 钢筋，可再循环材料使用总重量占所有建筑材料总重量约 13.5%。

7.3 自然通风模拟分析

7.3.1 主体育场内外环境研究及屋盖孔隙结构对夏季场内温度环境的影响研究

主体育场的空气流速及温度分布对建筑设计及

舒适性有着重要的影响：局部地方风速太大（大于5m/s）则可能对人们的活动造成不便；在某些地方如果形成空气的旋涡和流动死角，使得污染物不能及时扩散，直接影响到人的生命健康；温度太高，则会使得运动员和观众感到不适。同时，体育场场内风环境还直接影响到体育比赛的效果。因此，有必要对体育场的微气候特征进行评估。

根据本项目的地理位置和气候特点，利用CFD技术，分析典型气候条件下，体育场内外风环境及气温状况，给出直观的计算结果，为评价建筑设计的合理性提供科学的依据。

1. 杭州气候特征

夏季盛行西南偏南风（SSW），平均风速为2.6m/s，风频率25%，夏季平均温度28.3℃，极端高温39.9℃。

2. CFD模型与计算网格

基于模拟精度、建筑尺度和计算效率的考虑，对实际建筑进行了合理的简化，图2-50a是简化后的建筑群模型（包括主体育场和网球中心决赛馆）。本次主体育场核心区域使用离散化非结构四面体网格，如图2-50b所示。周边环境采用结构化六面体网格进行离散，如图2-50c所示。混合网格总数达到2412882个。

7.3.2 计算结果分析

1. 夏季盛行风下的主体育场内外风环境评价

从图2-51a所示的风环境可以看出，在夏季盛

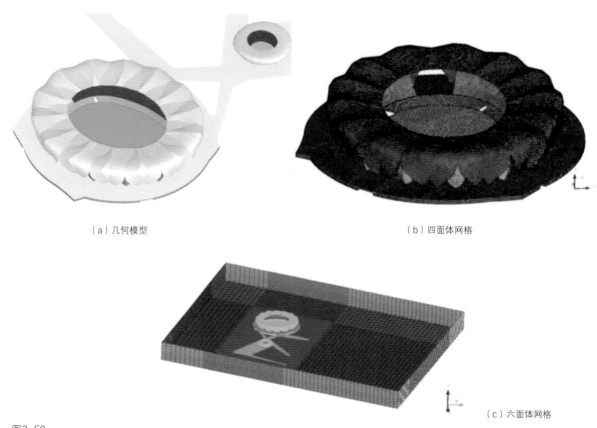

（a）几何模型

（b）四面体网格

（c）六面体网格

图2-50

行风环境下，体育场二层平台行人活动区的东西两侧风速较大，但最大风速均被控制在 4m/s 以内，满足行人舒适度要求。整个平台行人活动区无严重的空气漩涡和流动死区，通风效果良好。

图 2-51b 所示，主体育场区网球决赛场的相对位置没有互相干涉，对风环境的影响较小，两个建筑之间没有形成隧道风，中间的风速在 3m/s 左右，满足行人舒适度要求。根据行人活动区的风速分布图看，高风速区域主要出现在靠近体育场的周边位置，因此，在主体育场平台上进行绿化，能够将风速控制在更好的范围内。

图 2-51c、图 2-51d 分别是体育场 15m 高度和 40m 高度处的风速分布图。可以看到，主体育场造型设计合理，使得场内风速被控制在一个合理的范围，即使在 40m 高处，风速仍然不超过 2m/s，在这样的风环境下，不会影响体育比赛的效果。

图 2-52 显示了主体育场看台的风速分布情况。在夏季盛行风情况下，看台区域的风速不大于 1.5m/s。其中 90% 的风速被控制在 0.5~1m/s 之间，为观众观看比赛提供了舒适的风环境。

2. 体育场在台风影响下的风环境评价

根据杭州水文气象资料，选取近 30 年最大风速 18m/s（1971 年 8 月 20 日）作为本次台风环境的计算条件。图 2-53a ～ 图 2-53b 为台风期间体育场不同方向的速度剖面云图，图 2-53c 为体育场 15m 高度的速度截面图。可以看到，在台风吹过体育场时，

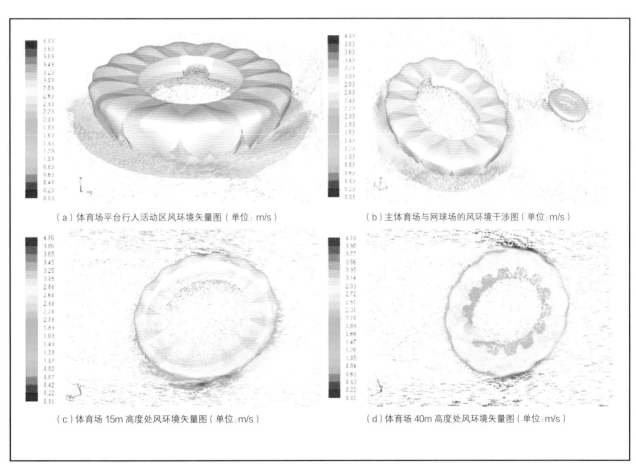

（a）体育场平台行人活动区风环境矢量图（单位：m/s）

（b）主体育场与网球场的风环境干涉图（单位：m/s）

（c）体育场 15m 高度处风环境矢量图（单位：m/s）

（d）体育场 40m 高度处风环境矢量图（单位：m/s）

图2-51 体育场风环境矢量图

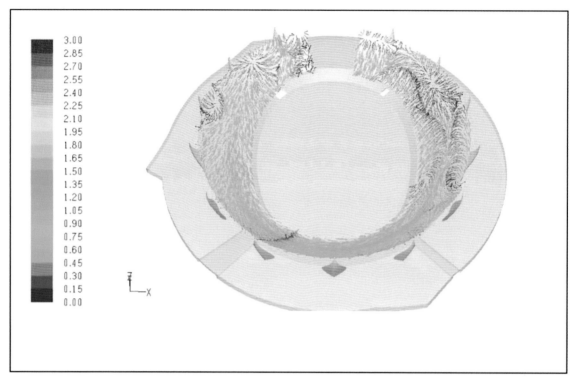

图2-52 体育场看台风环境矢量图（单位：m/s）

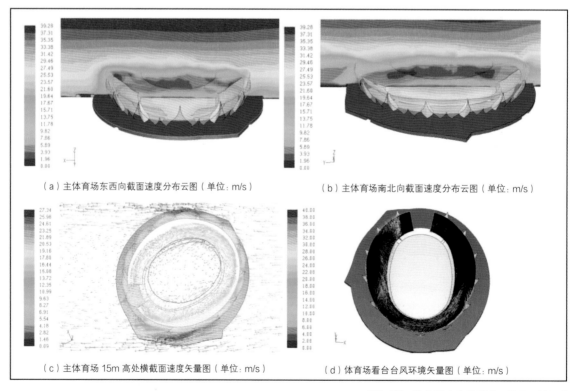

（a）主体育场东西向截面速度分布云图（单位：m/s）

（b）主体育场南北向截面速度分布云图（单位：m/s）

（c）主体育场15m高处横截面速度矢量图（单位：m/s）

（d）体育场看台风环境矢量图（单位：m/s）

图2-53 体育场在台风影响下的风环境评价

体育场内空气流速被大大减缓，绝大部分区域风速被控制在 10m/s 以内，最大不超过 15m/s，不会对器材设施造成严重破坏。图 2-53d 显示了台风期间看台的风速分布情况。可以看出，大部分看台区域的风速在 2~7m/s，此风速状态下，观众的人身安全不会受到任何威胁。可见主体育场设计比较合理，对台风有较强的抵御能力。当然，在实际情况中，还应采取一些人工措施进一步减少台风带来的危害。

3. 主体育场外壳孔隙结构对夏季场内温度环境的影响

主体育场屋盖区域墙面设计为孔隙结构，开孔率为 30%，如图 2-54、图 2-55 所示。为了分析需要，模拟了屋盖开孔率为 0 和 30% 两种情况下的体育场内的气温状况。并通过对比分析，验证外壳孔隙结构

图2-54　体育场外壳结构示意图1

金属板（无穿孔）

聚碳酸酯阳光板

金属板（穿孔率30%）

图2-55　体育场外壳结构示意图2

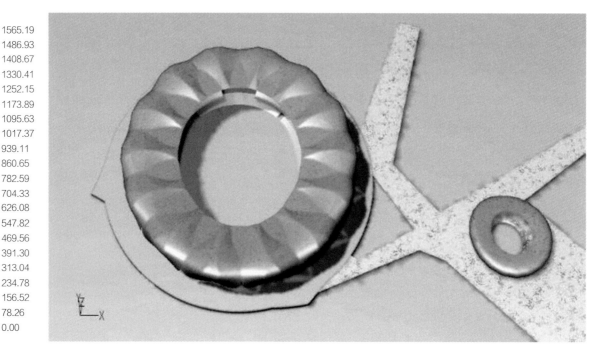

1565.19
1486.93
1408.67
1330.41
1252.15
1173.89
1095.63
1017.37
939.11
860.65
782.59
704.33
626.08
547.82
469.56
391.30
313.04
234.78
156.52
78.26
0.00

图2-56 日光投影和太阳辐射强度（单位：W/m²）

对场内温度环境的影响。

计算条件：大气环境温度28.3℃，风速2.6m/s；晴天午后2点的太阳辐射环境（如图2-56所示）。体育场内拥有8万观众，无空调运行。

计算中，加入自然对流和热辐射模型，更加真实地反映实际情况。

计算结果如图2-57所示。可以很清楚地发现，在体育场屋盖无孔隙结构时，从看台到屋盖顶部这个区域，风速比较小，不超过1m/s，大大限制了体育场内的自然通风效果。由于气流热压作用，看台上空出现大量热空气滞留，热量无法通过自然通风及时带走，导致看台温度升高，达到39℃以上；而在屋盖为孔隙结构时，看台上空，特别是在屋盖顶部附近，风速较大，达2～3m/s，自然通风效果明显加强，使得看台上空的热空气能够有效地被带走，滞留较少，看台区域整体温度下降到34℃左右，大大改善了场内温度环境。可见，主体育场屋盖采用孔隙结构

可提高看台区域的自然通风效果，改善比赛期间场内温度环境，达到节能降耗的目的。

7.4 建筑声学设计

主体育场座席区地面为水泥地面，座席为塑料座椅，屋盖体系为大型悬挑管桁架、铝镁锰板直立锁边轻质金属屋面和聚碳酸酯板（阳光板）的网架轻型屋盖结构。为了保证体育比赛时广播音质清晰，并保证在集会、演出时有良好的扩声效果，需要按照《体育建筑设计规范》进行合理的建筑声学设计。

声学设计调整屋盖材料的声学构造，并结合扩声设计扬声器的布置，以此满足超大型主体育场内扩声系统在无声学缺陷的效果下达到最佳扩声效果的要求。

7.4.1 直立锁边金属屋面声学设计

八万人主体育场，屋盖覆盖整个座席区域上部，屋盖大部分为金属结构保温吸声屋面。金属屋盖吸声是最重要的，不但面积大，可利用的吸声量多，而且是声反

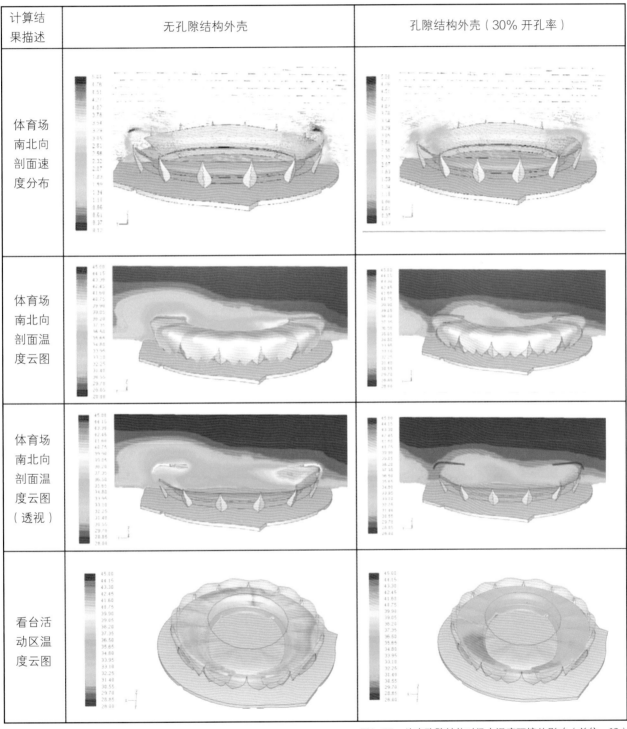

计算结果描述	无孔隙结构外壳	孔隙结构外壳（30% 开孔率）
体育场南北向剖面速度分布		
体育场南北向剖面温度云图		
体育场南北向剖面温度云图（透视）		
看台活动区温度云图		

图2-57　外壳孔隙结构对场内温度环境的影响（单位：℃）

射的必经之地，与主体育场其他部位相比，其吸收声能的比重最大，因此处理好屋盖的吸声，可以说解决了主体育场60%的声学问题。当前体育场的设计潮流多采用大跨度的轻质金属屋盖，其构造做法结合声学要求，将吸声处理融入其中，可取得良好的声学效果。

主体育场整个花瓣型吸声屋盖面积35580m²，占整个屋盖（含墙面）总表面积的1/3，占整个主体育场吸声比重的50%以上。整个穿孔板吸声天棚部分的构造由上至下为：1.2mm厚直立锁边铝镁锰金属板，100mm厚袋装岩棉（自带铝箔）隔热层，容重不小于200kg/m³，铝板网衬底，1.5mm厚冷弯薄壁热镀锌高强C型檩条，空腔层，50mm厚玻璃棉包玻璃丝无纺布，1.0mm厚镀铝锌穿孔压型钢板（穿孔率不低于25%）。此构造既具有吸声性能，又具有隔声性能，同时能够防止落雨产生的雨噪声。该构造声学空气声计权隔声量不低于35dB，125Hz吸声系数应不低于0.6。

7.4.2 聚碳酸酯板（阳光板）声学设计

对于一些大跨度的建筑屋盖来讲，为了减轻管桁架（网架）的荷载，屋面常常采用金属夹心屋面板，有时局部采用玻璃、聚碳酸酯板（阳光板）、PTFE膜等轻质结构板。因轻质屋面板自重轻，采用的防水、保温构造材料也非常轻，往往总的密度不超过40kg/m²。

聚碳酸酯板（阳光板）的优势是保持建筑的透明特性，且重量轻，阳光板面密度不大，隔声较差。8~12mm厚的实心阳光板隔声量可达20~30dB。主体育场屋盖设计中把建筑艺术风格和声学进行了结合考虑，声学要求金属屋盖部分和透明的阳光板部分的衔接应是连续的，即处理好板间的接缝，保证整体屋盖的隔声量，同时也能保证防漏雨。

7.4.3 声学计算机模拟分析

为了保证主体育场的声学效果，需要对声学设计方案进行全面的计算机声场模拟分析。我们采用大型声场模拟软件系统RAYNOISE，它能够较准确地模拟声传播的物理过程。该系统已经广泛应用于体育场馆、剧场、剧院、演播室等音质设计和预测中。

通过对主体育场建筑方案进行全面的计算机声场模拟分析，场地内部声环境质量良好，满足声学使用功能要求。昼间噪声值低于60 dB（A），夜间噪声值低于50 dB（A）。

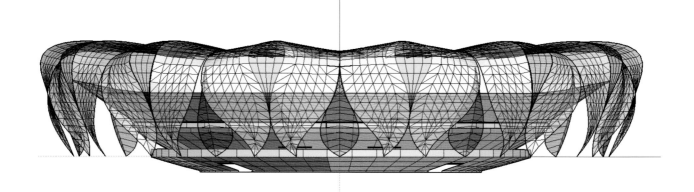

图2-58 东西侧面声学模型

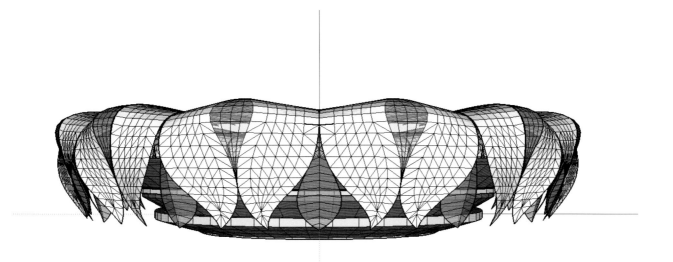

图2-59 南北侧面声学模型

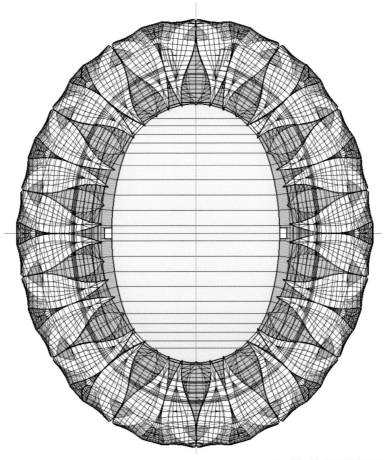

图2-60 声学模型俯视图

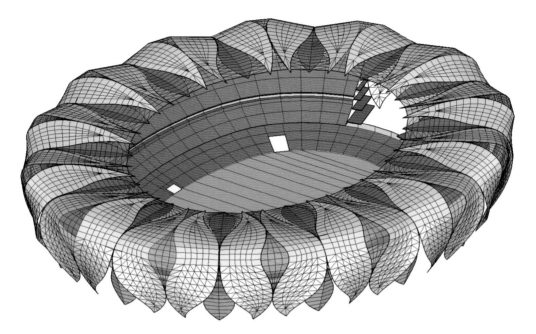

图2-61　声学模型透视图

第八节　体育工艺研究

8.1　看台平面

1. 主席台；2. 运动员看台；3. 媒体看台；4. 观众看台；5. 终点摄像机位；6. 显示屏；7. 下层看台；8. 中层看台；9. 上层看台。（图2-62）

8.2　贵宾流线

1. 贵宾下车点；2. 贵宾门厅；3. 贵宾用电梯和扶梯；4. 三层贵宾休息室；5. 贵宾看台。（图2-64）

8.3　运动员流线（田径）

1. 运动员下车点；2. 更衣室及第一检录处；3. 热身场地；4. 地下通道；5. 第二检录处；6. 室内热身场；7. 比赛场地；8. 混合区；9. 赛后控制中心；10. 运动员医疗中心；11. 兴奋剂检测。（图2-65）

8.4　媒体流线

1. 媒体工作区；2. 电视转播综合区；3. 媒体用电梯和楼梯；4. 新闻发布厅；5. 电视转播机房；6. 媒体看台。（图2-66）

8.5　观众流线

散场时，上层观众经由看台出口汇集到六层观众平台，由上层观众平台的13组大楼梯疏散至二层观众平台。

中层观众经由看台出口汇集到三层观众平台，由中层观众平台的12组大楼梯疏散至二层观众平台。

下层观众直接疏散至二层观众平台。

观众由二层观众平台可沿坡道向东西方向疏散，经由场地周边的公交车站和地铁返回。

进场时和上述流线相反。（图2-67、图2-68）

8.6　终点摄像

终点摄像机房位于包厢层正对的百米终点的位

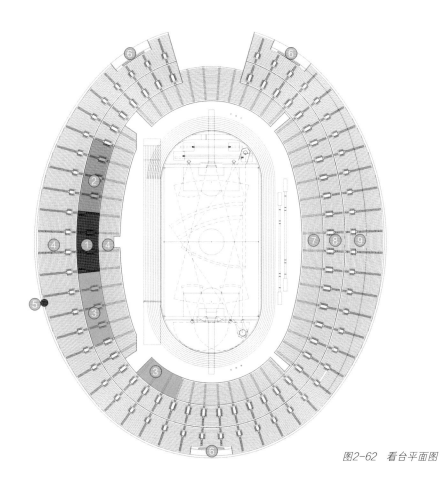

图2-62 看台平面图

置上。

终点摄像平台位于上层看台最顶端，并正对百米终点线。

赛时搭设终点摄像机，赛后恢复。（图2-70、图2-71）

8.7 体育场地布置

场地按标准400m综合田径场设计，半径36.5m，直道84.39m，9条主跑道。场地西侧设10条直跑道。场地中心设有所有田径比赛项目和一个国际标准尺寸天然草坪足球场。所有项目均符合国际标准。（图2-72）

1. 径赛项目

在西侧直道：100m和110m栏项目。

北侧半圆区域内：3000m障碍水池。

在环形跑道：所有国际田联规定的其他竞赛项目。

2. 田赛项目

在东直道外侧：2条独立的跳远及三级跳助跑道及4个沙坑落地区。

北半圆区域：东西向的撑杆跳场地各两个以增加对比赛场地选择的灵活性。

南北半圆：两个以足球场草坪为落地区的铅球场地及各一个链球及铁饼场地，可适合不同风向减小对比赛的影响。

南半圆：两块跳高场地，避免眩光对运动员的影响。在南北半圆区域正中分别设有一条南北向的标枪

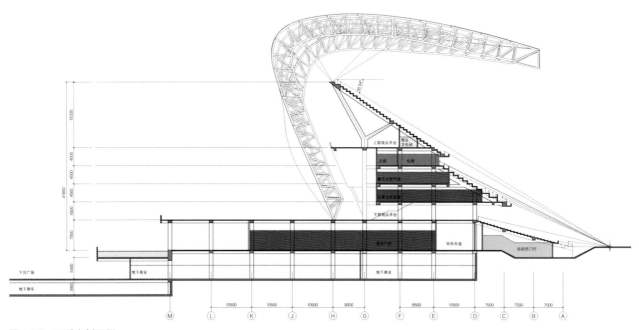

图2-63 西看台剖面图

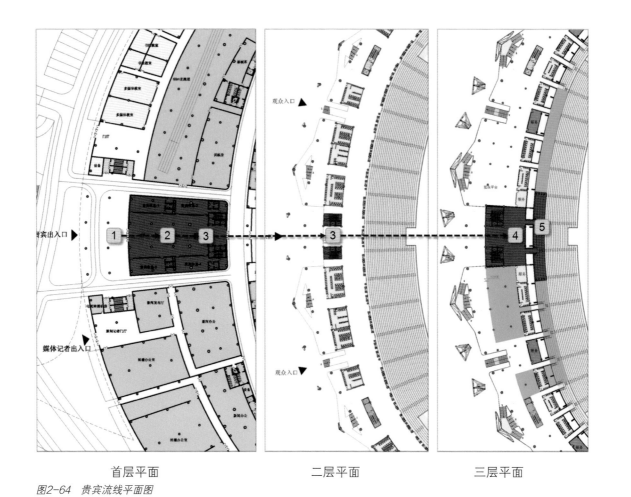

首层平面　　　　　　　　二层平面　　　　　　　　三层平面

图2-64 贵宾流线平面图

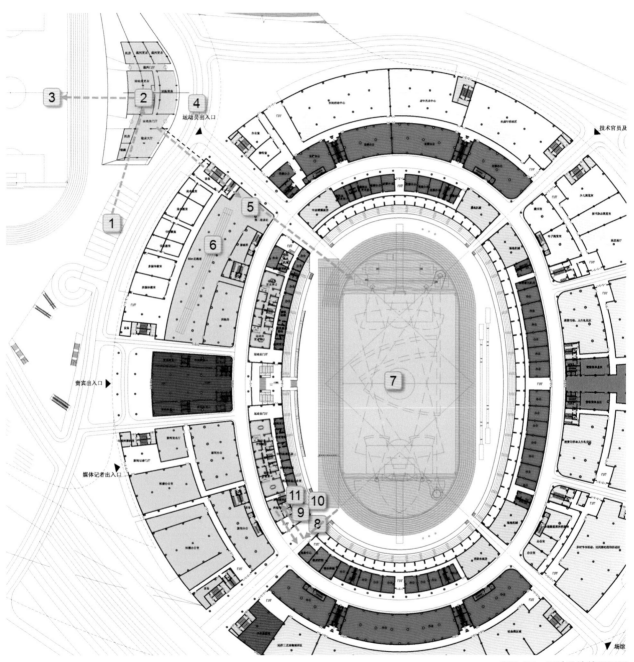

图2-65　运动员流线平面图

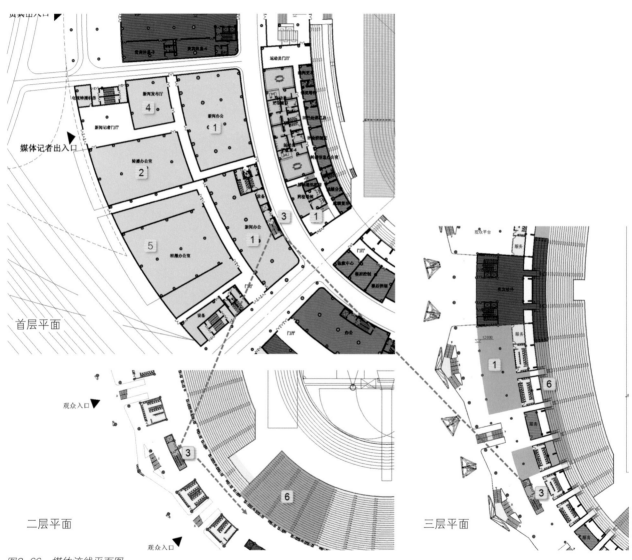

图2-66 媒体流线平面图

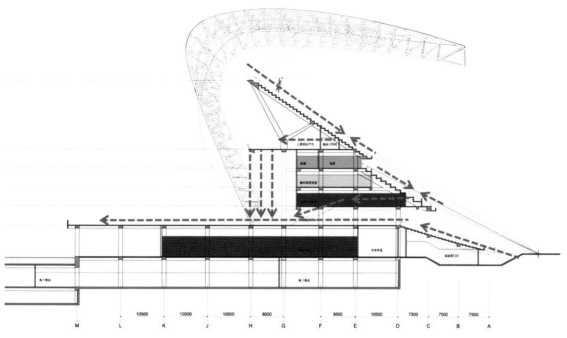

图2-67　观众流线剖面图

图2-68　观众流线平面图

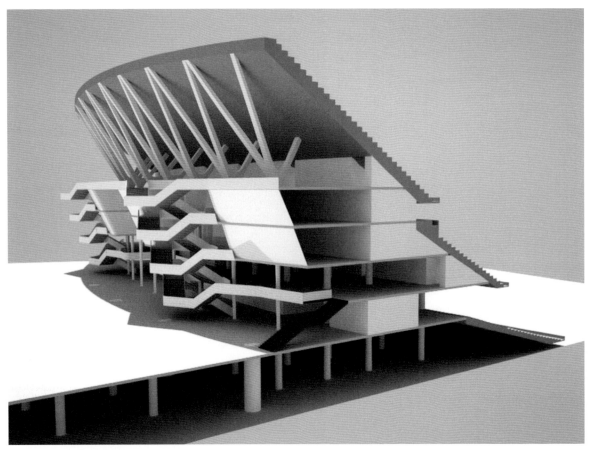

图2-69 疏散楼梯透视图

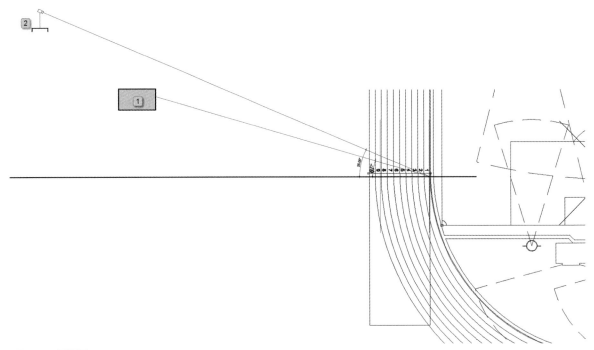

图2-70 平面图

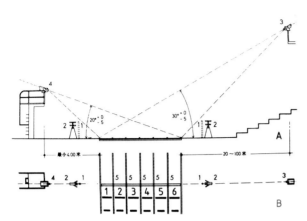

图2-71 终点摄像剖面图

助跑道,以足球场为落地区。

3. 足球场

在 400m 跑道中间设有一块 68m×105m 的标准尺寸天然草坪足球场。

第九节 结构设计

9.1 基础设计

本工程采用桩底后注浆钻孔灌注桩,桩身直径 Φ800mm,桩长为 30~42m,桩端持力层分别为 6-2 卵石层及 6-3 卵石层,桩基竖向承压承载力特征值分别为 3900kN、6600kN,水平承载力特征值为 100kN,桩端全截面进入持力层深度不小于 2m。

9.2 地下室设计

本工程地下一层,主要功能为设备用房及地下商业。

本工程地下一层,局部二层,层高分别为 6.65m、4.25m,主要功能为设备用房及地下商业。

地下室底板采用桩基承台 + 抗水板组成的倒无梁楼盖体系,其他楼、屋盖采用现浇混凝土主次梁体系。

9.3 下部钢筋混凝土结构

9.3.1 下部结构布置

下部混凝土结构采用混凝土框架剪力墙结构体系。利用建筑四周基本对称均匀分布的楼梯、电梯间及设备管井布置刚度、延性均较好的混凝土剪力墙(如图 2-73 所示),与框架形成框架—剪力墙体系,增加下部混凝土结构刚度,有利于整体结构抗震;其中外框斜柱在 25.60m 标高上分支为沿环向的交叉斜

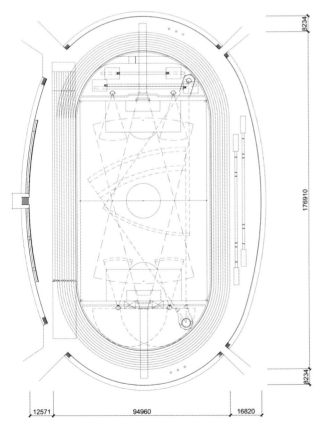

图2-72 平面布置图

柱，与楼面斜梁及顶环梁形成空间结构，支撑顶层看台及上部钢结构（如图2-74、图2-75所示）。楼（屋）面采用现浇混凝土主、次梁体系，在斜看台区利用建筑踏步布置成密肋楼盖。

应建筑空间渗透感及视觉景观要求，建筑北侧7.8m标高以上开口，宽度为40~60m；开口两侧端部看台结构适当予以加强，控制结构扭转。整体结构三维模型如图2-76所示。

下部混凝土结构主要经济性指标 表2-1

地上混凝土结构建筑面积S（m²）	结构重力荷载代表值G（kN）	结构总自重G1（kN）	G/S（kN/m²）	$G1/S$（kN/m²）	混凝土折算厚度（m/m²）
192329	4869423	2754980	25.32	14.32	0.56

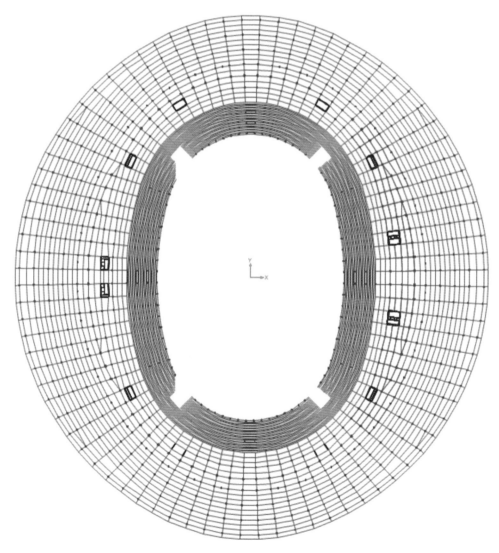

图2-73 混凝土筒体及剪力墙平面布置示意图

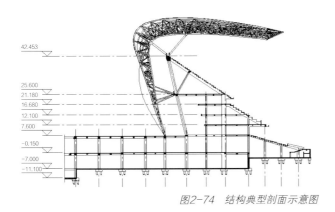

图2-74　结构典型剖面示意图

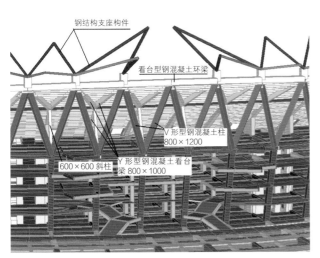

图2-75　顶层看台结构布置示意图

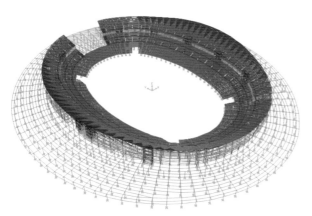

图2-76　混凝土结构三维模型示意图

9.3.2　超长结构设计技术措施

本工程下部混凝土结构为一整体，且与地下配套及地下车库结构之间亦未设置永久结构缝，结构超长，设计采取主要技术措施如下：

（1）沿结构环向、径向设施工后浇带，从严控制后浇带间距为30~35m，尽量减小施工期间因混凝土收缩带来的不利影响。

（2）控制后浇带合拢时间及合拢温度，采用无收缩混凝土相对低温入模合拢。

（3）考虑桩基有限约束刚度、混凝土收缩、徐变特性及后浇带的设置，按实际施工过程生成整体结构及相应的温度场，进行全过程施工模拟分析，并根据分析结果设计复核结构构件的承载力，且对高应力区的结构构件相应构造加强。

（4）采用高效减水剂，降低水泥用量，严格控制水胶比。

（5）加强混凝土养护。

9.4　上部钢结构

9.4.1　上部钢结构布置

本工程混凝土看台区上覆沿环向阵列的花瓣造型钢结构悬挑屋盖。屋盖外边缘南北向长约333m，东西向宽约285m，屋盖最大宽度68m，最大悬挑长度52.5m，屋盖最高点标高60.74m。

整个钢屋盖由28片主花瓣、13片次花瓣形成的14个花瓣组构成，经模数化处理，共有A、B两种花瓣组，如图2-77所示。

A、B两种花瓣组除外形略有差别外，结构构成完全相同。每组花瓣由2个完全对称的大花瓣及墙面、屋面各一组小花瓣构成，如2-78图所示。

每个花瓣组为一个结构单元，沿场心环向阵列

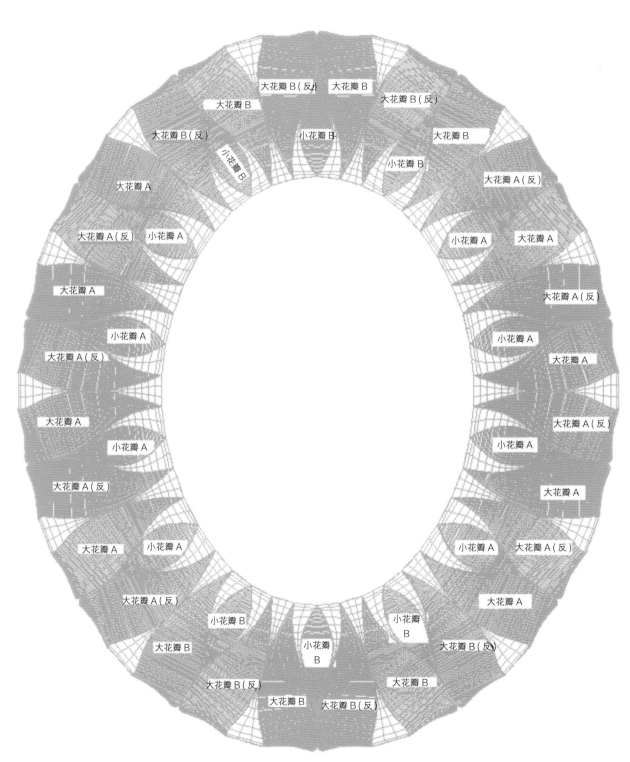

图2-77 钢结构屋盖花瓣组合示意图

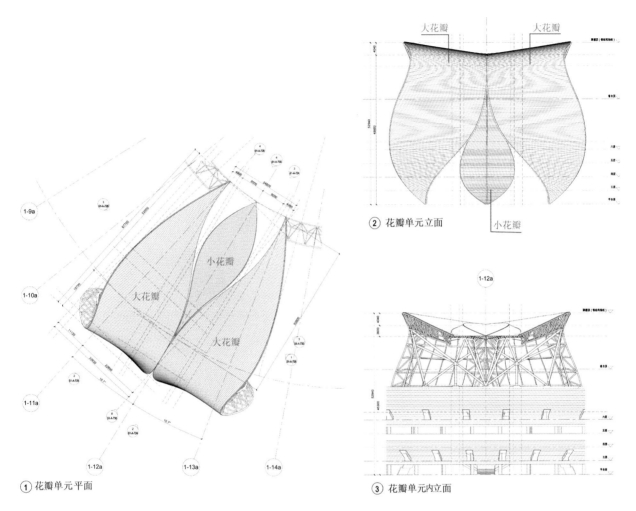

① 花瓣单元平面

② 花瓣单元立面

③ 花瓣单元内立面

图2-78 花瓣组单元构成示意图

生成 14 个花瓣组，用单层网壳结构填充阵列之后的空隙，与悬臂端部的内环桁架形成空间结构，通过 V 形组合钢管柱及 V 形侧向支撑将上部钢结构屋盖和下部混凝土结构连成整体，具体构成如下：

1. 大花瓣

大花瓣由径向主桁架和弦支单层网壳构成，径向主桁架悬挑长度约 52.5m，采用组合三角形空间圆管桁架，桁架根部最大高度 7m，悬臂端 4.5m；两榀径向主桁架形成一个花瓣；径向主桁架之间的空间采用弦支单层网壳支承于径向主桁架上弦，采用

ϕ30mm 棒钢，棒钢两端铰接于径向主桁架的上弦，中间设置一道撑杆。该弦支单层网壳延伸至墙面时演变为单层网壳结构，将一个大花瓣最外侧点与场心连线为镜像轴可得一组大花瓣，如图 2-79 所示。

2. 小花瓣

屋面小花瓣采用弦支组合结构，结合建筑造型，沿环向为弦支组合三角形圆管结构，径向为单管布置。其中环向组合三角形圆管结构支承于大花瓣径向桁架上弦，索沿环形布置，两端铰接于大花瓣径向桁架上弦。如图 2-80 所示。

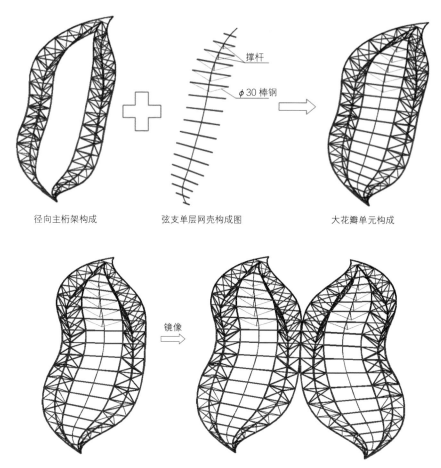

径向主桁架构成　　　　弦支单层网壳构成图　　　　大花瓣单元构成

撑杆

φ30 棒钢

镜像

图2-79　结构单元示意图

墙面小花瓣采用单层网壳结构体系，上、下端各汇交成一点，下端支承于下部混凝土结构二层平台混凝土柱顶，上端支承于大花瓣径向桁架上弦，面外通过室外钢结构楼梯与下部混凝土结构连成整体。小花瓣为钢梯提供竖向支承，同时钢梯为小花瓣提供面外刚度，增强面外稳定，如图 2-80 所示。

3.V 形组合钢管支撑

两个大小花瓣形成一个结构单元，下支座支撑于二层混凝土平台框架柱顶，上支座通过 V 形组合钢管支撑支承于看台顶部的 V 形型钢混凝土支撑柱顶。

每个结构单元上支座均支承在 5 组 V 形型钢混凝土支承柱顶上，其中端部两个支点为 2 管 V 形支撑，中间 3 个支点为 4 管 V 形支撑，上端与径向桁架下弦连接，下端汇于一点支承于下部混凝土结构 V 形型钢混凝土支承柱顶。同一个结构单元内部，每榀径向桁架五层楼面处设置 V 形侧向支撑，连接径向桁架下弦及混凝土楼面，提高其面外刚度，增强结构侧向稳定，如图 2-81 所示。

大小花瓣及 V 撑形成的稳定结构单元，如图 2-82 所示。

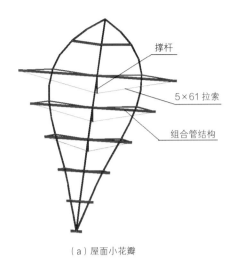

撑杆

5×61拉索

组合管结构

（a）屋面小花瓣

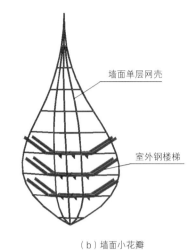

墙面单层网壳

室外钢楼梯

（b）墙面小花瓣

图2-80 小花瓣构成示意图

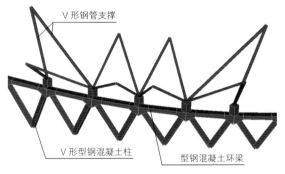

V形钢管支撑

V形型钢混凝土柱　　型钢混凝土环梁

钢结构上支座构成示意图

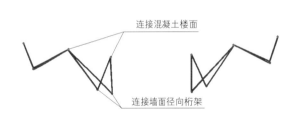

连接混凝土楼面

连接墙面径向桁架

楼层处V形侧向支撑俯视图

图2-81 V形组合钢管支撑示意图

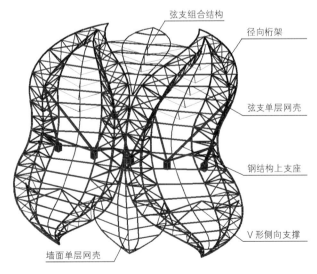

弦支组合结构

径向桁架

弦支单层网壳

钢结构上支座

V形侧向支撑

墙面单层网壳

图2-82 结构单元示意图

4. 内环桁架及整体钢结构

按上述形成的一个结构单元沿环向阵列，同时在悬挑最前端设置内环桁架，用单层网壳结构填充各结构单元之间的间隙，形成结构整体。内环桁架为三角形空间圆管桁架，桁架高度约 4m。大花瓣结构构成主桁架，通过上、下支座分别支承于下部型钢混凝土柱顶，其构成如图 2-83 所示。

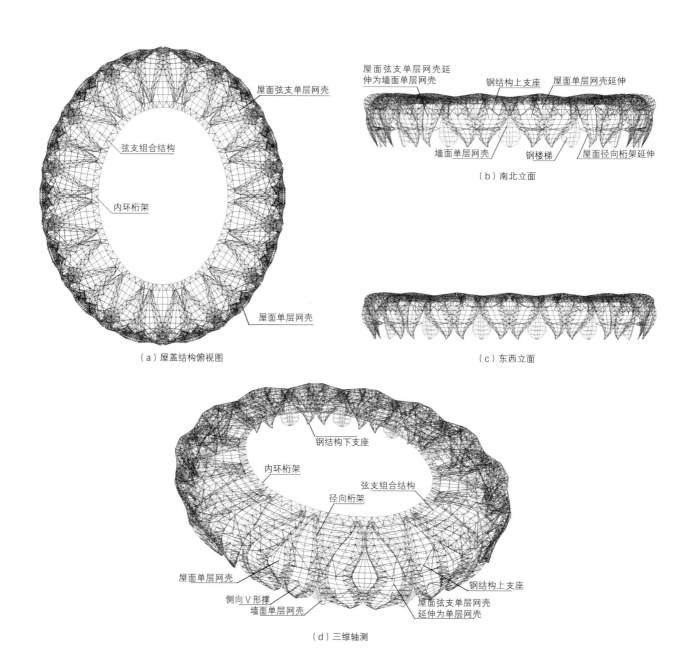

（a）屋盖结构俯视图

屋面弦支单层网壳　弦支组合结构　内环桁架　屋面单层网壳

（b）南北立面

屋面弦支单层网壳延伸为墙面单层网壳　钢结构上支座　屋面单层网壳延伸　墙面单层网壳　钢楼梯　屋面径向桁架延伸

（c）东西立面

（d）三维轴测

钢结构下支座　内环桁架　弦支组合结构　径向桁架　屋面单层网壳　侧向 V 形撑　墙面单层网壳　钢结构上支座　屋面弦支单层网壳延伸为单层网壳

图2-83　钢结构屋盖构成图

5. 北侧开口处钢结构构成

北侧开口处钢结构单元本身构成基本同上述单元，区别在于取消了墙面小花瓣、V 形组合钢管支撑及侧向 V 形撑；该处径向主桁架上端支承于环向桁架上，下端支承于二层楼层混凝土柱顶，侧面通过径向主桁架上弦与两边的基本单元连接，该开口处内环桁架、自身结构单元及其两边的基本单元的构件均予以加强处理。开口处结构构成如图 2-84 所示。

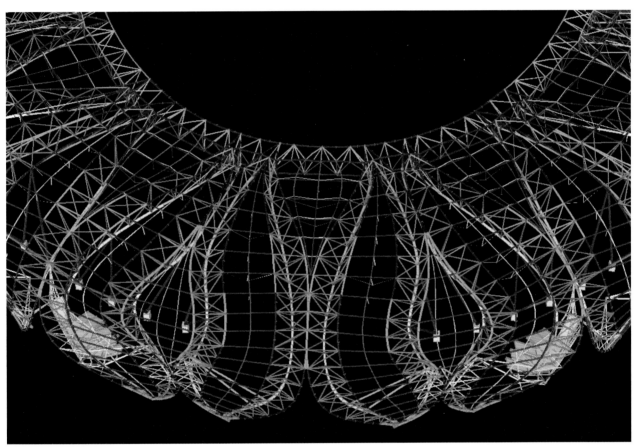

图2-84 看台开口处钢结构构成图

第二篇 施工篇

About the building
construction

The lotus beside the qiantang river

钱塘
莲花

第三章　百年耐久性混凝土的研制

杭州奥体中心主体育场工程，为 8 万座特级特大型体育建筑，建筑面积为 216094m²（地上 152966m²，地下 63128m²），地上 6 层，地下 1 层，建筑高度 60.74m，主体育场看台和附属用房为钢筋混凝土框架剪力墙结构，屋盖为空间管桁架＋弦支单层网壳钢结构体系。

根据设计需要，混凝土结构构件的混凝土等级要求如下：

1. 基础底板、承台、地下室挡土外墙、顶板及水箱、水池均为 C40P8，后浇带等级为 C45P8；

2. 室外环境与水土直接接触下的屋面梁板、看台梁板、楼梯、车道为 C35P6；

3. 室内环境不与水土直接接触的楼面梁板、楼梯、车道，及构造柱、圈梁、现浇过梁均为 C30；

4. 柱、剪力墙、连梁均为 C50。

主体育场结构设计使用年限 100 年，对混凝土结构提出了明确的耐久性设计要求。即所用混凝土材料除了满足混凝土结构浇筑施工和力学强度要求外，还必须具有良好的密实性以及体积稳定性、抗裂性、抗渗性、抗碳化等耐久性能。

第一节　百年耐久性混凝土配制技术路线

1.1　影响混凝土耐久性的主要因素

混凝土结构耐久性受外部环境条件和混凝土自身内在因素这两者共同作用的影响。根据杭州奥体中心主体育场工程所处环境及结构特点，外部因素如碳化、钢筋锈蚀等是最可能导致混凝土结构长期失效的原因。

1.1.1　混凝土结构的不密实

混凝土结构的不密实主要是指混凝土复合组分相容性不良造成的离析、泌水或在浇注成型过程中振捣的不密实，导致混凝土内部形成很多缺陷（蜂窝、大孔隙等），这些缺陷处聚集了大量的自由水。混凝土在凝结硬化过程中这些自由水在蒸发后会形成大量有害孔隙，有的形成连通的通道，从而导致了混凝土整体结构的不密实。

1.1.2　碱－集料反应

碱－集料反应是混凝土在配制时由原材料或外界环境中带入的碱性离子与活性矿物集料（活性二氧化硅等）在有水的条件下与二氧化硅反应生成碱硅胶，碱硅胶有强烈的吸水膨胀能力，其形成和成长常常造成混凝土内部的膨胀，这种膨胀所产生的内部应力，使混凝土内部形成微裂缝，甚至造成混凝土的严重开裂。所以为了避免碱－集料反应，混凝土配制时应采用非活性集料、低碱水泥或控制混凝土中其他组分碱的引入，掺用粉煤灰、矿渣等掺和料以降低混凝土的碱性。

1.1.3　钢筋锈蚀破坏

因混凝土钢筋锈蚀而产生的破坏，是钢筋混凝土耐久性不良最大量的表现形式。钢筋锈蚀主要有两个原因：一是混凝土碳化，当二氧化碳和水汽从混凝土表面通过孔隙进入混凝土内部时，使钢筋混凝土结构保护层的碱度降低，当碳化达到钢筋表面时，使钢筋表面与混凝土粘结生成的氧化铁薄膜（钢筋钝化膜）破坏，生成锈蚀。二是混凝土中氯离子的侵蚀作用，当氯离子渗入到钢筋表面吸附于局部钝化膜处时，钢筋表面的钝化膜被破坏，造成钢筋锈蚀。

1.1.4 抗渗性

混凝土的渗透性与耐久性有极其密切的关系。抗渗性是指混凝土抵抗水在混凝土毛细孔向其内部渗透作用的能力。影响渗透的主要因素是水泥内部有毛细管或某些微裂缝所形成的透水通路。这些通路是由于配制混凝土时，为得到一定的施工流动性而多加的水分在混凝土硬化时蒸发所留下的。通常来说，抗渗性好的混凝土，其密实性高，混凝土的耐久性也较好。这是因为许多有害物质是随介质渗透到混凝土内部而起破坏作用的。例如冻融损坏、钢筋锈蚀都是由于水及腐蚀性物质渗入到混凝土内部从而对混凝土产生破坏作用的。提高混凝土的抗渗性，除混凝土本身需具有极低的渗透性以外，从实际意义上来说，避免混凝土结构出现裂纹和裂缝是更为重要的。

1.1.5 抗碳化

空气中的二氧化碳由表及里的向混凝土内部扩散的过程就是混凝土的碳化。影响混凝土碳化的主要因素有：周围环境因素、施工因素及材料因素等。周围环境因素是指周围介质的相对湿度、温度、压力及二氧化碳的浓度等对混凝土碳化的影响。施工因素是指混凝土搅拌、振捣和养护等条件的影响。

1.2 百年耐久性混凝土配制技术路线

配制杭州奥体中心主体育场工程百年耐久性混凝土，除了保证混凝土能够满足施工浇筑和强度质量要求外，关键是要控制混凝土原材料质量，提高混凝土的均质性，增强硬化后混凝土的抗渗和抗裂性能。百年耐久性混凝土配制技术路线如下：

（1）优化混凝土原材料品种及技术控制指标。

（2）通过掺加高效减水剂和优质掺合料，降低水胶比，提高混凝土密实度和抗渗性，同时减少混凝土自身收缩值。

（3）采取适当缓凝措施，控制混凝土早期水化放热和早期强度增长速度。

（4）通过适当掺用纤维类抗裂材料，提高混凝土抗裂性。

第二节 百年耐久性混凝土原材料的选择及质量控制

混凝土是一种多组分不均匀体，影响混凝土耐久性的因素很多，归结为原材料的品种、质量及组分之间的配比。必须根据工程实际要求及所处环境严格选取原材料、优化组分的配比及工艺方法，以使混凝土达到高密实度，以改善水泥石的结构及其各性能之间的合理匹配。

2.1 百年耐久性混凝土原材料的选择

2.1.1 胶凝材料

1. 水泥

配制高性能混凝土宜选用低碱、低氯、细度适宜、质量稳定的强度等级不低于 C42.5 的普通硅酸盐水泥。严格控制碱含量、氯离子含量和水泥中的铝酸三钙（C_3A）含量。氧化镁（MgO）含量只要满足国家标准及安定性要求即可，因为可以利用其膨胀性来补偿收缩，所以此项指标可放宽。

2. 矿物掺合料

优质矿物掺合料的掺入可改善混凝土工作性，增进后期强度，提高抗腐蚀能力。矿物掺合料加入新拌混凝土中，填充水泥颗粒间及水泥与骨料的空隙，起

"微集料"的作用，降低水泥用量，改善混凝土拌和物的和易性，减少泌水和离析现象，改善其粘聚性、稳定性，提高水泥浆和集料界面密实程度；另外，由于矿物掺合料的水化历程不同，按照其不同反应特点设计胶凝材料的组分，能够利用各自的同有特性优势互补，产生超叠加效应，可有效调节水泥的水化过程，优化水泥石结构，提高水泥石的密实性，强化混凝土的界面过渡，降低水化热，进而提高混凝土的力学性能和耐久性。

（1）磨细矿渣：磨细矿渣的早期增强效果明显优于粉煤灰，细度越细，强度效果愈佳，另外还能改善混凝土的抗化学侵蚀性能，但细度过小易增加胶凝材料的水化放热速率和化学收缩与自收缩，同时成本增大，综合经济效益不好，因此，其比表面积宜控制在 360 ～ 440m²/kg 之间。另外，宜选择需水量比小，矿渣的需水量比不得大于 100%，烧失量不大于 3%。

（2）粉煤灰：粉煤灰的质量好坏直接影响到混凝土的质量，甚至加速混凝土的劣化。粉煤灰的选择关键看烧失量、细度和需水量比。烧失量和需水量比是"先天"条件，烧失量超过标准的粉煤灰，是"先天不足"，选择时建议不予考虑；细度粗的粉煤灰，可以通过分选来改善，而影响需水量比的因素除了烧失量和细度外，还有含珠率、微珠的粒形状等因素，这些是"先天"条件所决定，难以"后天"弥补。因此，宜选择燃煤工艺先进的电厂的 F 类 I 级粉煤灰或优质 II 级粉煤灰。

2.1.2 集料

严禁使用具有碱活性的骨料，混凝土骨料中的碱活性物质和水泥中的碱发生反应，使混凝土膨胀、开裂，甚至破坏混凝土结构，造成严重质量安全事故或安全隐患。骨料中的含泥量、泥块含量比普通混凝土的要求有了更严格的规定，项目的检测也更细化和具体。含泥量一般会降低混凝土的和易性、抗冻性、抗渗性，增加干缩，而且对混凝土的抗压、抗拉、抗折、轴压、弹性模量、抗渗、抗冻等性能均有较大影响，因此，骨料含泥量较多时，要进行清洗处理。泥块含量降低混凝土拌合物的和易性、抗压强度；并且对混凝土的抗渗性、收缩及抗拉强度影响更大，混凝土的强度越高，影响越明显。

1. 砂

砂是制备混凝土的重要成分，它的成分影响着混凝土性能。砂中常含有一些有害成分，如：云母、泥及粉砂等。因此宜选用吸水率不大于 2%、细度模数为 2.3 ～ 3.0 的中砂，同时其坚固性（Na_2SO_4 溶液）质量损失不大于 8%，严格控制含泥量、泥块含量，以及氯离子（Cl）含量和云母含量。

2. 碎石

水泥石和集料的弹性模量不同，当温湿度发生变化时，水泥石和集料变形不一致，骨料界面区晶体富集且定向排列，结构较为疏松，致使在界面形成微裂纹；另外，在混凝土硬化前，水泥浆体中的水分向亲水的集料表面迁移，在集料表面形成一层水膜，从而在硬化的混凝土中留下细小缝隙。而碎石粒径过大将增大界面过渡区，弱化混凝土的耐久性，因此宜控制碎石的粒径及级配。同时，碎石的吸水率、粒径、形状、表面状况、级配及石粉含量等，也影响混凝土的工作性。因此碎石选择时，还需要考虑其压碎指标、坚固性、吸水率，尽量选择清洁、颗粒接近等径的石子，不得选用碱活性的碎石。

2.1.3 功能调节材料

1. 高效减水剂

为了提高混凝土耐久性，必须降低水胶比，但水胶比的降低使得混凝土黏稠度增大，流动性差，解决上述矛盾最有效途径是在混凝土中掺入高效减水剂。减水剂的选择首先是产品质量均匀稳定，并且产品曾在大型工程中应用并效果良好，价格合理。大量工程实际表明，高效减水剂的掺入增大了混凝土的收缩变形，因此宜选用收缩率比小的聚羧酸系高效减水剂，且其收缩率比不宜大于125%。重点考察其与水泥、胶凝体系及其他外加剂之间的相容性，同时考察其减水率、泌水率及有害物质含量的指标。

2. 膨胀剂

混凝土是一种多相材料，其间含有大量的孔隙水、层间水，在水化反应及与外界环境的交换过程中，孔隙水和层间水容易失去，从而不可避免地产生收缩。混凝土膨胀剂是在膨胀水泥基础上发展而来的一种可以减少和避免钢筋混凝土开裂的混凝土外加剂，膨胀的功能是使硬化后的混凝土在约束状态下产生一定的体积膨胀，从而避免混凝土硬化早期产生的收缩裂缝，膨胀剂在混凝土中可起到一些加强作用，这些像化学反应过程所用到的催化剂对混凝土的一些特性起到增强的作用，如①抗裂防渗效果：掺入混凝土中，形成膨胀性结晶水化物－钙矾石，使混凝土产生适度膨胀，在钢筋和邻位的约束下，在结构中建立0.2～0.7MPa的预压应力，这一压力可抵消混凝土在硬化过程中产生的收缩拉应力，同时钙矾石晶体不断填充混凝土内部间隙，从而达到收缩补偿、抗裂防渗效果；②有较好增强性能：该产品掺入混凝土中，可有效提高混凝土的抗压强度；③对钢筋无锈蚀，抗化学侵蚀，耐磨蚀性，抗碳化能力高于普通混凝土。

混凝土收缩受到约束时才会开裂。失水和降温是引起混凝土体积收缩的最常见原因。

3. 聚丙烯纤维

聚丙烯纤维一般分为单丝和网形两种规格，长度19～50mm，其物理性能基本相同，即密度0.91g/cm³，熔点165℃，燃点590℃，弹性模量3500MPa。聚丙烯纤维不吸水，导热性低，对酸碱盐的阻抗高，属于无毒材料。为了增强纤维与混凝土的表面粘结力，纤维表面都经过了特殊处理。同常用的钢纤维相比，聚丙烯纤维的特点是细度高、比表面积大、数量多、在混凝土中的纤维间距小。聚丙烯纤维的化学性质非常稳定，只是依靠改变混凝土的物理结构而改变混凝土的性能，而本身不会吸收其他物质，同混凝土的骨料、外加剂、掺合料和水泥都不会有任何化学作用，故与混凝土材料有良好的亲和性。

聚丙烯单丝纤维相结合配制出用于抗渗防裂要求的预拌泵送混凝土，可使混凝土抗拉、抗折强度有所提高，抗冲击韧性明显改善，抗渗、防裂、防潮、护筋性能良好，有效地改善了混凝土的耐久性，并具有成本低、工作性能好的特点，适合于抗渗防裂要求较高的地下室外墙及部分顶板混凝土。

2.2　百年耐久性混凝土原材料的质量控制

2.2.1　水泥

水泥宜选用普通硅酸盐水泥，水泥的混合材宜为矿渣或粉煤灰，不宜使用早强水泥，水泥质量需保持稳定。水泥性能指标应满足表3-1的规定，同时还应满足其他国家标准的相关规定。

百年耐久性混凝土用水泥技术指标要求   表 3-1

序号	项目		技术要求	备注
1	标准稠度		23% ~ 26%	按《通用硅酸盐水泥》（GB 175）检验
2	凝结时间	初凝	≥ 45min	按《通用硅酸盐水泥》（GB 175）检验
		终凝	≤ 10h	
3	安定性		合格	按《通用硅酸盐水泥》（GB 175）检验
4	抗折强度（MPa）≥	3d	3.5	按《通用硅酸盐水泥》（GB 175）检验
		28d	6.5	
5	抗压强度（MPa）≥	3d	16.0	按《通用硅酸盐水泥》（GB 175）检验
		28d	42.5	
6	比表面积		不小于 300m²/kg	按《水泥比表面积测定方法 勃氏法》（GB/T 8074）检验
7	游离氧化钙含量		≤ 1.0%	按《水泥化学分析方法》（GB/T176）检验
8	碱含量		≤ 0.80%	按《水泥化学分析方法》（GB/T176）检验后计算求得
9	熟料中铝酸三钙含量		非氯盐环境下 ≤ 8%，氯盐环境下 ≤ 10%	
10	Cl⁻ 含量		不宜大于 0.10%（钢筋混凝土）	按《水泥原料中氯的化学分析方法》（JC/T 420）检验

2.2.2 粉煤灰

应选用 F 类 I 级粉煤灰或优质 II 级粉煤灰，要求粉煤灰产品品质稳定。粉煤灰性能指标应满足表 3-2 的规定。

粉煤灰的技术指标要求   表 3-2

序号	项目	技术要求		备注
		C50 以下混凝土	C50 及以上混凝土	
1	细度（45μm 筛余）（%）	≤ 20	≤ 12	按《用于水泥和混凝土中的粉煤灰》（GB/T 1596）检验
2	Cl⁻ 含量（%）	不宜大于 0.02		按《水泥原料中氯的化学分析方法》（JC/T 420）检验

续表

序号	项目	技术要求		备注
		C50 以下混凝土	C50 及以上混凝土	
3	需水量比（％）	≤ 105	≤ 100	按《用于水泥和混凝土中的粉煤灰》（GB/T 1596）检验
4	烧失量（％）	≤ 5.0	≤ 3.0	按《水泥化学分析方法》（GB/T 176）检验
5	含水率（％）	≤ 1.0（对干排灰）		按《用于水泥和混凝土中的粉煤灰》（GB/T 1596）检验
6	SO₃ 含量（％）	≤ 3		按《水泥化学分析方法》（GB/T 176）检验

2.2.3 矿渣粉

应选用 S95 级矿渣粉，要求所选矿渣粉产品品质稳定。矿渣粉性能指标应满足表 3-3 的规定。

矿渣粉的技术指标要求　　　　　表 3-3

序号	项目	技术要求	备注
1	MgO 含量（％）	≤ 14	按《水泥化学分析方法》（GB/T 176）检验
2	SO₃ 含量（％）	≤ 4	
3	烧失量（％）	≤ 3	
4	Cl⁻ 含量（％）	不宜大于 0.02	按《水泥原料中氯的化学分析方法》（JC/T 420）检验
5	比表面积（m²/kg）	350 ~ 500	按《水泥比表面积测定方法（勃氏法）》（GB/T 8074）检验
6	需水量比（％）	≤ 100	按《高强高性能混凝土用矿物外加剂》（GB/T 18736)检验
7	含水率（％）	≤ 1.0	按《用于水泥和混凝土中的粒化高炉矿渣粉》（GB/T 18046）检验
8	活性指数（％）（28d）	≥ 95	按《用于水泥和混凝土中的粒化高炉矿渣粉》（GB/T 18046）检验
9	密度（g/cm³）	≥ 2.80	按《用于水泥和混凝土中的粒化高炉矿渣粉》（GB/T 18046）检验

2.2.4 细骨料

细骨料的要求如下：

1. 细骨料应选用级配合理、质地均匀坚固、吸水率低、空隙率小的洁净天然中粗河砂，也可选用采用专门机组生产的人工砂，不得使用山砂和海砂。

2. 细骨料的颗粒级配（累计筛余百分数）应满　　足表 3-4 的规定。

细骨料的累计筛余百分数（%）　　　　　　　　　　表 3-4

级配区 筛孔尺寸（mm）	Ⅰ区	Ⅱ区	Ⅲ区
10.0	0	0	0
5.00	10～0	10～0	10～0
2.50	35～5	25～0	15～0
1.25	65～35	50～10	25～0
0.63	85～71	70～41	40～16
0.315	95～80	92～70	85～55
0.160	100～90	100～90	100～90

注：除 5.00mm 和 0.63mm 筛档外，细骨料的实际颗粒级配与表 3-4 中所列的累计筛余百分率相比允许稍有超出分界线，但其总量不应大于 5%。

3. 细骨料粗细程度按细度模数分为粗、中、细三级，其细度模数分别为：

粗级　　3.7～3.1

中级　　3.0～2.3

细级　　2.2～1.6

本工程配制混凝土时宜优先选用中级细度模数细骨料。当采用粗级细度模数细骨料时，应提高砂率，并保持足够的水泥或胶凝材料用量，以满足混凝土的和易性；当采用细级细度模数细骨料时，宜适当降低砂率。

4. 细骨料的坚固性用硫酸钠溶液循环浸泡法检验，试样经 5 次循环后其重量损失应不超过 8%。

5. 细骨料的吸水率应不大于 2%。

6. 采用天然河砂配制混凝土时，砂中的有害物质含量应符合表 3-5 的规定

砂中有害物质含量限值　　　　　　　　　　表 3-5

项目	质量指标		
	＜ C30	C30～C45	≥ C50
含泥量（%）	≤ 3.0	≤ 2.5	≤ 2.0
泥块含量（%）	≤ 0.5		

续表

项目	质量指标		
	< C30	C30 ~ C45	≥ C50
云母含量（%）	≤ 0.5		
轻物质含量（%）	≤ 0.5		
（Cl）含量（%）	≤ 0.02		
硫化物及硫酸盐含量（折算成 SO_3）（%）	≤ 0.5		
有机物含量（用比色法试验）	颜色不应深于标准色。如深于标准色,则应按水泥胶砂强度试验方法进行强度对比试验,抗压强度比不应低于 0.95		

当砂中含有颗粒状的硫酸盐或硫化物杂质时，应进行专门检验，确认能满足混凝土耐久性要求时，方能采用。

7. 细骨料应使用非碱活性骨料。

2.2.5 粗骨料

粗骨料的要求如下：

1. 粗骨料应选用级配合理、粒形良好、质地均匀坚固、线胀系数小的洁净碎石，不宜采用砂岩碎石。

2. 粗骨料的最大公称粒径不宜超过钢筋的混凝土保护层厚度的 2/3（在严重腐蚀环境条件下不宜超过钢筋的混凝土保护层厚度的 1/2），且不得超过钢筋最小间距的 3/4。配制强度等级 C50 及以上混凝土时，粗骨料最大公称粒径（圆孔）不应大于 25mm。

3. 粗骨料采用二级或多级级配，其松散堆积密度应大于 1500kg/m³，紧密空隙率宜小于 40%。

4. 粗骨料的吸水率应小于 2%。

5. 碎石的强度用岩石抗压强度表示，且岩石抗压强度与混凝土强度等级之比不应小于 1.5。施工过程中碎石的强度可用压碎指标值进行控制，且应符合表 2.6 的规定。

粗骨料的压碎指标（%）　　　　　　　　　　　　　　　　　表 3-6

混凝土强度等级	< C30			≥ C30		
岩石种类	沉积岩（水成岩）	变质岩或深成的火成岩	火成岩	沉积岩（水成岩）	变质岩或深成的火成岩	火成岩
碎石	≤ 16	≤ 20	≤ 30	≤ 10	≤ 12	≤ 13

注：沉积岩（水成岩）包括石灰岩、砂岩等，变质岩包括片麻岩、石英岩等，深成的火成岩包括花岗岩、正长岩、闪长岩和橄榄岩等，喷出的火成岩包括玄武岩和辉绿岩等。

6. 粗骨料的坚固性用硫酸钠溶液循环浸泡法进行检验，试样经 5 次循环后，其重量损失应符合表 3-7 的规定。

粗骨料的坚固性指标		表 3-7
结构类型	混凝土结构	预应力混凝土结构
重量损失率（%）	≤ 8	≤ 5

7. 粗骨料中的有害物质含量应符合表 3-8 的规定。

项目 / 强度等级	< C30	C30 ~ C45	≥ C50
含泥量（%）	≤ 1.0	≤ 1.0	≤ 0.5
泥块含量（%）	≤ 0.25		
针、片状颗粒总含量（%）	≤ 10	≤ 10	≤ 8
硫化物及硫酸盐含量（折算成 SO_3）（%）	≤ 0.5		
Cl^- 含量（%）	≤ 0.02		

粗骨料中的有害物质含量限值　　　　　　表 3-8

8. 粗骨料应使用非碱活性骨料。

2.2.6　外加剂

外加剂的要求如下：

1. 外加剂应采用减水率高、坍落度损失小、适量引气、缓凝型的、能明显提高混凝土耐久性且质量稳定的产品，宜选用优质缓凝型的聚羧酸高效减水剂。外加剂与水泥、粉煤灰及矿渣粉等掺合料之间具有良好的相容性。

2. 外加剂的性能应能满足表 3-9 的要求

外加剂的性能　　　　　　　　　　　　表 3-9

序号	项目	指标	备注
1	水泥净浆流动度（mm）	≥ 240	按《混凝土外加剂匀质性试验方法》（GB/T8077）检验
2	Na_2SO_4 含量（%）	≤ 10	
3	Cl^- 含量（%）	≤ 0.2	
4	碱含量（$Na_2O + 0.658K_2O$）（%）	≤ 10.0	
5	减水率（%）	≥ 20	

序号	项目		指标	备注
6	含气量（%）	用于配制非抗冻混凝土时	≥ 3.0	按《混凝土外加剂匀质性试验方法》（GB/T8077）检验
		用于配制抗冻混凝土时	≥ 4.5	
7	坍落度保留值（mm）	30min	≥ 180	按《混凝土泵送剂》（JC 473）检验
		60min	≥ 150	
8	常压泌水率比（%）		≤ 20	按《混凝土外加剂》（GB 8076）检验
9	压力泌水率比（%）		≤ 90	按《混凝土泵送剂》（JC 473）检验
10	抗压强度比（%）	3d	≥ 130	按《混凝土外加剂》（GB 8076）检验
		7d	≥ 125	
		28d	≥ 120	
11	对钢筋锈蚀作用		无锈蚀	
12	收缩率比（%）		≤ 135	
13	相对耐久性指标（%）（200 次）		≥ 80	

注：坍落度保留值、压力泌水率比仅对泵送混凝土用外加剂而言。

3. 外加剂的匀质性应满足国家标准《混凝土外加剂》（GB 8076）的规定。

4. 采用聚羧酸高效减水剂时应满足《聚羧酸系高性能减水剂》（JG/T223）的规定。

2.2.7　水

水的要求如下：

1. 拌和用水可采用饮用水。当采用其他来源的水时，水的品质应符合表3-10的要求。

拌和用水的品质指标　　　　　　　　　　　　　表 3-10

项目	预应力混凝土	钢筋混凝土	素混凝土
pH 值	> 4.5	> 4.5	> 4.5
不溶物（mg/L）	< 2000	< 2000	< 5000
可溶物（mg/L）	< 2000	< 5000	< 10000

续表

项目	预应力混凝土	钢筋混凝土	素混凝土
氯化物（以 Cl⁻ 计）（mg/L）	< 500	< 1000	< 3500
硫酸盐（以 SO_4^{2-} 计）（mg/L）	< 600	< 2000	< 2700
碱含量（以当量 Na_2O 计）（mg/L）	< 1500	< 1500	< 1500

2. 用拌和用水或蒸馏水（或符合国家标准的生活饮用水）进行水泥净浆试验所得的水泥初凝时间差及终凝时间差均不得大于 30min，其初凝和终凝时间还应符合水泥国家标准的规定。

3. 用拌和用水配制的水泥砂浆或混凝土 28d 抗压强度不得低于用蒸馏水（或符合国家标准的生活饮用水）拌制的对应砂浆或混凝土抗压强度的 90%。

4. 拌和用水不得采用海水。当混凝土处于氯盐环境时，拌和用水中 Cl⁻ 含量应不大于 200mg/L。对于使用钢丝或经热处理钢筋的预应力混凝土，拌和水中 Cl⁻ 含量不得超过 350mg/L。

5. 养护用水除对不溶物、可溶物可不作要求外，其他项目应符合表 2-10 的规定。养护用水不得采用海水。

第三节　百年耐久性混凝土的配制

3.1　百年耐久性混凝土配制依据

百年耐久性混凝土配制依据包括：

1. 杭州奥体中心主体结构的"钢筋混凝土结构设计总说明"；

2. 《混凝土结构设计规范》（GB 50010—2002）；

3. 《混凝土结构耐久性设计规范》（GB/T 50476—2008）；

4. 《混凝土结构耐久性设计施工指南》[CCES 01—2004（2005 年修订版）]；

5. 《普通混凝土配合比设计技术规程》（JGJ 55—2000）；

6. 《普通混凝土长期性能和耐久性能试验方法》（GB/T 50082—2009）等。

3.2　百年耐久性混凝土的指标要求

鉴于工程的重要性，针对 100 年的混凝土使用年限设计要求，对混凝土耐久性指标提出以下要求：

1. 强度等级 C30：最大水胶比 0.55，最小胶凝材料用量 280kg/m³；

强度等级 C35：最大水胶比 0.50，最小胶凝材料用量 300kg/m³；

强度等级 C40：最大水胶比 0.45，最小胶凝材料用量 320kg/m³；

强度等级 C45：最大水胶比 0.40，最小胶凝材料用量 340kg/m³；

强度等级 C50：最大水胶比 0.36，最小胶凝材料用量 360kg/m³。

2. 最大氯离子含量 0.06%；最大含碱量 3.0%；

3. 最大胶凝材料用量：≤ 450kg/m³（C30 ～ C40），≤ 500kg/m³（C50）；

4. 单位体积混凝土中三氧化硫的最大含量不应

超过胶凝材料总量的 4%；

5. 混凝土抗氯离子侵入性指标：电通量（56 天龄期）< 1000 库仑；

6. ±0.000 以下混凝土结构需具有良好的抗裂性，建议掺用聚丙烯纤维提高混凝土抗裂性能。

3.3　百年耐久性混凝土原材料的选用

3.3.1　水泥

浙江钱潮控股集团股份有限公司和浙江尖峰水泥有限公司均为浙江省知名水泥生产企业，两家生产的 P·O42.5 水泥可供杭州奥体中心主体育场工程选择。经检验，两厂家的 P·O42.5 水泥其物理性能均满足标准规定的要求。对比两个水泥的物理性能指标、水泥与外加剂适应性交叉试验及配合比的结果后，本工程首选尖峰水泥。考虑到以后厂家的货源供应情况，可将钱潮水泥作为备用水泥。

3.3.2　粉煤灰

经过对杭州海通粉煤灰有限公司和杭州史迪粉煤灰有限公司生产的粉煤灰进行检验，两者均满足 II 级灰。对比细度、需水量比等指标和粉煤灰与外加剂适应性交叉试验的结果后，首选海通粉煤灰作为杭州奥体中心主体育场工程的混凝土掺合料。

3.3.3　矿粉

杭州金龙矿粉有限公司和之江矿粉有限公司生产的 S95 级矿粉，其性能指标均满足标准规定的要求。比较与外加剂适应性交叉试验的结果，首选金龙矿粉作为杭州奥体中心主体育场工程的混凝土掺合料。

3.3.4　膨胀剂

经对武汉三源特种建材有限公司生产的 SY-G 型混凝土膨胀剂和杭州力盾混凝土外加剂有限公司生产的 HCMA 型混凝土膨胀剂按照《混凝土膨胀剂》（GB 23439—2009）进行检验，两者的性能指标均满足标准 I 型的要求。从抗压强度、限制膨胀率等指标和与外加剂适应性交叉试验的结果看，首选武汉三源的 SY-G 型混凝土膨胀剂。

3.3.5　细骨料

采用江西赣江的天然河砂，该砂的细度模数为 2.8，砂的颗粒级配区为 II 区，含泥量为 0.8%，泥块含量为 0，硫化物及硫酸盐含量为 0.18%，经碱活性检验无潜在危害。从各项指标分析，所选江西赣江的天然河砂满足配制杭州奥体中心主体育场工程混凝土的使用要求。

3.3.6　粗骨料

粗骨料采用萧山石门碎石，采用 5 ~ 31.5mm 的连续级配。经检验，该石子的针、片颗粒含量为 2.8%，含泥量 0.1%。泥块含量为 0，硫化物及硫酸盐含量为 0.14%，经碱活性检验无潜在危害。从各项指标分析，所选产自萧山石门的碎石满足配制杭州奥体中心主体育场工程混凝土的使用要求。

3.3.7　外加剂

浙江五龙化工股份有限公司生产的 ZWL-A-IX 外加剂和杭州国信外加剂有限公司生产的 GX-34 外加剂均为聚羧酸系高性能减水剂，经检验两个外加剂的物理性能均满足《聚羧酸系高性能减水剂》（JG/T 223—2007）的规定。从减水率、抗压强度比、泌水率比以及外加剂与原材料的适应性分析，首选杭州国信生产的 GX-34 外加剂聚羧酸系高性能减水剂作为杭州奥体中心主体育场工程混凝土所用的外加剂。

3.3.8　纤维

纤维采用宁波大成生产的强纶（聚丙烯）纤维。

3.3.9　水

采用自来水。

3.4　百年耐久性混凝配合比的计算过程

耐久性混凝土配合比可按下列步骤进行计算（以干燥状态骨料为基准，矿物掺和料和外加剂的掺量均以胶凝材料总量百分率计）、试配和调整：

1. 核对供应商提供的水泥熟料的化学成分和矿物组成、混合材种类和数量等资料，并根据设计要求，初步选定水泥、矿物掺和料、骨料、外加剂、拌和水的品种以及水胶比、胶凝材料总用量、矿物掺和料和外加剂的掺量。

2. 参照《普通混凝土配合比设计规程》（JGJ55）的规定计算单方混凝土中各原材料组分用量，并核算单方混凝土的总碱含量和氯离子含量是否满足耐久性设计要求。否则应重新选择原材料或调整计算的配合比，直至满足要求为止。

3. 采用工程中实际使用的原材料和搅拌方法，通过适当调整混凝土外加剂用量或砂率，调配出坍落度、含气量、泌水率、表观密度符合要求的混凝土配合比。试拌时，每盘混凝土的最小搅拌量应在15L以上（60L强制式搅拌机）。该配合比作为基准配合比。

4. 适当改变基准配合比的水胶比、胶凝材料用量、矿物掺和料掺量、外加剂掺量或砂率等参数，调配出拌和物性能与要求值基本接近的配合比3～5个。

5. 按要求对上述不同配合比混凝土制作力学性能和抗裂性能对比试件，按规定养护至规定龄期时进行试验。

6. 从上述配合比中优选出拌和物性能和抗裂性优良、抗压强度适宜的1个或多个配合比各成型一

组或多组耐久性试件，按规定养护至规定龄期时进行电通量、氯离子扩散系数等耐久性指标试验。

7. 根据上述不同配合比对应混凝土拌和物的性能、抗压强度、抗裂性以及耐久性能试验结果，按照工作性能优良、强度和耐久性满足要求、经济合理的原则，从不同配合比中选择一个最适合的配合比作为理论配合比。

8. 采用工程实际使用的原材料拌和混凝土，测定混凝土的湿表观密度。根据实测拌和物的表观密度，求出校正系数，对基准配合比进行校正（即以基准配合比中每项材料用量乘以校正系数后获得的配合比作为混凝土的理论配合比）。校正系数按下式计算：

校正系数 = 实测拌和物湿表观密度 / 基准配合比拌和物湿表观密度。

9. 混凝土的力学性能或耐久性能试验结果不满足设计或施工要求时，应重新按图纸的要求选择混凝土配合比参数，并按照上述步骤重新试拌和调整混凝土配合比，直至满足要求为止。

10. 当混凝土的原材料品质、施工环境气温发生较大变化时，应及时对混凝土的配合比进行调整。

3.5　百年耐久性混凝配合比

普通 C30～C50 混凝土设计使用寿命在 50 年，而杭州奥体中心主体育场工程 C30～C50 耐久性混凝土设计使用寿命在 100 年以上。同时要求制备的混凝土不但要具有良好的工作性，坍落度满足 180～220mm，力学性能满足设计要求，28d 或 60d 配制抗压强度不得低于设计要求，而且要具有高的耐久性，特别是具有良好的抗裂防渗作用。

先对杭州奥体中心主体育场混凝土所用原材料

进行试验分析，并按上述配合比计算过程，对混凝土进行试配，进行拌合物性能、力学性能和耐久性能的试验，得出 C30、C35P6、C40P8、C45P8、C50 5 个百年耐久性混凝土推荐配合比，详见表 3-12 ～ 表 3-17。

百年耐久性混凝土配合比的要点如下：

1. 聚羧酸高性能减水剂掺量为胶凝材料总量的 1.0%，用水量为 145kg/m³ 或 159kg/m³，水胶比 = 0.31 ～ 0.40，胶凝材料总用量 365kg ～ 465kg，可满足设计及有关标准要求。

2. 地下室挡土外墙、顶板及水箱、水池部位的 C40P8 混凝土采用单掺粉煤灰，粉煤灰的掺量为等量替代水泥用量的 26%。其他部位的混凝土采用双掺粉煤灰和矿渣粉，C30、C35P6 混凝土中粉煤灰掺量为等量替代水泥用量的 20%，矿渣粉掺量为等量替代水泥用量的 12%，两者总共取代水泥量分别为 32%；基础底板和承台部位的 C40P8、C45P8、C50 混凝土中粉煤灰掺量为等量替代水泥用量的 12%，矿渣粉掺量为等量替代水泥用量的 20%，两者总共取代水泥量分别为 32%。砂率为 39% ～ 42%。

3. 对于后浇带的混凝土通过掺入掺膨胀剂（掺量 10%）来实现，对于有抗裂要求的地下室挡土外墙等部位的混凝土通过掺入聚丙烯纤维（掺量 0.9 kg/m³）提高其抗裂防渗性能。

4. 混凝土中氯离子含量控制在 0.06% 以内，碱含量控制在 3.0% 以内。

5. 推荐的 6 个耐久性混凝土配合比可根据季节变化和搅拌站的具体情况选用，并允许作适当调整，以满足具体工程的需要。

百年耐久性混凝土推荐配合比（kg/m³）　　　　表 3-11

类别	水泥 P.O42.5	水	细骨料	粗骨料碎石		聚羧酸减水剂	粉煤灰	矿粉	膨胀剂	纤维聚丙烯	水胶比	砂率 %
				20 ～ 31.5mm	10 ～ 20mm							
C30	249	145	766	741	318	3.65	73	43	0	0	0.40	42
C35P6	262	145	744	750	321	3.85	77	46	0	0	0.38	41
C40P8（地下室挡土外墙等）	300	159	722	758	325	4.05	105	0	0	0.9	0.39	40
C40P8（基础底板和承台）	289	145	689	628	420	4.25	51	85	0	0	0.34	40
C45P8	250	145	694	625	417	4.30	51	86	43	0	0.37	40
C50	317	145	665	625	416	4.65	55	93	0	0	0.31	39

C30 百年耐久性混凝土配合比选定报告

表 3-12

C30 混凝土配合比选定报告					
委托单位	杭州奥体博览中心建设投资有限公司		报告编号	/	
	杭州奥体博览中心滨江建设指挥部			/	
工程名称	杭州奥体博览城主体育场区体育场及附属设施		委托编号	/	
施工部位	室内环境不与水土直接接触的楼面梁板、楼梯、车道，及构造柱、圈梁、现浇过梁				
配合比编号	01		报告日期	/	
强度等级	环境类别、等级	抗渗等级	抗冻等级	电通量要求（C）	拌和及捣实方法
C30	/	/	/	<1000	机械
要求坍落（mm）	要求维勃稠度（s）	最大胶材用量限值	最小胶材用量限值	最大水胶比限值	标准差（MPa）
200±20		450（kg/m³）	280（kg/m³）	0.55	5.00

（1）使用材料							
水泥	产地	尖峰	品种	普通硅酸盐	强度等级	42.5	报告编号 /
矿粉	产地	金龙	名称	矿粉	掺量/%	12%（内掺）	报告编号 /
粉煤灰	产地	海通	名称	粉煤灰	掺量/%	20%（内掺）	报告编号 /
膨胀剂	产地	/	名称	膨胀剂	掺量/%	/	报告编号 /
砂子	产地	赣江	表观密度	/	细度模数	2.8	报告编号 /
碎/卵石	产地	萧山石门	表观密度	/	紧密空隙率	/	报告编号 /
			级配组成	10~20（30%）和 20~31.5（70%）	最大粒径	31.5	
外加剂	产地	国信 GX-34	名称	聚羧酸系高性能减水剂	掺量/%	1.00%	报告编号 /
拌和水	水源种类	自来水					报告编号 /
备注：							

（2）配合比选定结果				
试配强度（MPa）	实测稠度 mm（s）	配合比		水胶比
38.2	220	水泥:矿粉:粉煤灰:细骨料:粗骨料1:粗骨料2:水:高效减水剂=1:0.17:0.29:3.08:2.98:1.28:0.58:0.0147		0.40

（3）每方混凝土用料量（kg/m³）									
水泥	矿粉	粉煤灰	砂	碎/卵石 10~20	碎/卵石 20~31.5	外加剂	拌和用水	膨胀剂	纤维
249	43	73	766	318	741	3.65	145	/	/

（4）混凝土拌和物性能测试结果				
表观密度（kg/m³）	初始坍落度（mm）	初始扩展度（mm）	初始含气量（%）	停放30min坍落度（mm）
2340	220	560×580	2.9	200
停放30min扩展度（mm）	停放30min含气量（%）	停放60min坍落度（mm）	停放60min扩展度（mm）	停放60min含气量（%）
520×510	2.8	170	460×460	2.8
泌水率（%）	压力泌水率（%）	初凝时间（h：min）	终凝时间（h：min）	维勃稠度（s）
12	82	10:40	14:20	/

（5）硬化混凝土性能测试结果									
电通量（C）		抗压强度（MPa）				抗裂性	抗渗等级	总碱含量（kg/m³）	氯离子总含量（%）
28d	56d	3d	7d	28d	60d				
/	921	/	26.8	39.3	/	/	/	1.88	0.016

检测评定依据：JGJ55-2000《普通混凝土配比设计规程》		试验结论：本配合比符合 JGJ55-2000《普通混凝土配比设计规程》	
报告	审核	批准	单位（章）

C35P6 百年耐久性混凝土配合比选定报告

表 3-13

		C35P6 混凝土配合比选定报告					
委托单位		杭州奥体博览中心建设投资有限公司		报告编号		/	
		杭州奥体博览中心滨江建设指挥部				/	
工程名称		杭州奥体博览城主体育场区体育场及附属设施		委托编号		/	
施工部位		室内环境与水土直接接触下的屋面梁板、看台梁板、楼梯、车道					
配合比编号		02		报告日期		/	
强度等级	环境类别、等级		抗渗等级	抗冻等级	电通量要求（C）		拌和及捣实方法
C35P6	/		P6	/	<1000		机械
要求坍落（mm）	要求维勃稠度（s）		最大胶材用量限值	最小胶材用量限值	最大水胶比限值		标准差（MPa）
200±20	/		450（kg/m³）	300（kg/m³）	0.50		5.00
			（1）使用材料				
水泥	产地	尖峰	品种	普通硅酸盐	强度等级	42.5	报告编号	/
矿粉	产地	金龙	名称	矿粉	掺量/%	12%（内掺）	报告编号	/
粉煤灰	产地	海通	名称	粉煤灰	掺量/%	20%（内掺）	报告编号	/
膨胀剂	产地	/	名称	膨胀剂	掺量/%	/	报告编号	/
砂子	产地	赣江	表观密度	/	细度模数	2.8	报告编号	/
碎/卵石	产地	萧山石门	表观密度	/	紧密空隙率	/	报告编号	
			级配组成	10~20（30%）和 20~31.5（70%）	最大粒径	31.5		
外加剂	产地	国信 GX-34	名称	聚羧酸系高性能减水剂	掺量/%	1.00%	报告编号	/
拌和水	水源种类		自来水				报告编号	/
备注：								

				（2）配合比选定结果			
试配强度（MPa）		实测稠度 mm（s）		配合比			水胶比
43.2		220		水泥：矿粉：粉煤灰：细骨料：粗骨料1：粗骨料2：水：高效减水剂=1：0.18：0.29：2.84：2.86：1.23：0.55：0.0147			0.38

			（3）每方混凝土用料量（kg/m³）						
水泥	矿粉	粉煤灰	砂	碎/卵石 10~20	碎/卵石 20~31.5	外加剂	拌和用水	膨胀剂	纤维
262	46	77	744	321	750	3.85	145	/	/

			（4）混凝土拌和物性能测试结果		
表观密度（kg/m³）	初始坍落度（mm）	初始扩展度（mm）	初始含气量（%）	停放30min坍落度（mm）	
2350	220	560×560	2.7	195	
停放30min扩展度（mm）	停放30min含气量（%）	停放60min坍落度（mm）	停放60min扩展度（mm）	停放60min含气量（%）	
510×500	2.5	165	460×460	2.5	
泌水率（%）	压力泌水率（%）	初凝时间（h：min）	终凝时间（h：min）	维勃稠度（s）	
10	82	10:25	14:10	/	

				（5）硬化混凝土性能测试结果				
电通量（C）		抗压强度（MPa）				抗裂性	抗渗等级	总碱含量（kg/m³）	氯离子总含量（%）
28d	56d	3d	7d	28d	60d				
/	865	/	29.5	43.9	/	/	P8	1.99	0.016

检测评定依据：JGJ55-2000《普通混凝土配比设计规程》		试验结论：本配合比符合 JGJ55-2000《普通混凝土配比设计规程》	
报告	审核	批准	单位（章）

C40P8（基础底板和承台）百年耐久性混凝土配合比选定报告　　表 3-14

C40P8 混凝土配合比选定报告						
委托单位	杭州奥体博览中心建设投资有限公司			报告编号		/
	杭州奥体博览中心滨江建设指挥部					/
工程名称	杭州奥体博览城主体育场区体育场及附属设施			委托编号		/
施工部位	基础底板和承台					
配合比编号	03			报告日期		/
强度等级	环境类别、等级		抗渗等级	抗冻等级	电通量要求（C）	拌和及捣实方法
C40（60d 龄期）	/		P8	/	<1000	机械
要求坍落度（mm）	要求维勃稠度（s）		最大胶材用量限值	最小胶材用量限值	最大水胶比限值	标准差（MPa）
200±20	/		450（kg/m³）	320（kg/m³）	0.45	5.00

（1）使用材料

水泥	产地	尖峰	品种	普通硅酸盐	强度等级	42.5	报告编号 /
矿粉	产地	金龙	名称	矿粉	掺量/%	20%（内掺）	报告编号 /
粉煤灰	产地	海通	名称	粉煤灰	掺量/%	12%（内掺）	报告编号 /
膨胀剂	产地	/	名称	膨胀剂	掺量/%	/	报告编号 /
砂子	产地	赣江	表观密度	/	细度模数	2.8	报告编号 /
碎/卵石	产地	萧山石门	表观密度	/	紧密空隙率	/	报告编号 /
			级配组成	10~20（30%）和 20~31.5（70%）	最大粒径	31.5	
外加剂	产地	国信 GX-34	名称	聚羧酸系高性能减水剂	掺量/%	1.00%	报告编号 /
拌和水	水源种类	自来水					报告编号 /
备注：							

（2）配合比选定结果

试配强度（MPa）	实测稠度 mm（s）	配合比	水胶比
48.2	210	水泥：矿粉：粉煤灰：细骨料：粗骨料1：粗骨料2：水：高效减水剂 =1：0.29：0.17：2.37：1.42：2.13：0.54：0.015	0.34

（3）每方混凝土用料量（kg/m³）

水泥	矿粉	粉煤灰	砂	碎/卵石 10~20	碎/卵石 20~31.5	外加剂	拌和用水	膨胀剂	纤维
289	85	51	698	420	628	4.25	145	/	/

（4）混凝土拌和物性能测试结果

表观密度（kg/m³）	初始坍落度（mm）	初始扩展度（mm）	初始含气量（%）	停放30min坍落度（mm）
2360	210	550×565	2.6	190
停放30min扩展度（mm）	停放30min含气量（%）	停放60min坍落度（mm）	停放60min扩展度（mm）	停放60min含气量（%）
500×500	2.5	165	460×450	2.4
泌水率（%）	压力泌水率（%）	初凝时间（h：min）	终凝时间（h：min）	维勃稠度（s）
12	81	11：25	15：10	/

（5）硬化混凝土性能测试结果

电通量（C）		抗压强度（MPa）				抗裂性	抗渗等级	总碱含量（kg/m³）	氯离子总含量（%）
28d	56d	3d	7d	28d	60d				
/	832	/	30.3	40.7	49.3	/	P8	2.05	0.016

检测评定依据：JGJ55-2000《普通混凝土配比设计规程》		试验结论：本配合比符合 JGJ55-2000《普通混凝土配比设计规程》	
报告	审核	批准	单位（章）

C40P8（地下室挡土外墙等部位）百年耐久性混凝土配合比选定报告　　　　表 3-15

<table>
<tr><td colspan="9" align="center">C40P8 混凝土配合比选定报告</td></tr>
<tr><td colspan="2">委托单位</td><td colspan="5" align="center">杭州奥体博览中心建设投资有限公司</td><td>报告编号</td><td align="center">/</td></tr>
<tr><td colspan="2"></td><td colspan="5" align="center">杭州奥体博览中心滨江建设指挥部</td><td colspan="2" align="center">/</td></tr>
<tr><td colspan="2">工程名称</td><td colspan="5" align="center">杭州奥体博览城主体育场区体育场及附属设施</td><td>委托编号</td><td align="center">/</td></tr>
<tr><td colspan="2">施工部位</td><td colspan="7" align="center">地下室挡土外墙、顶板及水箱、水池</td></tr>
<tr><td colspan="2">配合比编号</td><td colspan="5" align="center">04</td><td>报告日期</td><td align="center">/</td></tr>
<tr><td colspan="2">强度等级</td><td colspan="2" align="center">环境类别、等级</td><td colspan="2" align="center">抗渗等级</td><td align="center">抗冻等级</td><td align="center">电通量要求（C）</td><td align="center">拌和及捣实方法</td></tr>
<tr><td colspan="2">C40（60d 龄期）</td><td colspan="2" align="center">/</td><td colspan="2" align="center">P8</td><td align="center">/</td><td align="center"><1000</td><td align="center">机械</td></tr>
<tr><td colspan="2">要求坍落（mm）</td><td colspan="2" align="center">要求维勃稠度（s）</td><td colspan="2" align="center">最大胶材用量限值</td><td align="center">最小胶材用量限值</td><td align="center">最大水胶比限值</td><td align="center">标准差（MPa）</td></tr>
<tr><td colspan="2">200±20</td><td colspan="2" align="center">/</td><td colspan="2" align="center">450（kg/m³）</td><td align="center">320（kg/m³）</td><td align="center">0.45</td><td align="center">5.00</td></tr>
<tr><td colspan="9" align="center">（1）使用材料</td></tr>
<tr><td>水泥</td><td>产地</td><td align="center">尖峰</td><td>品种</td><td align="center">普通硅酸盐</td><td>强度等级</td><td align="center">42.5</td><td>报告编号</td><td align="center">/</td></tr>
<tr><td>矿粉</td><td>产地</td><td align="center">/</td><td>名称</td><td align="center">矿粉</td><td>掺量/%</td><td align="center">/</td><td>报告编号</td><td align="center">/</td></tr>
<tr><td>粉煤灰</td><td>产地</td><td align="center">海通</td><td>名称</td><td align="center">粉煤灰</td><td>掺量/%</td><td align="center">26%（内掺）</td><td>报告编号</td><td align="center">/</td></tr>
<tr><td>膨胀剂</td><td>产地</td><td align="center">/</td><td>名称</td><td align="center">膨胀剂</td><td>掺量/%</td><td align="center">/</td><td>报告编号</td><td align="center">/</td></tr>
<tr><td>砂子</td><td>产地</td><td align="center">赣江</td><td>表观密度</td><td align="center">/</td><td>细度模数</td><td align="center">2.8</td><td>报告编号</td><td align="center">/</td></tr>
<tr><td rowspan="2">碎/卵石</td><td rowspan="2">产地</td><td rowspan="2" align="center">萧山石门</td><td>表观密度</td><td align="center">/</td><td>紧密空隙率</td><td align="center">/</td><td rowspan="2">报告编号</td><td rowspan="2" align="center"></td></tr>
<tr><td>级配组成</td><td align="center">10～20（30%）和
20～31.5（70%）</td><td>最大粒径</td><td align="center">31.5</td></tr>
<tr><td>外加剂</td><td>产地</td><td align="center">国信 GX-34</td><td>名称</td><td align="center">聚羧酸系高性能减水剂</td><td>掺量/%</td><td align="center">1.00%</td><td>报告编号</td><td align="center">/</td></tr>
<tr><td>拌和水</td><td>水源种类</td><td colspan="5" align="center">自来水</td><td>报告编号</td><td align="center">/</td></tr>
<tr><td>备注：</td><td colspan="8" align="center">纤维采用宁波大成，每立方 0.9kg</td></tr>
<tr><td colspan="9" align="center">（2）配合比选定结果</td></tr>
<tr><td colspan="2" align="center">试配强度（MPa）</td><td colspan="2" align="center">实测稠度 mm（s）</td><td colspan="4" align="center">配合比</td><td align="center">水胶比</td></tr>
<tr><td colspan="2" align="center">48.2</td><td colspan="2" align="center">200</td><td colspan="4" align="center">水泥：粉煤灰：细骨料：粗骨料1：粗骨料2：水：高效减水剂：纤维=1：0.35：2.41：1.08：2.53：0.53：0.0135：0.003</td><td align="center">0.39</td></tr>
<tr><td colspan="9" align="center">（3）每方混凝土用料量（kg/m³）</td></tr>
<tr><td align="center">水泥</td><td align="center">矿粉</td><td align="center">粉煤灰</td><td align="center">砂</td><td align="center">碎/卵石
10～20</td><td align="center">碎/卵石
20～31.5</td><td align="center">外加剂</td><td align="center">拌和用水</td><td align="center">膨胀剂　纤维</td></tr>
<tr><td align="center">300</td><td align="center">/</td><td align="center">105</td><td align="center">722</td><td align="center">325</td><td align="center">758</td><td align="center">4.05</td><td align="center">159</td><td align="center">/　0.9</td></tr>
<tr><td colspan="9" align="center">（4）混凝土拌和物性能测试结果</td></tr>
<tr><td colspan="2" align="center">表观密度（kg/m³）</td><td align="center">初始坍落度（mm）</td><td colspan="2" align="center">初始扩展度（mm）</td><td colspan="2" align="center">初始含气量（%）</td><td colspan="2" align="center">停放 30min 坍落度（mm）</td></tr>
<tr><td colspan="2" align="center">2360</td><td align="center">200</td><td colspan="2" align="center">540×535</td><td colspan="2" align="center">2.7</td><td colspan="2" align="center">175</td></tr>
<tr><td colspan="2" align="center">停放 30min 扩展度（mm）</td><td align="center">停放 30min 含气量（%）</td><td colspan="2" align="center">停放 60min 坍落度（mm）</td><td colspan="2" align="center">停放 60min 扩展度（mm）</td><td colspan="2" align="center">停放 60min 含气量（%）</td></tr>
<tr><td colspan="2" align="center">480×490</td><td align="center">2.4</td><td colspan="2" align="center">150</td><td colspan="2" align="center">430×440</td><td colspan="2" align="center">2.4</td></tr>
<tr><td colspan="2" align="center">泌水率（%）</td><td align="center">压力泌水率（%）</td><td colspan="2" align="center">初凝时间（h：min）</td><td colspan="2" align="center">终凝时间（h：min）</td><td colspan="2" align="center">维勃稠度（s）</td></tr>
<tr><td colspan="2" align="center">10</td><td align="center">80</td><td colspan="2" align="center">11：45</td><td colspan="2" align="center">15：30</td><td colspan="2" align="center">/</td></tr>
<tr><td colspan="9" align="center">（5）硬化混凝土性能测试结果</td></tr>
<tr><td colspan="2" align="center">电通量（C）</td><td colspan="4" align="center">抗压强度（MPa）</td><td rowspan="2" align="center">抗裂性</td><td rowspan="2" align="center">抗渗等级</td><td align="center">总碱含量（kg/m³）</td></tr>
<tr><td colspan="2" align="center">28d　56d</td><td align="center">3d</td><td align="center">7d</td><td align="center">28d</td><td align="center">60d</td><td align="center">氯离子总含量（%）</td></tr>
<tr><td colspan="2" align="center">/　816</td><td align="center">/</td><td align="center">26.8</td><td align="center">38.7</td><td align="center">48.9</td><td align="center">/</td><td align="center">P8</td><td align="center">2.1
0.015</td></tr>
<tr><td colspan="4">检测评定依据：JGJ55-2000《普通混凝土配比设计规程》</td><td colspan="5">试验结论：本配合比符合 JGJ55-2000《普通混凝土配比设计规程》</td></tr>
<tr><td colspan="2">报告</td><td colspan="3">审核</td><td colspan="2">批准</td><td colspan="2">单位（章）</td></tr>
</table>

C45P8 百年耐久性混凝土配合比选定报告

表 3-16

C45P8 混凝土配合比选定报告					
委托单位	杭州奥体博览中心建设投资有限公司			报告编号	/
	杭州奥体博览中心滨江建设指挥部				/
工程名称	杭州奥体博览城主体育场区体育场及附属设施			委托编号	/
施工部位	后浇带				
配合比编号	05			报告日期	/
强度等级	环境类别、等级		抗渗等级	抗冻等级	电通量要求（C）	拌和及捣实方法
C45（60 天龄期）	/		P8		<1000	机械
要求坍落（mm）	要求维勃稠度（s）		最大胶材用量限值	最小胶材用量限值	最大水胶比限值	标准差（MPa）
200±20	/		450（kg/m³）	340（kg/m³）	0.4	5.00

（1）使用材料

水泥	产地	尖峰	品种	普通硅酸盐	强度等级	42.5	报告编号	/
矿粉	产地	金龙	名称	矿粉	掺量/%	20%（内掺）	报告编号	/
粉煤灰	产地	海通	名称	粉煤灰	掺量/%	12%（内掺）	报告编号	/
膨胀剂	产地	武汉三元 SY-G	名称	膨胀剂	掺量/%	10%（内掺）	报告编号	/
砂子	产地	赣江	表观密度	/	细度模数	2.8	报告编号	/
碎/卵石	产地	萧山石门	表观密度	/	紧密空隙率	/	报告编号	
			级配组成	10~20（40%）和 20~31.5（60%）	最大粒径	31.5		
外加剂	产地	国信 GX-34	名称	聚羧酸系高性能减水剂	掺量/%	1.00%	报告编号	/
拌和水	水源种类	自来水					报告编号	/
备注：	/							

（2）配合比选定结果

试配强度（MPa）	实测稠度 mm（s）	配合比	水胶比
53.2	210	水泥:矿粉:粉煤灰:细骨料:粗骨料1:粗骨料2:水:高效减水剂:膨胀剂=1:0.34:0.20:2.78:2.50:1.67:0.58:0.0172:0.172	0.34

（3）每方混凝土用料量（kg/m³）

水泥	矿粉	粉煤灰	砂	碎/卵石 10~20	碎/卵石 20~31.5	外加剂	拌和用水	膨胀剂	纤维
250	86	51	694	417	625	4.3	145	43	/

（4）混凝土拌和物性能测试结果

表观密度（kg/m³）	初始坍落度（mm）	初始扩展度（mm）	初始含气量（%）	停放 30min 坍落度（mm）
2370	210	550×555	2.6	186
停放 30min 扩展度（mm）	停放 30min 含气量（%）	停放 60min 坍落度（mm）	停放 60min 扩展度（mm）	停放 60min 含气量（%）
490×490	2.5	160	450×440	2.4
泌水率（%）	压力泌水率（%）	初凝时间（h: min）	终凝时间（h: min）	维勃稠度（s）
10	82	10:35	14:20	/

（5）硬化混凝土性能测试结果

电通量（C）		抗压强度（MPa）				抗裂性	抗渗等级	总碱含量（kg/m³）	氯离子总含量（%）
28d	56d	3d	7d	28d	60d				
/	738	/	33.2	41.7	53.2	/	P8	2.34	0.016
检测评定依据：JGJ55-2000《普通混凝土配比设计规程》					试验结论：本配合比符合 JGJ55-2000《普通混凝土配比设计规程》				
报告		审核		批准			单位（章）		

C50P8 百年耐久性混凝土配合比选定报告

表 3-17

C50 混凝土配合比选定报告						
委托单位	杭州奥体博览中心建设投资有限公司			报告编号	/	
	杭州奥体博览中心滨江建设指挥部				/	
工程名称	杭州奥体博览城主体育场区体育场及附属设施			委托编号	/	
施工部位	柱、剪力墙、连梁					
配合比编号	06			报告日期	/	
强度等级	环境类别、等级		抗渗等级	抗冻等级	电通量要求（C）	拌和及捣实方法
C50	/		P8	/	<1000	机械
要求坍落（mm）	要求维勃稠度（s）		最大胶材用量限值	最小胶材用量限值	最大水胶比限值	标准差（MPa）
200±20	/		500（kg/m³）	360（kg/m³）	0.36	5.00

（1）使用材料

水泥	产地	尖峰	品种	普通硅酸盐	强度等级	42.5	报告编号	/
矿粉	产地	金龙	名称	矿粉	掺量/%	20%（内掺）	报告编号	/
粉煤灰	产地	海通	名称	粉煤灰	掺量/%	12%（内掺）	报告编号	/
膨胀剂	产地	/	名称	膨胀剂	掺量/%	/	报告编号	/
砂子	产地	赣江	表观密度	/	细度模数	2.8	报告编号	/
碎/卵石	产地	萧山石门	表观密度	/	紧密空隙率	/	报告编号	
			级配组成	10~20（40%）和 20~31.5（60%）	最大粒径	31.5		
外加剂	产地	国信 GX-34	名称	聚羧酸系高性能减水剂	掺量/%	1.00%	报告编号	/
拌和水	水源种类	自来水					报告编号	/
备注:								

（2）配合比选定结果

试配强度（MPa）	实测稠度 mm（s）	配合比	水胶比
58.2	200	水泥:矿粉:粉煤灰:细骨料:粗骨料1:粗骨料2:水:高效减水剂 = 1 : 0.29 : 0.17 : 2.10 : 1.97 : 1.31 : 0.46 : 0.0147	0.31

（3）每方混凝土用料量（kg/m³）

水泥	矿粉	粉煤灰	砂	碎/卵石 10~20	碎/卵石 20~31.5	外加剂	拌和用水	膨胀剂	纤维
317	93	55	665	416	625	4.65	145	/	/

（4）混凝土拌和物性能测试结果

表观密度（kg/m³）	初始坍落度（mm）	初始扩展度（mm）	初始含气量（%）	停放 30min 坍落度（mm）
2370	200	550×545	2.8	170
停放 30min 扩展度（mm）	停放 30min 含气量（%）	停放 60min 坍落度（mm）	停放 60min 扩展度（mm）	停放 60min 含气量（%）
495×490	2.5	150	450×450	2.4
泌水率（%）	压力泌水率（%）	初凝时间（h：min）	终凝时间（h：min）	维勃稠度（s）
12	81	11:45	15:30	/

（5）硬化混凝土性能测试结果

电通量（C）		抗压强度（MPa）				抗裂性	抗渗等级	总碱含量（kg/m³）	氯离子总含量（%）
28d	56d	3d	7d	28d	60d				
/	672	/	38.5	58.6	/	/	P8	2.47	0.016

检测评定依据：JGJ55-2000《普通混凝土配比设计规程》		试验结论：本配合比符合 JGJ55-2000《普通混凝土配比设计规程》	
报告	审核	批准	单位（章）

第四章　百年耐久性混凝土的施工控制

混凝土结构耐久性除了受到混凝土原材料的影响，也受到结构设计和施工等各方面过程因素的影响。本章从混凝土施工控制方面提出可能影响混凝土结构耐久性的施工过程，主要有混凝土的制备与生产、运输、浇筑、养护以及耐久性控制措施等。同时根据杭州奥体主体育场工程特点，并结合当前国内外混凝土结构施工工艺的最新成果，详细介绍了本工程中，针对有可能影响混凝土耐久性的主要因素，提出了为保障混凝土结构耐久性在这些方面采取的控制措施。

第一节　百年耐久性混凝土的制备与生产控制

1.1　百年耐久性混凝土组成材料的配料

1.1.1　生产工序中的计量器具应进行定期检查，每一工作班正式称量前，及时将计量设备进行零点校核。

1.1.2　在配料工艺中，整个生产期间，每盘混凝土中各组成材料的称量结果偏差满足表4-1的规定。

百年耐久性混凝土组成材料称量的偏差　　表4-1

组成材料	允许偏差
水泥掺合料	±1%
粗、细骨料	±3%
水、外加剂	±1%

1.1.3　生产过程应测定骨料的含水率，每一工作班，不少于2次，当含水率明显变化时，增加测定次数，依据检测结果及时调整用水量和砂、石用量。

1.2　百年耐久性混凝土原材料温度的控制

原材料温度对混凝土的入模温度有较大的影响，在混凝土生产过程中需要严格控制砂、石、水泥等原材料的温度。可采用如下做法：

（1）夏天，在现场设置冰库，采用低温水或者冰水搅拌混凝土；

（2）提前对砂石骨料喷水降温；

（3）在砂石材料堆料场搭设防晒棚；

（4）严禁采用刚出炉的高温水泥。

1.3　百年耐久性混凝土的搅拌

1.3.1　拌制百年耐久性混凝土的搅拌站，应符合国家现行标准《混凝土搅拌站技术条件》的有关规定。采用的搅拌机应符合国家现行标准《混凝土搅拌机技术条件》的规定，必须使用强制式搅拌机。

1.3.2　在搅拌工序中，混凝土搅拌的最短时间应符合现行国家标准《混凝土结构工程施工及验收规范》的规定。每一工作班至少抽查3次。

1.3.3　混凝土搅拌时，其投料次序，除应符合有关规定外，水泥、掺合料、外加剂同步掺入，干拌30s，再加水湿拌1min。

1.3.4　在搅拌工序中，拌制的混凝土拌合物的均匀性应符合《混凝土结构工程施工及验收规范》的规定。

1.3.5　混凝土搅拌完毕后，应按下列要求检测混凝土拌合物的各项性能：

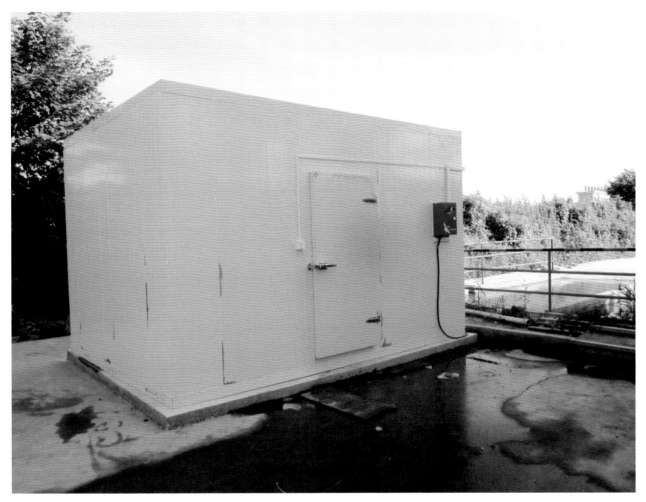

图4-1 现场设置的冰库

图4-2 对砂石骨料喷水降温

图4-3 砂石堆场搭设防晒棚

1. 混凝土拌合物的坍落度应在搅拌地点取样检测，每一强度等级不少于一次，在检测坍落度时，还应观察混凝土拌合物的黏聚性和保水性。

2. 根据需要，尚应检测混凝土拌合物的其他质量指标，检测结果应符合《混凝土结构工程施工及验收规范》的规定。

百年耐久性混凝土从搅拌机卸出到浇筑完毕的延续时间 表 4-2

气温	延续时间（min）（采用搅拌车）	
	≤ C30	> C30
≤ 25℃	120	90
> 25℃	90	60

第二节　百年耐久性混凝土的运输

2.1　百年耐久性混凝土宜采用搅拌运输车运送。

2.2　在运输工序中，混凝土运至浇筑地点后，至施工浇筑时，保证混凝土不离析，不分层，组成成分不发生变化，以保证施工必需的稠度。

2.3　运送混凝土的容器和管道，应不吸水、不漏浆，并保证卸料及输送通畅。容器和管道在冬季应有保温措施，夏季最高气温超过 40℃时，覆盖保温材料进行隔热。

2.4　混凝土从搅拌机卸出后到浇筑完毕的延续时间，不超过表 4-2 的规定。对超过规定的，在本工程中不使用。

2.5　混凝土运送到浇筑地点时，先检测其稠度。所测稠度值要符合设计和施工要求，其允许偏差值要符合《混凝土结构工程施工及验收规范》（GB 50204）的规定。

2.6　采用泵送混凝土时，要保证混凝土泵的连续工作，保证受料斗内有足够的混凝土，泵送间歇时间不宜超过 15min。

第三节　百年耐久性混凝土的泵送

3.1　混凝土泵的安全使用及操作，应严格执行使用说明书和其他有关规定。同时，应根据使用说明

书制定专门操作要点。

3.2 混凝土泵启动后，应先泵送适量的水以湿润混凝土泵的料斗活塞及输送管的内壁等直接与混凝土接触部分。

3.3 经泵送水检查，确认混凝土泵和输送管中无异物后，应采用下列方法润滑混凝土泵和输送管内壁。

3.3.1 泵送水泥浆。

3.3.2 泵送1:2水泥砂浆。

3.3.3 泵送与混凝土内除粗骨料外的其他成分相同配合比的水泥砂浆。润滑用的水泥浆或水泥砂浆应分散布料，不得集中浇筑在固定一处。

3.4 天热施工，在管径外应用湿草包覆盖，并经常浇水散热，以降低混凝土入模温度。

3.5 混凝土泵送应连续进行，如必须中断时，中断时间不得超过混凝土从搅拌至浇筑完毕所允许的延续时间。

3.6 当输送管被堵塞时，应采用下列方法排除：

3.6.1 重复进行反浆和正浆，逐步吸出混凝土至料斗中，重新搅拌后泵送。

3.6.2 用木槌敲打等方法，查明堵塞部位，将混凝土击松后，重复进行反浆和正浆，排除堵塞。

3.6.3 当上述两种方法无效时，在混凝土卸压后，拆除堵塞部位的输送管，排除混凝土堵塞物后，

图4-5　现场混凝土采用汽车泵浇捣

方可接管，重新泵送前，应先排除管内空气，方可拧紧接头。

3.7　在混凝土泵送过程中，有计划中断时，应在预先确定的中断浇筑部位，停止泵送，且中断时间不宜超过1h。

3.8　当混凝土泵出现非堵塞性中断时，采用下列措施：

3.8.1　混凝土泵应卸料清洗后重新泵送，或利用臂架将混凝土入料斗中，进行慢速间歇循环泵送，有配管输送混凝土时，可进行慢速间歇泵送。

3.8.2　固定式混凝土泵，可利用混凝土搅拌运输车内的料，进行慢速的间歇泵送，或利用料斗内的料，进行间歇反泵和正泵。

3.8.3　慢速间歇泵送时，每隔4～5min进行4个行程的正反泵。

3.9　排除堵塞，重新泵送或清洗混凝土泵时，布料设备的出口朝安全方向，以防堵塞物或废浆高速飞出伤人。

3.10　泵管布置按照泵送先远后近，在浇筑中逐渐拆管的原则，输送管布置：

3.10.1　布置水平管时，采用混凝土浇灌方向与泵送方向相反，布置向上垂直管时，采用混凝土浇筑方向与泵送方向相同。

3.10.2　混凝土泵的位置距垂直管应有一段水平距离，其水平管的长度与垂直管高度的比值为 1∶4。

3.10.3　垂直管布置用抱箍固定在柱子或墙上，逐层上升到顶，并保持整根垂直管在同一铅垂线上。

第四节　百年耐久性混凝土的浇筑

4.1　应根据工程结构特点，平面形状和几何尺寸，混凝土供应和泵送设备能力，劳动力和管理能力，以及周围场地大小等条件，预先划分好混凝土浇筑区域。混凝土的浇筑应符合国家现行标准《混凝土结构施工及验收规范》的有关规定。

4.2　混凝土的浇筑顺序，应符合下列规定：

4.2.1　当采用输送管输送混凝土时，由远而近浇筑。

4.2.2　同一区域混凝土，按先竖向结构后水平结构的顺序，分层连续浇筑。

4.2.3　当不允许留施工缝时，区域之间、上下层之间的混凝土浇筑间歇时间不得超过混凝土初凝时间。

4.2.4　当下层混凝土初凝后，浇筑上层混凝土时，按留施工缝的规定处理。

4.3　混凝土的布料方法，应符合下列规定：

4.3.1　在浇筑竖向结构混凝土时，布料设备距离模板内侧面不小于 50mm，且不得向模板内侧面直冲布料，也不得直冲钢筋骨架柱、墙等结构，竖向浇筑高度超过 3m 时，采用串管、溜管或振动溜管浇筑混凝土。

4.3.2　浇筑水平结构混凝土时，不得在同一处连续布料，在 2～3m 范围内水平移动布料，且宜垂直于模板布料。

4.4　混凝土浇筑分层厚度，为 300～500mm。当水平结构的混凝土浇筑厚度超过 500mm 时，可按 1∶6～1∶10 坡度分层浇筑，且上层混凝土，超前覆盖下层混凝土 500mm 以上。

4.5　振动泵送混凝土时，混凝土振捣从中间向边缘振动，振动棒采用"快插慢拔"，振点按"梅花形"布点，且布棒均匀，层层搭扣，并使振捣棒在振捣过程中上下略有抽动，上下混凝土振动均匀。振动棒移动距离宜为 400mm 左右，混凝土振捣时间以不再往上冒气泡，表面呈现浮浆和不再沉落时为止，柱子下层不易观察处混凝土振捣时间一般控制在 15～30秒，避免过振发生离析。且隔 20～30min 后，进行第二次复振，不得漏振和过振。

4.6　在浇筑工序中，控制混凝土的均匀性和密实性。对于有预留预埋件和钢筋太密的地方，预先制订好技术措施，确保顺利布料和振捣密实。

4.7　混凝土搅拌原料运至浇筑地点后，应立即浇筑入模。在浇筑过程中，如混凝土拌合物的均匀性和稠度发生较大变化，应及时处理。

4.8　混凝土在浇筑及静置过程中，应采取措施防止发生裂缝。由于混凝土的沉降及干缩产生的非结构性的表面裂缝，应在混凝土终凝前予以修整。

4.9　水平结构的混凝土表面，适时采用木抹子磨平搓毛两遍以上，一次成型后覆盖塑料薄膜和纤维毯，以防止产生收缩裂缝，如图 4-6 所示。

4.10　施工缝的留置与处理

4.10.1　柱施工缝的留设位置和处理

柱施工缝留在基础顶面和梁下 20～30mm 处，施工缝的表面垂直于构件轴线。柱在浇筑上部混凝土前，剔凿至露处坚硬石子。浇筑混凝土前先用水润湿，后注入 3～5cm 的减半石混凝土，最后进行浇筑，

图4-6 混凝土表面覆盖塑料薄膜

浇筑时仔细振捣，使其紧密结合。

4.10.2 梁板、楼梯施工缝的留设位置和处理

浇筑现浇梁板混凝土需要设置施工缝时，施工缝应留在跨中和楼梯平台板1/3处。合模前弹线切割，将混凝土表面幅度内高石子及浮浆剔除，清除杂物，浇筑同柱。

4.10.3 剪力墙施工缝的留设位置和处理

剪力墙不留垂直施工缝，剪力墙的水平施工缝留在板或梁上，浇筑时仔细振捣使其紧密结合。浇筑混凝土前一定要加水湿润，沿施工缝渗入1cm厚的水泥砂浆，后进行浇筑混凝土。

第五节 百年耐久性混凝土的养护

5.1 养护的基本要求

5.1.1 在养护工序中，控制混凝土处在有利于硬化及强度增长的温度和湿度环境中，使硬化后的混凝土具有必要的强度和耐久性。

5.1.2 施工或生产单位根据施工对象、环境、水泥品种、外加剂以及对混凝土性能的要求，提出具体的养护方案，并严格执行规定的养护制度。

5.1.3 掺膨胀剂或掺合料的混凝土浇筑完毕后，及时加盖薄膜和纤维毯覆盖并在初凝以后浇水保潮养护，浇水次数应维持混凝土表面湿润。每天检查薄膜或纤维毯的完整情况以及混凝土的保湿效果。浇水养护日期不少于14昼夜。

5.1.4 大体积混凝土的养护，通过热工计算确定其保温、保湿或降温措施，并埋设传感器测定，确保混凝土内部和表面的温度在温差控制设计要求范围以内，当无设计要求时，温差不宜超过25℃。

5.1.5 冬期浇筑混凝土，应养护到具有抗冻能力的临界强度后，方可撤出养护措施。混凝土的临界强度符合下列规定：

1. 用硅酸盐水泥或普通硅酸盐水泥配制的混凝土，为设计要求的强度等级标准值的30%。

2. 用矿渣硅酸盐水泥或掺粉煤灰配制的混凝土，为设计要求的强度等级标准值的40%。

3. 在任何情况下，混凝土受冻前的强度不低于5MPa。

5.1.6 冬期施工时，模板和保温层应在混凝土冷却到5℃后方可拆除。当混凝土温度与外界温度相差大于20℃时，拆模后的混凝土应临时覆盖，使其

图4-7 底板覆盖薄膜与纤维毯养护

图4-8 剪力墙喷淋养护

缓慢冷却。

5.2 不同结构部位的养护方法

5.2.1 底板混凝土养护：底板范围内，承台大体积混凝土的养护采取覆盖一层塑料薄膜加盖两层纤维毯洒水的保湿养护方法。大面积的底板混凝土采用覆盖一层塑料薄膜加盖一层纤维毯洒水保湿养护，如图4-7所示。对混凝土侧面，采用带模喷水养护的措施，利用原有模板起到保湿的作用，养护时间14昼夜。

5.2.2 剪力墙、柱的混凝土养护：剪力墙、柱养护必须与拆模要求结合进行。适当延长剪力墙、柱的拆模时间，尽早进行覆盖养护，及时喷水。并且拆模时不要马上移走模板，而是先让模板拆开一条缝隙作浇水养护用，从而改善混凝土的养护环境以达到控制墙体裂缝的目的。剪力墙模板拆除后，采用带模养护，外挂纤维毯，墙的顶端布设钻孔PVC水管，不间断喷淋养护，如图4-8所示。柱模拆除后，用两层塑料薄膜包裹，在其顶放置水桶进行点滴养护。覆盖塑料薄膜前和覆盖后，都要洒水保持湿润，养护时间不少于14昼夜。

5.2.3 楼板、梁混凝土养护：楼板、梁养护方式为覆盖浇水养护，覆盖材料主要为塑料薄膜和纤维毯。与底板不同的是，楼板养护时间与拆模时间的关系更为紧密，适当的延长养护时间。楼板、梁覆盖浇水养护时间不少于14昼夜。要求混凝土浇筑2～3d后，才准在其上进行后续工作，但混凝土养护工作需持续进行。

第六节 百年耐久性混凝土的控制措施

6.1 混凝土保护层厚度控制

混凝土保护层厚度在普通混凝土结构的基础上加大40%，保护层厚度大于45mm时，加ϕ4@200×200的钢筋网以防止表面开裂，钢筋网片本身的保护厚度为15mm。在施工过程中采取下列措施保证混凝土保护层厚度：

6.1.1 施工前应根据设计图纸及施工验收规范，针对不同的工程部位确定正确的保护层厚度。对不同的构件采取不同的措施，保证保护层厚度在规定范围之内。保护层厚度采用混凝土垫块，垫块的尺寸和形状需满足保护层厚度和定位的允差要求，垫块的强度应高于构件本体混凝土。浇筑混凝土前，应仔细检查定位夹或保护层垫块的位置、数量及其紧固程度，并应指定专人作重复性检查，确保保护层厚度与设计相符。构件侧面和底面的垫块应至少达到每平方米4个，绑扎垫块和钢筋的铁丝头不得伸入保护层内。混凝土垫块样品如图4-9所示，模板刚度和支撑要牢固，避免模板在浇捣过程中变形，确保保护层厚薄均匀。

图4-10　混凝土现场搅拌站

图4-9　混凝土垫块样品

6.1.2　施工过程中严格按规范科学操作，避免由于施工荷载的增加以及施工人员的连续作业，出现脚踏钢筋变形、模板松动、上部受力筋保护层变大等问题。

6.2　低温入模控制

百年耐久性混凝土"低温入模"要求：夏季小于30℃，冬季不低于8℃。对此需采取以下措施：

6.2.1　在施工现场设置混凝土搅拌站，缩短运输距离，控制混凝土因为长距离运输而产生的温升。

6.2.2　在砂石料堆场设置钢结构防晒棚，避免阳光直晒，如图4-11所示。

6.2.3　夏季采用低温水或冰水搅拌混凝土，提前对骨料喷冷水进行降温，如图4-12所示。

6.2.4　在混凝土初凝前第一次抹面时应覆盖塑

图4-11　钢结构防晒棚

料薄膜，边抹压边覆盖，而后加盖纤维毯缓慢降温。

6.3　后浇带处理

根据设计要求正确留设后浇带，后浇带处理严格按照规范和设计要求进行清理、浇筑以及养护。后浇带分区进行浇筑，并预留施工缝，施工缝处预先设置330mm 宽的止水钢板。

地下室底板、外墙的后浇带采用背包形式，具体做法如图 4-13 所示。

梁后浇带示意图如图 4-14 所示。

后浇带两侧采用双层网眼为 3mm×3mm 钢板网作为侧模，用扎丝绑于同向水平钢筋上，并支设附加短钢筋支挡钢板网。

后浇带两侧混凝土浇筑后，及时对后浇带进行清

洁，同时为防止垃圾、杂物及施工用水进入后浇带，在后浇带两侧分别砌一皮砖，在砖上覆盖多层板。

在后浇带浇筑之前，剔凿混凝土施工缝，彻底清除后浇带处的松散游离部分，并用压力水冲洗干净，清除钢筋浮锈，调整钢筋，充分湿润后进行后浇带处混凝土的施工。

后浇带混凝土采用提高一个等级的微膨胀混凝土，为提高后浇带混凝土抗渗及抗收缩能力，需使用混凝土膨胀剂。微膨胀混凝土浇筑后养护时间为 30 昼夜，用纤维毯覆盖浇水养护。

在平面上设置多条后浇带，在后浇带混凝土浇筑和达到设计强度之前，后浇带两侧的结构在跨（后浇带所在的跨）内形成悬挑结构，对该部位的支撑设置是保证结构稳定的重要因素。所以需对后浇带及其两侧 500mm 范围形成独立支撑，在其周围模板及支撑拆除后，该部位的模板和支撑依然保留，直至后浇带处混凝土浇筑完成并达到 100%设计强度后再拆除，以保证后浇带质量和两侧结构的安全稳定，楼板后浇带支撑示意图如图 4-15 所示。

图4-12 对骨料喷冷水降温

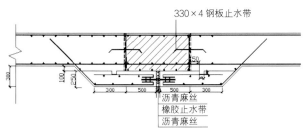

图4-13 地下室底板、外墙后浇带示意图

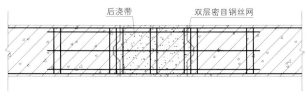

图4-14 梁后浇带示意图

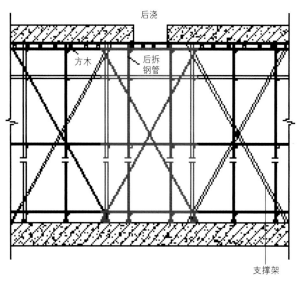

图4-15 楼板后浇带支撑示意图

6.4 混凝土工程质量通病及预防措施

6.4.1 通病现象及预防措施

1. 蜂窝

产生原因：①振捣不实或漏振；②模板缝隙过大导致水泥浆流失；③钢筋较密或石子相应过大。

预防措施：①按规定使用振动器，停歇后再浇捣时，新旧接缝范围要小心振捣；②模板安装前要清理模板表面及模板拼缝处的水泥浆，才能使接缝严密，若接缝宽度超过2.5mm，予以填封；③底板钢筋过密时选择合理的石子粒径。

2. 露筋

产生原因：主筋保护层垫块不足、导致钢筋紧贴模板、振捣不实。

预防措施：钢筋垫块厚度要符合设计规定的保护层厚度，垫块放置间距适当，钢筋直径较小时垫块间距宜密些，使钢筋下垂挠度减少，使用振动器必须待混凝土中气泡完全排除后才移动。

3. 麻面

产生原因：①模板表面不光滑；②模板湿润不够；③漏涂隔离剂。

预防措施：①模板应平整光滑；②安装前把粘浆清除干净，并满涂隔离剂；③浇捣前对模板要浇水湿润。

4. 孔洞

产生原因：在钢筋较密的部位，混凝土被卡住或漏振。

预防措施：①对钢筋较密的部位采取分次下料，缩小分层振捣的厚度；②按照规定使用振动器，特殊部位采用φ35小直径振动棒仔细振捣。

5. 缝隙及夹渣

产生原因：施工缝没有按规定进行清理和浇浆，特别是台阶面及墙根处。

预防措施：在墙模施工缝位置模板开100mm×100mm孔洞，以清除杂物。墙模板角预留≥200mm×200mm孔洞，孔洞间距离按≤1000mm设置。浇筑混凝土前进行全面检查，清除模板的杂物和垃圾。

6. 墙底部缺陷（烂脚）

产生原因：模板下口缝隙不严密，导致漏水泥浆或浇筑前没有先浇灌足够50mm厚以上水泥砂浆。

预防措施：模板缝隙宽度超过2.5mm应予填塞严密，特别是防止侧板吊脚，浇注混凝土前先浇筑50～100mm厚的水泥砂浆。

7. 梁柱结点处（接头）断面尺寸偏差过大

产生原因：柱头模板刚度差或把安装柱头模板放在楼层模板安装的最后阶段，缺乏质量控制和监督。

预防措施：安装梁板模板前，先安装梁柱接头模板，并检查其断面尺寸、垂直度、刚度，符合要求后方允许接驳梁模板。

8. 楼板表面平整度差

产生原因：①振捣后没有用拖板或刮尺抹平、跌级；②斜面部位没有用符合尺寸的模具定位；③混凝土未达终凝就在上面行人和操作。

预防措施：①浇捣楼面应提倡使用拖板或刮尺抹平，跌级要使用平直和厚度符合要求的模具定位；②混凝土强度达到1.2MPa后才允许在混凝土面上操作。

9. 基础轴线位移，螺孔、埋件位移

产生原因：①模板支撑不牢；②埋件固定措施不当；③浇筑时受到碰撞引起。

预防措施：①基础混凝土是属于厚大构件，模板支撑系统要予以充分考虑；②当混凝土捣至螺孔底时，要进行复线检查，及时纠正。③浇注混凝土时应在螺孔周边均匀下料，对重要的预埋螺栓尚应采用钢架固定，必要时进行二次浇筑。

10. 混凝土表面不规则裂缝

产生原因：一般是①淋水保养不及时，湿润不足，水分蒸发过快；②大构件温差收缩。

预防措施：①混凝土终凝后立即进行淋水保养；②高温或干燥天气要加纤维毯等覆盖，保持构件有较久的湿润时间。

11. 缺棱掉角

产生原因：①投料不准确，搅拌不均匀，出现局部强度低；②拆模板过早；③拆模板方法不当。

预防措施：①指定专人监控投料，投料计量准确，搅拌时间要足够；②拆模在混凝土强度能保证其表面及棱角不会因拆除模板而受损坏时拆除；③拆除时对构件棱角予以保护。

12. 钢筋保护层垫块脆裂

产生原因：①垫块强度低于构件强度；②放置钢筋时冲力过大。

预防措施：①严格控制垫块强度；②垫块处放置钢筋时应避免冲力过大，发现垫块脆裂，立即更换。

6.5 季节性施工措施

6.5.1 冬季施工措施

1. 柱、墙养护宜采用养护塑料薄膜或纤维毯。

2. 冬期施工平均气温在 −5℃ 以上，应加入早强抗冻型外加剂，并与骨料同时加入，保证搅拌均匀。

3. 冬施养护：模板及保温层，应在混凝土冷却到 5℃ 后方可拆除。混凝土与外界温差大于 25℃ 时，拆模后的混凝土表面，应进行覆盖保温，使其缓慢冷却。

6.5.2 夏季施工措施

为了防止夏季钢筋混凝土施工时受高温干热影响，而产生裂缝等现象，施工时应采取以下措施：

1. 认真做好混凝土养护工作，混凝土浇捣前必须使木模吸足水分。遇到混凝土面积较大时，要用纤维毯加以覆盖，并浇水保持混凝土湿润，一般养护时间：①采用硅酸盐水泥、普通硅酸盐水泥和矿渣硅酸盐水泥拌制的混凝土，不少于 14 昼夜；②掺加缓凝型外加剂及有抗渗要求的混凝土，不少于 14 昼夜；③梁柱结构尽可能采取带模浇水养护，免受曝晒。

2. 根据气温情况及混凝土的浇捣部位，正确选择混凝土的坍落度，必要时掺外加剂，以保持或改善混凝土和易性，增大流动性、黏聚性，使其泌水性小。

3. 浇捣大面积混凝土尽量采用水化热低的水泥，也可掺用缓凝型减水剂，使水泥水化热速度减慢，以降低和延缓混凝土内部温度峰值。

4. 厚度较薄的楼面或屋面，应安排在夜间施工，使混凝土的水分不致蒸发过快而形成收缩裂缝。

5. 遇大雨需中断作业时，按规范要求留设施工缝。

6.5.3 雨季施工措施

1. 要准备好雨季施工的工具。

2. 搅拌站严格控制混凝土的用水量，计算时将砂石中含水量计算在内，严格控制坍落度，确保混凝土的强度。

3. 下雨时不宜露天浇筑混凝土，要掌握天气情况，避免突然下雨影响浇筑混凝土。

4. 已入模振捣成型的混凝土要及时覆盖，防止突然遇雨，受雨水冲淋。

5. 合模后如不能及时浇筑混凝土时，要在模板挑大梁的部位预留排水孔，防止突然下雨模内积水。

6. 采取表面覆盖彩条布，防止雨水直接冲刷模板致使脱模剂脱落、流失，影响拆模及混凝土表面质量。

7. 在浇筑混凝土时如遇突然下雨，小雨可不停，大雨搭设防雨棚或设临时施工缝后方可收口，雨后继续施工，要对施工缝进行处理后再浇筑。

8. 雨期施工期间要加强防风紧固措施。

9. 所有施工机械采用相应防漏电措施。

第五章　百年耐久性混凝土检测评估

杭州奥体中心主体育场自 2011 年 7 月开始浇筑底板混凝土，至 2013 年 6 月混凝土结构全部封顶，共浇筑各种混凝土 20 多万立方米，工程进度和质量都较好地达到了目标的要求。针对设计使用年限需满足 100 年耐久性要求，杭州奥体中心主体育场工程施工过程中，除进行混凝土原材料耐久性和施工生产控制外，以混凝土结构高耐久性目标为出发点，从设计、施工等诸多环节也进行相关的研究和耐久性指标控制。

目前各国对混凝土结构耐久性评估采用的方法主要有两种，一种是基于经验的传统方法，该方法将环境作为按其严重程度定性地划分成几个等级，在工程经验类比的基础上，对于环境作用下的混凝土构件，由规范直接规定混凝土材料的耐久性质量要求和构造要求等；另一种是采用定量计算，该方法虽然一直在做大量研究，但环境作用下耐久性设计的定量计算方法尚未成熟到能在工程上普遍应用的程度。对杭州奥体中心主体育场混凝土结构，其耐久性检测评估的总体思路是：以设计为依据，对设计中提出的要求进行检验，同时考虑各种劣化机理可能对结构使用年限的影响，针对环境作用在合适的条件定量估算结构在某一方面的使用寿命，最终在经验的基础上综合进行评估。

第一节　混凝土材料耐久性检测评估

本次检测评估，从《混凝土结构设计规范》（GB 50010-2002）中对建筑物 100 年耐久性的相关条文出发，并以中国土木学会标准《混凝土结构耐久性设计与施工指南》（CECS 01：2004）、《混凝土结构耐久性设计规范》（GB/T 50476-2008）中的相关要求为依据，参考了《混凝土结构耐久性评定标准》（CECS 220：2007）中相关条文，对碳化寿命进行预测。

检测评估方案如下：

1. 混凝土材料耐久性检测评估：对混凝土最低强度等级、最大水胶比、最小胶凝材料用量及最大氯离子含量等进行抽检；

2. 混凝土耐久性构造措施检测评估：在构造上抽检钢筋保护层厚度、构件裂缝宽度、构件外观损伤及裂缝情况；

3. 碱—骨料反应的评估：从混凝土碱度、骨料碱活性检测入手；

4. 碳化深度检测；

5. 抗渗检测：检测混凝土氯离子扩散性；

6. 结构耐久性寿命预测：参考的相关文献和规范条文，针对混凝土的碳化和氯离子扩散两个主要因素，结合主体育场实际情况，研究采用相适宜的计算方法进行结构寿命评估。

1.1　混凝土材料耐久性检测评估

杭州奥体中心主体育场混凝土结构设计要求的混凝土强度等级为：

1. 基础底板和承台、地下室挡土外墙、顶板，及水箱、水池均为 C40P8，后浇带等级为 C45P8；

2. 室外环境与水土直接接触下的屋面梁板、看台梁板、楼梯、车道为 C35P6；

3.室内环境不与水土直接接触的楼面梁板、楼梯、车道，及构造柱、圈梁、现浇过梁均为 C30；

4.柱、剪力墙、连梁均为 C50。

百年耐久性混凝土的推荐配合比见表 5-1。针对耐久性能 100 年的混凝土设计要求，其对混凝土最低强度等级、最大水胶比、最小胶凝材料用量及最

百年耐久性混凝土推荐配合比（kg/m^3）　　　　　　　　　　表 5-1

类别	水泥 P·O42.5	水	细骨料	粗骨料碎石		聚羧酸减水剂	粉煤灰	矿粉	膨胀剂	纤维聚丙烯	水胶比	砂率（%）
				20～31.5mm	10～20mm							
C30	249	145	766	741	318	3.65	73	43	0	0	0.40	42
C35P6	262	145	744	750	321	3.85	77	46	0	0	0.38	41
C40P8（地下室挡土外墙等）	300	159	722	758	325	4.05	105	0	0	0.9	0.39	40
C40P8（基础底板和承台）	289	145	689	628	420	4.25	51	85	0	0	0.34	40
C45P8	250	145	694	625	417	4.30	51	86	43	0	0.37	40
C50	317	145	665	625	416	4.65	55	93	0	0	0.31	39

大氯离子含量等均有要求。

在施工过程中，混凝土供应商根据主体育场混凝土耐久性的设计要求采取了相应措施进行了控制。杭州奥体博览中心滨江建设指挥部委托浙江省建设工程质量检验站有限公司对体育场施工过程中混凝土原材料和耐久性项目进行全过程的质量监控，所检测的原材料品种包括表 5-1 中所用的各种组分，耐久性检测项目包括混凝土碳化试验、抗冻试验、抗氯离子侵蚀试验、电通量试验、抗硫酸盐侵蚀试验、混凝土抗裂性试验、混凝土中碱含量和氯离子试验。制订并采取质量抽检方案如下：

1.对于本工程、同一配合比的混凝土组成一个检验批；

2.对于同一检验批，在原材料组成不变的情况下，

混凝土耐久性各个检验项目做一次试验；

3.当配合比的原材料发生变化时，发生变化的原材料及混凝土耐久性性能指标应重新进行试验；

4.混凝土电通量和氯离子扩散系数随施工进展按混凝土检测批留样检测。

整个施工过程中，对所用的水泥、砂、石、聚羧酸外加剂、粉煤灰和矿粉等原材料进行了按批抽检，结果均合格。对表 1.1 中 C30～C50 共 6 个等级混凝土的强度和氯离子含量进行了抽检，结果表明，基础底板和承台（C40P8）、地下室挡土外墙、顶板及水箱、水池（C40P8）、屋面梁板（C35P6）、后浇带（C45P8）、楼面梁板（C30）和剪力墙（C50）这 6 种混凝土的强度均满足设计要求，氯离子占胶凝材料重量比分别为：0.015%、0.016%、0.016%、0.016%、0.016%

和 0.016%，碱含量分别为 2.05kg/m³、2.10kg/m³、1.99kg/m³、2.34 kg/m³、1.88 kg/m³、2.47 kg/m³，均满足百年耐久性的控制指标要求，结果见表 5-2，

其中 C40P8 混凝土碱含量报告和 C30 混凝土氯离子含量报告分别见图 5-1、图 5-2。

百年耐久性混凝土主要检测部位及结果 表 5-2

序号	检测部位	混凝土类型	碱含量（kg/m³）	氯离子含量（1m³ 混凝土占胶凝材料，%）
1	基础底板和承台	C40P8	2.05	0.016
2	地下室挡土外墙、顶板及水箱、水池	C40P8	2.10	0.015
3	室外环境与水土直接接触下的屋面梁板	C35P6	1.99	0.016
4	后浇带	C45P8	2.34	0.016
5	室内环境不与水土直接接触的楼面梁板	C30	1.88	0.016
6	剪力墙	C50	2.47	0.016

1.2 混凝土构件耐久性检测评估

为保证钢筋混凝土结构的长期耐久性，在构造上需关注的有钢筋保护层厚度、构件裂缝宽度、构件形状、防排水措施、季节性施工等，本次检测了混凝土结构的钢筋配置情况、钢筋保护层厚度、构件外观损伤及裂缝情况。对地下室基础底板、剪力墙、看台框架结构、斜柱、环梁等的检测表明，所检测区域内钢筋配置基本满足原设计要求；钢筋保护层厚度符合原设计和规范偏差要求。根据《混凝土结构工程施工质量验收规范》（GB 50204-2002）（2011 年版），可以认为钢筋保护层厚度检验结果合格，满足原设计要求。另一方面，现场检测发现虽有少量构件有收缩裂缝，但整体上看结构基本上未形成病害性裂缝，经适当处理后对耐久性的影响不大。

1.3 碱—骨料反应检测评估

混凝土碱集料反应需要具备的条件是：混凝土含有较高的碱度、集料具有碱活性、环境中具备一定的湿度。目前对于碱骨料反应的现场检测手段一般都是从混凝土碱度、集料碱活性检测入手。主要的方法有多骨料化学成分进行鉴定的化学法、以测长为基础的快速砂浆棒法、混凝土棱柱体法、压蒸法等。

1.3.1 检测方法

本工程中碱集料检测的方法采用的是快速砂浆棒法，是在 ASTMC227 法的基础上发展而来的，又称南非 NBRI 法，1996 年被 RILEM 标准采用并由欧洲技术委员会在多个实验室进行交叉试验研究验证，加以改进后于 2001 年正式被 RILEM 定为快速检测集料碱活性的方法，标准号为 AAR-2。

浙江省建设工程质量检验站有限公司
检 验 报 告

项目名称	混凝土碱含量	检验类别	委托检验
混凝土设计等级	C40P8	商标	-----
委托单位	杭州奥体博览中心建设投资有限公司 杭州奥体博览中心滨江建设指挥部		
工程名称	杭州奥体博览城主体育场区体育场及附属设施		
样品数量	混凝土原材料各3kg，其中外加剂500mL		
收样日期	----		
样品状态	水泥、粉煤灰：粉体、无杂物；外加剂：液体		
检验依据	CECS207:2006《高性能混凝土应用技术规程》		
检验日期	2011年8月27日～2012年2月21日		
检验结论	该混凝土碱含量为2.10kg/m³，满足设计"最大碱含量≤3.0kg/m³"的要求。		
检验说明	1.混凝土原材料由委托方送样，本报告仅对来样负责； 2.试样见证：-----。		

批准：　　　　　　审核：　　　　　　报告：

浙江省建设工程质量检验站有限公司
检 验 报 告

检验结果		
检验项目	设计要求	检验结果
碱含量（kg/m³）	≤3.0	2.10

计算备注：1、有效碱含量的计算规定：① 水泥中所含的碱均为有效碱含量；② 粉煤灰中碱含量的20%为有效碱含量；③化学外加剂所带入的碱均为有效碱含量；

2、该混凝土配合比（每立方米材料用量）如下：

强度等级	C40P8	设计坍落度	200±20mm	施工坍落度	150±30mm	
材料名称	产地规格	比例	理论配合比 kg/m³	施工配合比 kg/m³	备注	
水泥	尖峰 P·O42.5	0.74	300	300		
水	饮用水	0.39	159	110		
砂子	赣江中砂	1.78	722	784		
碎石1	石门 16-31.5mm	1.87	758	760	0.20%	
碎石2	石门 5-16mm	0.80	325	311	0.20%	
外加剂	国信聚羧酸高效减水剂	0.01	4.05	4.05		
粉煤灰	海通Ⅱ级	0.26	105	105		
矿粉	金龙 S95	0.00	0	0		
膨胀剂		0.00	0	0		
其他	宁波大成纤维	0.0021	0.9	0.9		

以下空白

图5-1 C40P8混凝土碱含量检测结果

浙江省建设工程质量检验站有限公司
混凝土中氯离子含量检测报告

样品名称	C30混凝土试块	检测类别	委托检测
构件名称	-------		
委托单位	杭州奥体博览中心建设投资有限公司 杭州奥体博览中心滨江建设指挥部		
工程名称	杭州奥体博览城主体育场区体育场及附属设施		
生产单位	-------		
样品数量	混凝土试块三块	样品成型日期	2011年12月23日
样品状态	混凝土试块三块（100×100×100mm³）		
检测方法	《建筑结构检测技术标准》（GB/T50344-2004）		
检测日期	2012年1月9日～2012年1月18日		
检测结论	检验结果详见第2页。		
检测说明	1. 检验时环境条件符合标准要求 2. 监理单位：----- 3. 见证人：----- 4. 该混凝土试块对应配比见第2页备注		

批准：　　　　　　审核：　　　　　　报告：

浙江省建设工程质量检验站有限公司
混凝土中氯离子含量检测报告

检验结果汇总		
序号	检验项目	检验结果
1	混凝土中氯离子含量（%）	0.005
备注	1、该组试块配合比为：	

配合比所用材料	每立方米材料用量（kg）
水泥	249
细集料	766
粗集料1（20～31.5mm）	741
粗集料2（10～20mm）	318
水	145
矿粉	43
粉煤灰	73
外加剂（聚羧酸）	3.65

2、该检验结果按上述配合比换算得混凝土中氯离子含量占胶凝材料重量的百分比为0.016%

以下空白

图5-2 C30混凝土氯离子含量检测结果

1.3.2 检测结果

本工程所用砂、石碱集料试验的检测报告分别见图5-3、图5-4，结果显示所用砂、石均无潜在碱集料危害。在主体育场建设中，施工时采取的措施主要是控制骨料的种类和单方混凝土的含碱量。检测结果表明，本工程各类强度等级的混凝土中含碱量均在 3.0kg/m^3 以下，且所处环境主要为室内环境，不会长期接触水。另外混凝土中还掺有 12% ~ 26% 的Ⅱ级粉煤灰，对抑制碱—硅反应很有利。综合这些因素，可判断该主体育场混凝土结构发生 ASR（碱硅酸反应）的风险很低。

1.4 碳化深度检测

空气中的二氧化碳与水生成碳酸，使混凝土表面的碱性物质被中和，称为碳化。严格意义上看，某些酸性介质也能导致混凝土表面 PH 值下降，因此混凝土的碳化也称作混凝土的"中性化"。

1.4.1 检测方法

混凝土的碳化检测有酚酞法、时差热重量分析法、X 射线测定法、电气化学法、注射形电子显微镜测定法等。本工程中采用酚酞法来测定混凝土的碳化程度，该方法简便而且精度较高。混凝土结构的碳化试验是在结构体不受影响的条件下选定适当的部

报告编号：J2011-94-15　　　　　第 1 页共 2 页

浙江省建设工程质量检验站有限公司
检 验 报 告

样品名称	砂	检验类别	委托检验
型号规格和/或等级	中砂	商标	——
委托单位	杭州奥体博览中心建设投资有限公司 杭州奥体博览中心滨江建设指挥部		
工程名称	杭州奥体博览城主体育场区体育场及附属设施		
生产单位	产地：江西赣江		
样品数量	100kg	样品收到日期	2011 年 6 月 30 日
样品状态	颗粒状、符合要求		
检验依据	JGJ52-2006《普通混凝土用砂、石质量及检验方法标准》		
检验日期	2011 年 7 月 5 日～2011 年 8 月 10 日		
检验结论	检验结果见本报告第 2 页		
检验说明	1.检验时环境温度：符合标准规定。 2.试样见证：——；见证人：——。		

批准：　　　　审核：　　　　报告：

图5-3 砂碱活性检测结果

报告编号：J2011-94-15　　　　　第 2 页共 2 页

浙江省建设工程质量检验站有限公司
检 验 报 告

检验项目	标准要求	检验结果	单项判定
含泥量（按质量计，%）	≤2.0（≥C60）	0.8	符合混凝土强度等级≥C60 用砂
泥块含量（按质量计，%）	≤0.5（≥C60）	0	符合混凝土强度等级≥C60 用砂
坚固性（%）	≤8 [1]	1.8	合格
云母含量（按质量计，%）	≤2.0	0	合格
轻物质含量（按质量计，%）	≤1.0	0.45	合格
硫化物硫酸盐（折算成 SO$_3$ 按质量计，%）	≤1.0	0.18	合格
有机物（比色法）	颜色不应深于标准色 [2]	颜色浅于标准色	合格
碱活性试验（14d 膨胀率%）	<0.10	0.09	无潜在危害
氯化物含量（以干砂的质量百分率，%）	≤0.06（对于钢筋混凝土用砂）	0.003	符合钢筋混凝土用砂
表观密度（kg/m^3）		2660	
松散堆积密度（kg/m^3）		1680	
空隙率（%）		37	

颗 粒 级 配								
筛孔尺寸 (mm)	10.0	5.0	2.5	1.25	0.63	0.315	0.15	检验结果
砂颗粒级配区 1 区	0	10~0	35~5	65~35	85~71	95~80	100~90	细度模数 2.8
2 区	0	10~0	25~0	50~10	70~41	92~70	100~90	
3 区	0	10~0	15~0	25~0	40~16	85~55	100~90	级配属 2 区砂
累计筛余(%)	0	5	18	34	58	87	97	

备注	[1] 坚固性指标≤8 的混凝土所处的环境条件及其性能要求：在严寒及寒冷地区室外使用并经常处于潮湿或干湿交替状态下的混凝土；对于有抗疲劳、耐磨、抗冲击要求的混凝土；有腐蚀介质作用或经常处于水位变化区的地下结构混凝土。 [2] 颜色不应深于标准色，当颜色深于标准色时，应按水泥胶砂强度试验方法进行强度对比试验，抗压强度比不应低于0.95。

报告编号：J2011-94-13　　第 1 页共 2 页

浙江省建设工程质量检验站有限公司
检 验 报 告

样品名称	碎石		检验类别	委托检验
型号规格和/或等级	5～31.5mm		商标	——
委托单位	杭州奥体博览中心建设投资有限公司 杭州奥体博览中心滨江建设指挥部			
工程名称	杭州奥体博览城主体育场区体育场及附属设施			
生产单位	产地：萧山石门			
样品数量	100kg	样品收到日期	2011 年 6 月 30 日	
样品状态	颗粒状、符合要求			
检验依据	JGJ52-2006《普通混凝土用砂、石质量及检验方法标准》			
检验日期	2011 年 7 月 5 日～2011 年 8 月 10 日			
检验结论	检验结果见本报告第 2 页			
检验说明	1.检验时环境温度：符合标准规定。 2.试样见证：——，　见证人：——。 3.样品由 16～31.5mm 占 60%和 5～16mm 占 40%混合而成。			

批准：　　审核：　　报告：

报告编号：J2011-94-13　　第 2 页共 2 页

浙江省建设工程质量检验站有限公司
检 验 报 告

检 验 项 目	标准要求	检验结果	单项判定
针、片状颗粒量（按质量计，%）	≤8（≥C60）	2.8	符合混凝土强度等级≥C60 用碎石
含泥量（按质量计，%）	≤0.5（≥C60）	0.1	符合混凝土强度等级≥C60 用碎石
泥块含量（按质量计，%）	≤0.2（≥C60）	0	符合混凝土强度等级≥C60 用碎石
压碎值指标（%）	见备注[2]	6.8	合格
坚固性（%）	≤8[1]	1.8	合格
硫化物硫酸盐（折算成 SO_3 按质量计，%）	≤1.0	0.14	合格
碱活性试验（快速法，14d 膨胀率%）	＜0.10	0.06	无潜在危害
表观密度（kg/m^3）	——	2740	——
松散堆积密度（kg/m^3）	——	1670	——
空隙率（%）	——	39	——

颗　粒　级　配

公称粒级(mm)	2.36	4.75	9.5	16.0	19.0	26.5	31.5	37.5
累计筛余(%)	95～100	90～100	70～90	—	15～45	—	0～5	0
实际筛余(%)	100	97	84	61	43	13	4	0

备注：

[2] 碎石的压碎值指标：

岩石品种	混凝土强度等级	碎石的压碎值指标(%)
沉积岩	C60～C40	≤10
	≤C35	≤16
变质岩或深成的火成岩	C60～C40	≤12
	≤C35	≤20
喷出的火成岩	C60～C40	≤13
	≤C35	≤30

[1] 坚固性指标≤8 的混凝土所处的环境条件及其性能要求：在严寒及寒冷地区室外使用并经常处于潮湿或干湿交替状态下的混凝土；对于有抗疲劳、耐磨、抗冲击要求的混凝土；有腐蚀介质作用或经常处于水位变化区的地下结构混凝土。

图5-4　石子碱活性检测结果

位，在试件表面上凿孔用酚酞溶液来进行测试。即在试件表面上喷射 1%的酚酞溶液，呈无色时说明已被碳化，呈红色时则说明混凝土未碳化（PH>8.2）。用游标卡尺或深度测定仪测量的无色部分深度就是碳化深度。

1.4.2　检测结果

主体育场混凝土工程所处环境基本按室内正常环境考虑，造成钢筋锈蚀、耐久性劣化的主要因素是混凝土碳化。在混凝土试配中，从材料角度对影响碳化的因素如水胶比、水泥用量、掺和料掺量、纤维掺量等进行了优化，并通过快速碳化试验优选了抗碳化性能较好的混凝土用于实际工程。混凝土试件碳化深度检测表明，经过 28d 左右的龄期，不同部位不同强度的混凝土构件碳化深度有所不同：地下室外墙、基础底板等用混凝土 C40 碳化平均值约为 9.1mm；斜柱、连梁、弧形剪力墙等用混凝土 C50 碳化深度平均值约为 5.3mm；看台梁、板用混凝土 C35 碳化深度平均值分别为 15.4mm；二层梁板用混凝土 C30 碳化深度平均值为 19.5mm。可见混凝土 C30 碳化速度较快，原因在于其水胶比、砂率较其他几种混凝土大，其混凝土内部界面总面积也相对略大，所以碳化深度相对较大一些，混凝土碳化检测报告见图 5-5。

报告编号：J2011-94-55　　　　第1页共2页

浙江省建设工程质量检验站有限公司

混凝土碳化性能检验报告

样品名称	混凝土试块	检测类别	委托检测
构件名称	---		
委托单位	杭州奥体博览中心建设投资有限公司 杭州奥体博览中心滨江建设指挥部		
工程名称	杭州奥体博览城主体育场区体育场及附属设施		
生产单位	---		
样品数量	C30、C35、C40、C50 混凝土试块各一组	样品收到日期	2011年9月5日
样品状态	混凝土试块（100㎜×100㎜×300㎜） （成型日期：2011年8月18日）		
检测方法	《普通混凝土长期性能和耐久性能试验方法标》GB/T50082-2009		
检测日期	2011年9月15日～2011年10月13日		
检测结论	检测结果见本报告第2页		
检测说明	1. 检验时环境条件符合标准要求 2. 监理单位：---　　见证人：--- 3. 本报告仅对来样负责		

批准：　　　审核：　　　报告：

报告编号：J2011-94-55　　　　第2页共2页

浙江省建设工程质量检验站有限公司

混凝土性能检验报告

检验结果汇总			
序号	检验项目		检验结果
1	混凝土碳化深度平均值（28d），mm	C30	19.4
2		C35	15.4
3		C40	9.1
4		C50	5.3

以下空白

图5-5　混凝土碳化检测结果

1.5　抗渗检测

混凝土渗透性，是指液体、气体或离子受压力、化学势或电场作用在混凝土中的渗透、扩散或迁移的难易程度。混凝土结构耐久性与混凝土材料本身的渗透性密切相关，尤其是表层混凝土，是抵御水、CO_2 等有害介质侵蚀的第一道防线。因此混凝土的渗透性对于混凝土的耐久性起到极其重要的作用，国内外许多学者在这方面进行了研究。混凝土的渗水性、透气性、氯离子扩散性和吸水率是混凝土渗透性研究的四个主要方面。

1.5.1　检测方法

混凝土供应单位曾对所用混凝土进行了水压法、化学滴定法、电通量法检测，优选了混凝土配合比。但由于施工等因数影响，现场混凝土表层的渗透性状况与试验室试件相比有一定区别。国内对既有结构混凝土的渗透性检测一般是取样到实验室进行，较少进行现场试验，但本工程采用现场取样到试验室进行检测。

1.5.2　检测结果

从混凝土结构中钻取了芯样，在实验室用快速法（NEL法）测试了氯离子扩散系数。NEL法测试表明，所取样品的氯离子扩散系数DNEL均低于 $3\times10^{-8}cm^2/s$，满足高性能混凝土的要求，结果见图5-6。所取样品的电通量满足设计混凝土电通量小于1000C的要求，结果见图5-7。

报告编号：J2011-94-39　　第 1 页 共 2 页

浙江省建设工程质量检验站有限公司

检 验 报 告

样品名称	混凝土试块	检验类别	委托检验
检验项目	氯离子扩散系数	设计等级	C40P8
委托单位	杭州奥体博览中心建设投资有限公司 杭州奥体博览中心滨江建设指挥部		
工程名称	杭州奥体博览城主体育场区体育场及附属设施		
生产单位	----		
制样日期	2011 年 12 月 23 日	收样日期	----
样品数量	混凝土试块一组三块(150mm×150mm×150mm)		
样品状态	立方体试块、符合试验要求		
检验依据	CCES01-2004(2005 年修订版)《混凝土结构耐久性设计与施工指南》		
检验日期	2012 年 1 月 20 日～2012 年 1 月 25 日		
检验结论	该混凝土试块氯离子扩散系数为 $2.9\times10^{-12}m^2/s$，满足设计要求。		
检验说明	1. 检验时环境温度：20℃。 2. 试件加工时，切除混凝土表层。 3. 试样见证：----。 4. 该试块由本单位成型制作并养护。		

批准：　　审核：　　报告：

报告编号：J2011-94-39　　第 2 页 共 2 页

浙江省建设工程质量检验站有限公司

检 验 报 告

检验结果			
检验项目	龄期	设计要求	检验结果
氯离子扩散系数，$\times10^{-12}m^2/s$	28d	＜7	2.9

备注：

该混凝土配合比（每立方米材料用量）如下：

强度等级	C40P8	设计坍落度	200±20mm	施工坍落度	150±30mm
材料名称	产地规格	比例	理论配合比 kg/m^3	施工配合比 kg/m^3	备注
水泥	尖峰 P·O42.5	0.68	289	289	
水	饮用水	0.33	139	99	
砂子	赣江中砂	1.64	698	740	
碎石 1	石门 16-31.5mm	1.48	628	631	0.50%
碎石 2	石门 5-16mm	0.99	420	415	0.50%
外加剂	国信聚羧酸高效减水剂	0.01	4.25	4.25	
粉煤灰	海通 II 级	0.12	51	51	
矿粉	金龙 S95	0.20	85	85	
膨胀剂	/	0.00	0	0	
其他	/	/	/	/	

以下空白

图5-6　混凝土氯离子扩散系数检测结果

报告编号：CL2012-3522-1　　第 1 页 共 2 页

浙江省建设工程质量检验站有限公司

检 验 报 告

项目名称	混凝土电通量	检验类别	委托检验
混凝土设计等级	C30	龄期	75d（＞56d）
委托单位	杭州奥体博览中心滨江建设指挥部		
工程名称	杭州奥体中心主体育场及附属设施、第一检录处		
结构部位	三层梁板		
制样日期	2012 年 6 月 15 日	收样日期	2012 年 8 月 28 日
样品数量	混凝土试块 3 块(150mm×150mm×150mm)		
样品状态	混凝土立方体试块、符合试验要求		
检验依据	GB/T50082-2009《普通混凝土长期性能和耐久性试验方法标准》		
检验日期	2012 年 8 月 29 日～2012 年 8 月 30 日		
检验结论	该混凝土电通量为 852C，满足设计混凝土电通量＜1200C 的要求。		
检验说明	1. 检验时环境温度：20℃。 2. 试件加工时，切除混凝土表层，试件检测前，经真空饱水。 3. 试样见证：浙江江南工程管理股份有限公司，见证人：陈飞龙（杭建见 2012209）。 4. 该试块由施工单位制作并标准养护。		

批准：　　审核：　　报告：

报告编号：CL2012-3522-1　　第 2 页 共 2 页

浙江省建设工程质量检验站有限公司

检 验 报 告

表一 混凝土电通量试验结果

检验项目	设计指标	检验结果	判定
电通量（C）	＜1200C	852	合格

以下空白

图5-7　混凝土电通量检测结果

第二节　混凝土结构耐久性寿命的预测

2.1　混凝土结构耐久性寿命预测

随着时间的推移，大量的混凝土结构经过多年服役，已相继进入老化阶段；与此同时，越来越多的新结构建造于严酷的环境条件，从而使结构混凝土的耐久性问题日益突出，因耐久性问题所造成的经济损失十分巨大。杭州奥体中心主体育场是百年大计的工程，混凝土结构按 100 年的耐久性进行设计，能否实现混凝土工程 100 年的服役年限，结构混凝土材料是确保高耐久性的重要关键。因此，在混凝土耐久性研究的基础上，提出了工程混凝土的寿命预测模型，并结合杭州奥体主体育场所处的环境特点，对工程用的主要混凝土进行了耐久性评估和寿命预测。

2.1.1　基于经验的预测方法

这是根据试验室和现场大量试验结果与以往经验的积累，对使用寿命作半定量的预测，其中包括了经验知识与推理。只要按照标准设计与施工，则混凝土应该具有所需要的寿命。这一方法的缺点是：当所需预测的混凝土寿命超过经验、应用于新的环境或使用新材料时容易产生偏差而不准确，预测方法难以可靠。

2.1.2　基于碳化的寿命预测

混凝土中钢筋锈蚀是造成混凝土耐久性损伤的最主要因素之一，而在一般大气环境下，混凝土碳化则是混凝土中钢筋锈蚀的前提条件之一，因此，研究混凝土碳化及其预测模型对混凝土结构耐久性评估具有重要的实际意义。

1. 混凝土碳化的机理

混凝土碳化是指水泥石中的水化产物与环境中的二氧化碳作用，生成碳酸钙或其他物质的现象，是一个极其复杂的多相物理化学过程。大气是 CO_2 的主要来源，大气中通常含有 0.03% ~ 0.04% 的 CO_2，而且只要有大气的地方都有 CO_2 的存在。尤其是水泥生产过程中 1 吨水泥释放出 1 吨的 CO_2，对我们这一水泥生产大国而言，又将增加空气中 CO_2 的浓度，对混凝土碳化带来了威胁。混凝土是一种多孔体，内部存在大小不同的毛细管、孔隙、气泡等，大气中的二氧化碳通过这些孔隙向混凝土内部扩散，并溶解于孔隙内的液相，在孔隙溶液中与水泥水化过程中产生的可碳化物质发生碳化反应，生成碳酸钙混凝土。碳化过程主要化学反应式如下所示：

$$CO_2+H_2O \rightarrow H_2CO_3$$
$$Ca(OH)_2+H_2CO_3 \rightarrow CaCO_3+2H_2O$$
$$3CaO \cdot 2SiO \cdot 3H_2O+3H_2CO_3 \rightarrow 3CaCO_3+2SiO_2+6H_2O$$
$$2CaO \cdot SiO_2 \cdot 4H_2O+2H_2CO_3 \rightarrow 2CaCO_3+SiO_2+6H_2O$$

由于碳化反应的主要产物碳酸钙属非溶解性钙盐，比原反应物的体积膨胀大约 17%，因此，混凝土的凝胶孔隙和部分毛细孔隙将被碳化产物堵塞，使混凝土的密实度和强度有所提高，一定程度上阻碍了二氧化碳和氧气向混凝土内部的扩散。但另一方面，混凝土碳化使混凝土的 pH 值降低，完全碳化混凝土的 pH 值约为 8.5 ~ 9.0，使混凝土中钢筋脱钝。氢氧化钙是水泥水化的产物之一，它是混凝土高碱度的主要提供者和保证者（对保护钢筋特别重要）。碳化到达钢筋表面，使钝化膜遭到破坏，钢筋开始锈蚀。当钢筋钝化膜破坏后，由于钢筋混凝土材料本身的不均匀性以及各部位环境条件的差异，造成在钢筋表面各处电位不一致，有电位差，又是短路的，形成了微电池，微电池进行着下列电化学反应：

阳极：$Fe \to Fe^{2+} + 2e^-$

阴极：$1/2O_2 + H_2O + 2e^- \to 2(OH)^-$

$Fe^{2+} + 2(OH)^- \to Fe^-(OH)_2$

$4Fe(OH)_2 + O_2 + 2H_2O \to 4Fe(OH)_3$（铁锈）

在阳极，带正电荷金属离子 Fe^{2+} 进入溶液，自由电子沿着钢筋到达阴极，这些电子与氧和水结合成 OH^-，然后 OH^- 和 Fe^{2+} 结合成氢氧化亚铁，进一步反应变成氢氧化铁（铁锈）。碳化作用引起的腐蚀是一种全面腐蚀，它会使钢筋钝化膜全部丧失，阳极和阴极反应发生在钢筋表面的每一点。腐蚀产物是固态铁锈，它的体积是金属铁的 2～4 倍。由于铁锈的体积增大，在钢筋周围引起很大的膨胀力，当膨胀力大于混凝土的抗拉应力时，就会导致保护层顺筋开裂或剥落。混凝土一旦裂开，氧和水就可直接进入到钢筋表面，从而更加速了腐蚀。同时，由于阳极金属铁的溶解，使钢筋截面减少，钢筋混凝土的承载能力降低。

2. 混凝土碳化的理论模型

混凝土中 CO_2 的扩散，在下述假设条件下，遵循菲克第一定律：

（1）混凝土中 CO_2 的浓度分布呈直线下降；

（2）混凝土表面的 CO_2 浓度为 C_0，而未碳化区则为 0；

（3）单位体积混凝土吸收 CO_2 发生化学反应的量为恒定值。

由此，从理论上可以得出下面公式：

$$X = [(2D_{CO_2}C_0 / M_0) \cdot t]^{1/2} \qquad （2-1）$$

式中：X——碳化深度；

$\quad D_{CO_2}$——CO_2 在混凝土中的有效扩散系数；

$\quad C_0$——混凝土表面 CO_2 的浓度；

$\quad M_0$——单位体积混凝土吸收 CO_2 的量；

$\quad t$——碳化时间。

也可写成：

$$X = a \cdot t^{1/2} \qquad （2-2）$$

此后，许多国家的学者在上式的基础上发展了不少考虑更为全面的碳化深度公式，对上式作了补充和修正。其中主要是认为 X 与 $t^{1/2}$ 之间不是直线关系，但 X 与 t 之间成指数关系是公认的，即有如下关系式：

$$X = a \cdot t^b \qquad （2-3）$$

或

$$X = a_1(C_0 \cdot t)^b \text{（其中式（2-3）中的 } a = a_1 C_0^b） \qquad （2-4）$$

式中，a 是反映了混凝土早期碳化性能的参数，而 b 是反映了混凝土碳化深度的后期增长趋势的参数。

3. 基于碳化的寿命预测模型

要建立基于碳化的寿命预测模型，首先建立室内快速碳化与自然碳化的关系。室内碳化试验的目的，除了建立碳化方程并研究混凝土碳化机理之外，还要确定快速碳化与自然碳化之间的关系，以便预测混凝土自然环境中的碳化深度。根据国内外有关研究中描述混凝土碳化发展趋势的公认形式 $X = a_1(C_0 t)^b$，对研究同一种混凝土材料，得出快速碳化与自然碳化之间存在如下关系：

$$X_1 = X_2 \, (365 t_1 C_1 / t_2 C_2)^b \qquad (2-5)$$

式中：X_1——预测混凝土的自然碳化深度（mm）；

C_1——自然环境中混凝土周围的混凝土 CO_2 平均浓度；

t_1——自然碳化龄期（a）；

X_2——快速碳化试验的混凝土碳化深度（mm）；

C_2——快速碳化试验的 CO_2 的浓度；

t_2——快速碳化试验的碳化龄期（d）。

可推导得到基于碳化的混凝土寿命预测公式如下：

$$t_1 = (X_1 / X_2)^{1/b} \, (t_2 C_2 / 365 C_1) \qquad (2-6)$$

4. 基于碳化的混凝土寿命预测

如前所述，碳化引起混凝土钢筋锈蚀，主要是由于大气中二氧化碳的存在。对于杭州奥体中心工程所用的高性能混凝土，与大气接触，有发生碳化的环境条件和由于碳化引起钢筋锈蚀的可能性。因此，有必要进行碳化试验和寿命预测。通常，大气中 CO_2 的浓度为 0.03% ～ 0.04%，室内环境 0.1%，考虑到杭州奥体中心处于一种人口流动相对较大的状况，进行碳化寿命预测时取浓度为 0.04%。

首先对分别养护了 28d 和 180d 的各配合比的高性能混凝土的快速碳化试验结果进行了碳化深度与碳化时间关系的幂函数形式 $X=at^b$ 的回归分析，得出了回归方程和各参数，分别列于表 5-3 中。

养护 28d 高性能混凝土的碳化深度及其回归参数碳化深度（mm）　　　　表 5-3

混凝土编号	碳化深度（mm）				$X=at^b$ 参数		
	3d	7d	14d	28d	$X=at^b$	a	b
C50	0	0.6	2.6	4.9	$X=0.2328t^{0.9143}$	0.2328	0.9143
C50	0.6	1.3	3.5	5.7	$X=0.5466t^{0.7036}$	0.5466	0.7036
C50	0.5	1.5	3.3	5.5	$X=0.472t^{0.7369}$	0.4720	0.7369
C40	2.6	4.7	6.7	9.1	$X=1.5239t^{0.5417}$	1.5239	0.5417
C40	2.2	4.5	6.7	9.1	$X=1.6750t^{0.5079}$	1.6750	0.5079
C40	2.5	4.8	6.4	9.9	$X=1.7375t^{0.5222}$	1.7375	0.5222
C35	5.3	8.5	11.6	15.4	$X=3.69101t^{0.4287}$	3.6910	0.4287
C30	7.5	12.6	15.7	19.5	$X=6.8787t^{0.3127}$	6.8787	0.3127

对于公式 $t_1=(X_1/X_2)^{1/b}\cdot(t_2C_2/365C_1)$，取 $t_2=28d$，$C_2=20\%$，$C_1=0.04\%$，同时假设 X_1 为混凝土结构的钢筋保护层厚度，从而得到基于碳化的混凝土寿命预测公式：

$$t_1 = 38.35 \, (X_1/X_2)^{1/b} \qquad （2-7）$$

混凝土结构设计钢筋保护层厚度为 40mm，同时考虑由于施工可能带来的误差，还进行了保护层厚度为 30mm 时的碳化寿命预测。根据上述公式，用快速试验所测的 28d 碳化深度 X_2 和所回归的参数 b，可以预测出保护层厚度分别为 30mm 和 40mm 的混凝土结构的寿命 t_1，结果列于表 5-4 中。

基于碳化的混凝土寿命预测结果（混凝土龄为 28d）　　　　　　　　表 5-4

混凝土配合比编号	28d 碳化深度 X_2 (mm)	b	预测寿命 t (a)	
			X_1 = 30mm	X_1 = 40mm
C50	4.9	0.9143	278	381
C50	5.7	0.7036	406	612
C50	5.5	0.7369	383	566
C40	9.1	0.5417	347	590
C40	9.1	0.5079	402	708
C40	9.9	0.5222	320	556
C35	15.4	0.4287	182	355
C30	19.5	0.3127	152	382

上表为所配制的几组高性能混凝土的碳化寿命预测结果，由此我们可以看出各配比混凝土在钢筋保护层厚度为 30mm 和 40mm 情况下均大大超过了 100 年的抗碳化服役寿命的设计要求。

2.1.3　基于氯离子扩散的寿命预测

钢筋混凝土结构在使用寿命期间可能遇到的各种暴露条件中，氯化物是一种最危险的侵蚀介质，它的危害是多方面的。国内外有关氯离子侵蚀引起的混凝土破坏的报道很多，其主要是海水的氯离子和撒除冰盐引起的钢筋腐蚀破坏。近年来，有关抗氯离子扩散的混凝土耐久性研究，以及基于氯离子扩散的混凝土结构使用寿命预测已成为混凝土研究领域的新热点。混凝土在氯离子环境下的使用寿命是指混凝土结构从建成使用开始到结构失效的时间过程，它分为诱导期、发展期和失效期三个阶段。其中，诱导期是指暴露一侧混凝土内钢筋表面氯离子浓度达到临界氯离子浓度所需的时间；发展期是指从钢筋表面钝化膜破坏到混凝土保护层发生开裂所需的时间；失效期是指从混凝土保护层开裂到混凝土结构失效所需的时间。本项目关于混凝土的使用寿命是指诱导期寿命。

1. 氯离子对钢筋锈蚀机理

当钢筋混凝土结构处于有氯离子环境中，氯离子可渗透进混凝土中，当钢筋周围的氯离子达到一定浓度时，即使在强碱溶液中也会破坏钢筋表面的钝化膜，在具有适当的潮湿条件及通氧条件下，钢筋就会锈蚀。氯离子对钢筋的腐蚀可以从以下几个方面来分析：

（1）破坏钝化膜：水泥水化的高碱性（pH > 12.6），使钢筋表面产生一层致密的钝化膜。最新研究表明，该钝化膜中包含有 Si-O 键，对钢筋有很强的保护能力。然而钝化膜只有在高碱性环境中才是稳定的。研究与实践表明，当 pH < 11.5 时，钝化膜就开始不稳定（临界值）；当 pH < 9.88 时钝化膜生成困难或已经生成的钝化膜逐渐破坏。Cl^- 氯离子进入混凝土中并到达钢筋表面，当它吸附于局部钝化膜处时，可使该处的 pH 值迅速降低而导致钝化膜被破坏，引起钢筋锈蚀。

（2）形成"腐蚀电池"：氯离子 Cl^- 对钢筋表面钝化膜的破坏首先发生在局部（点），使这些部位（点）露出了铁基体，与尚完好的钝化膜区域之间构成电位差（作为电解质，混凝土内一般有水或潮气存在）。铁基体作为阳极而受腐蚀，大面积的钝化膜区作为阴极。腐蚀电池作用的结果，钢筋表面产生点蚀（坑蚀），由于大阴极（钝化膜区）对应于小阳极（钝化膜破坏点），坑蚀发展十分迅速。这就是氯离子对钢筋表面主要产生"坑蚀"的原因所在。

（3）Cl^- 氯离子的去极化作用：阳极反应过程是 $Fe-2e = Fe^{2+}$，如果生成的 Fe^{2+} 不能及时搬运走而积累于阳极表面，则阳极反应就会因此而受阻；Cl^- 氯离子与亚铁离子相遇会生成 $FeCl_2$，从而加速阳极过程。通常把加速阳极的过程，称作阳极去极化作用，Cl^- 氯离子正是发挥了阳极去极化作用的功能。应该说明的是，$FeCl_2$ 是可溶的，在向混凝土内扩散时遇到 OH^-，立即生成 $Fe(OH)_2$（沉淀），又进一步氧化成铁的氧化物（通常的铁锈）。反应式如下：

$$Fe^{2+}+2Cl^-+4H_2O \rightarrow FeCl_2 \cdot 4H_2O$$
$$FeCl_2 \cdot 4H_2O \rightarrow Fe(OH)_2 \downarrow +2Cl^-+2H^++2H_2O$$

由此可见，Cl^- 氯离子只是起到了"搬运"作用，它不被"消耗"。也就是说，凡是进入混凝土中的 Cl^- 氯离子，会周而复始地起破坏作用，这正是氯盐危害的特点之一。

（4）Cl^- 氯离子的导电作用：腐蚀电池的要素之一是要有离子通路。混凝土中 Cl^- 氯离子的存在，强化了离子通路，降低了阴、阳极之间的欧姆电阻，提高了腐蚀电池的效率，从而加速了电化学腐蚀过程。氯盐中的阳离子（Na^+、Ca^{2+} 等），也降低阴、阳极之间的欧姆电阻，但不参与阴、阳极过程。氯盐对钢筋锈蚀影响的强弱，与其达到钢筋表面的浓度有关。氯盐对混凝土也有一定的直接破坏作用，但氯离子引起钢筋锈蚀，从而导致钢筋混凝土结构的破坏，在通常情况下是起主导作用的。由氯离子引起的电化学腐蚀会形成铁锈，可能造成混凝土的开裂甚至剥落，更严重的是，在氯离子腐蚀中，由于某些局部钢筋形成锈蚀坑或坑群，使钢筋截面减小很多，在荷载作用下，腐蚀坑边缘产生应力集中，导致钢筋过早断裂。因此，氯离子腐蚀对于预应力钢丝有更大的危险性。

2. 氯离子侵入混凝土的机理

氯离子通过混凝土内部的孔隙和微裂缝体系从周围环境向混凝土内部扩散，氯离子的传输过程是一个复杂的过程，涉及到许多机理。目前已有的氯离子扩散到混凝土的方式主要有以下几种：

（1）毛细管作用，即盐水向混凝土内部干燥的部分移动；

（2）渗透作用，即在水压力作用下，盐水向压力较低的方向移动；

（3）扩散作用，即由于浓度差的作用，氯离子从浓度高的地方向浓度低的地方移动；

（4）电化学迁移，即氯离子向电位较高的方向移动。

通常，氯离子的侵蚀是几种侵入方式的组合，另外还受到氯离子与混凝土材料之间的化学结合、物理粘结、吸附等作用的影响。而对应特定的条件，其中的一种侵蚀方式是主要的。目前有一些非常先进的氯离子向钢筋表面传输的模型，对各种机理考虑的比较全面，但是由于模型中的一些参数很难确定，有些只能从定性上加以描述，其实用性还需继续探讨。

3. 氯离子扩散理论模型

尽管氯离子在混凝土中传输机理非常复杂，但在许多情况下扩散仍然被认为是一个最主要的传输方式之一。对于现有的没有开裂的、水灰比不太低的结构，大量的检测结果表明氯离子的浓度可以认为是一个线性的扩散过程，这个扩散过程可以很方便地用菲克第二扩散定律进行描述，可以将氯离子的扩散浓度、扩散系数和扩散时间联系起来，可以直观地体现结构的耐久性。由于菲克第二定律的简洁性及与实测结果之间较好的吻合性，现在它已成为预测氯离子在混凝土中扩散的经典方法。选择菲克第二扩散定律基本上也是基于一种经验的假定，但它的模型参数具有明确的物理意义，并且它的模型可以很好地拟合现有结构的实测结果。假定混凝土的孔隙分布是均匀的，氯离子在混凝土中的扩散是一维扩散行为，浓度梯度仅沿着暴露表面到钢筋表面的方向变化，菲克第二定律可以表示为：

$$\frac{\partial C}{\partial t} = D \frac{\partial^2 C}{\partial x^2} \quad (2-8)$$

式中：C ——氯离子的浓度，一般以氯离子占水泥或混凝土的重量百分比表示；

t ——结构暴露于氯离子环境中的时间；

x ——侵蚀的深度；

D ——扩散系数。

菲克第二定律的解取决于问题的边界条件：混凝土结构在经过相当长的使用时间以后，表面浓度基本达到饱和，在稳定的使用环境中一般不会发生太大的变化。因此可以假定混凝土表面浓度恒定；另外假定混凝土结构体相对于暴露表面为半无限介质，在任一时刻，相对于暴露表面的无限远处的氯离子浓度值为初始浓度。那么，相应的边界条件和初始条件可以写为：

边界条件：$C(0, t) = C_s$，$C(\infty, t) = C_0$

初始条件：$C(x, t) = C_0$

根据边界条件和初始条件，公式的解为：

$$C_{x,t} = C_0 + (C_s - C_0)[1 - erf(\frac{x}{\sqrt{4Dt}})] \quad (2-9)$$

式中：$C_{x,t}$ ——t 时刻 x 深度处的氯离子浓度；

C_0 ——初始浓度；

C_s ——表面浓度；

D ——扩散系数；

$erf(u)$ 为误差函数，

$$erf(u)=\frac{2}{\sqrt{\pi}}\int_0^u \exp(-t^2)dt \qquad (2-10)$$

该公式是利用有效扩散系数进行结构耐久寿命预测和新建结构混凝土配合比设计的基础。

4. 氯离子扩散系数的时间依赖性

菲克第二定律描述的是一种稳态扩散过程。实际上，混凝土是一种水硬性材料，其水化过程需要经过很长的时间才能完成，混凝土的成熟度对于氯离子的扩散存在很大的影响，水化越充分，混凝土内部越密实，抗侵蚀能力则越强。随时间的延长，氯离子在混凝土中的扩散系数不是一成不变的，通过实际检测结果可以发现，龄期较长的混凝土结构的氯离子扩散系数较小。尤其在开始的 1 ～ 3 年内，扩散系数的降低尤为明显，因此扩散系数是一个时间的函数。引入有效扩散系数 D_t，含义为结构从开始暴露到检测时扩散系数的均值，上式变为：

$$C_{x,t}=C_0+(C_s-C_0)\left[1-erf\left(\frac{x}{\sqrt{4D_t\cdot t}}\right)\right] \qquad (2-11)$$

同样，有效扩散系数是一个随结构使用时间长度变化的量，即混凝土氯离子扩散系数与时间存在依赖性，一般认为其近似服从下面的关系：

$$C_{x,t}=C_0+(C_s-C_0)\left[1-erf\left(\frac{x}{\sqrt{4D_0t_0^mt^{1-m}}}\right)\right] \qquad (2-12)$$

式中：D_t —— t 时刻的有效扩散系数；

D_0 ——结构暴露时的扩散系数；

m ——氯离子扩散系数的时间依赖性系数，可根据试验或调查获得。

可得：

$$\frac{\partial C_f}{\partial t}=\frac{KD_0t_0^m}{1+R}\cdot\frac{\partial^2 C_f}{\partial x^2} \qquad (2-13)$$

在混凝土氯离子扩散模型中引入了扩散系数时间依赖性常数。Mangat 等测定龄期 180d 内的混凝土 m 为 0.52；Thomas 等测定龄期 8a 内的粉煤灰混凝土 m 为 0.70，一般认为对于高性能混凝土 m 为 0.64 比较合适。

5. 氯离子扩散的新模型

前式是根据菲克第二扩散定律，并考虑了氯离子扩散系数的时间依赖性推导出的氯离子扩散模型。事实上，氯离子在混凝土中扩散过程中，部分氯离子被 C_3AH_6 化学结合成 $C_3A\cdot CaCl\cdot 12H_2O$，进入 CSH 凝胶结构，被混凝土的内部孔隙表面物理吸附，这一定程度上减缓了氯离子的进一步扩散作用。因而，混凝土中氯离子的总浓度 C，是由自由氯离子浓度 C_f 和结合氯离子浓度 C_b 组成，即 $C=C_f+C_b$，混凝土对氯离子的结合能力被定义为：

$$R=C_b/C_f=(C-C_f)/C_f \qquad (2-14)$$

另外，混凝土在使用过程中在弯曲荷载作用下拉区内部往往会引起裂缝引伸和发展，从而加速了氯离子对混凝土的扩散作用，尤其是高性能混凝土，其干燥收缩和自收缩更加明显，使混凝土的渗透性增加，混凝土在这种条件下的扩散系数 D 可用等效扩散系

数 $D_e=KD$ 表示，式中 K 为混凝土氯离子扩散性能的劣化效应系数。

但现有的根据 Fick 第二扩散定律氯离子扩散方程经多次修正后，仍未综合考虑混凝土对氯离子结合能力、更未考虑荷载作用对氯离子扩散的影响，课题组经大量的试验，综合考虑了氯离子扩散系数的时间依赖性和混凝土结构微缺陷影响，以及混凝土对氯离子结合能力与荷载影响的新扩散方程：

$$C_{f,x,t}=C_0+(C_s-C_0)\left[1-erf\frac{x}{2\sqrt{\frac{KD_0t_0^m}{(1+R)(1-m)}t^{1-m}}}\right]\quad（2-15）$$

根据上式在混凝土的表面氯离子浓度保持恒定条件下，考虑多种因素共同作用，建立了基于氯离子扩散的新模型：

$$\frac{D_t}{D_0}=\left(\frac{t_0}{t}\right)^m\qquad（2-16）$$

本模型与国际上已有模型相比，考虑了荷载的作用和混凝土对氯子结合能力，使预测结果更符合客观实际，增进了准确性。

6. 基于氯离子扩散的寿命预测模型

上述考虑氯离子扩散系数的氯离子扩散模型主要有三个方面的用途：①在使用过程中渗入混凝土结构的氯离子浓度进行实时监控；②现有混凝土结构剩余寿命进行评估；③由预期使用寿命和环境条件进行混凝土的耐久性设计。假定钢筋表面的氯离子浓度达到临界氯离子浓度 C_{cr} 时，结构的寿命就终止，可得到混凝土结构在氯离子环境中的使用寿命预测模型公式：

$$t=\left[\frac{(1+R)(1-m)x^2}{4KD_0T_0^m erfinv^2\left(\frac{C_s-C_{cr}}{C_s-C_0}\right)}\right]^{\frac{1}{1-m}}$$

$$=\left[\frac{(1+R)(1-m)x^2}{4KD_0(28/365)^m erfinv^2\left(\frac{C_s-C_{cr}}{C_s-C_0}\right)}\right]^{\frac{1}{1-m}}\quad（2-17）$$

式中：x——侵蚀的深度，寿命预测时取钢筋保护层厚度（cm）；

D_0——28d 时的氯离子扩散系数（cm^2/a）；

C_0——初始浓度，混凝土内部初始的氯离子浓度（%），以氯离子占混凝土的重量百分比表示，对于新建结构可忽略不计；

C_{cr}——临界氯离子浓度（%），以氯离子占混凝土的重量百分比表示；

C_s——表面氯离子浓度（%），以氯离子占混凝土的重量百分比表示；

m——氯离子扩散系数的时间依赖性系数，取 0.64；

R——混凝土的氯离子结合能力；

K——混凝土氯离子扩散性能的劣化效应系数；

t——基于氯离子扩散所预测的混凝土结构寿命 (a)；$erfinv(u)$ 为反误差函数。

氯离子扩散理论表明，混凝土保护层厚度、氯离子扩散系数、氯离子结合能力、临界氯离子浓度、混凝土结构缺陷和暴露条件等决定了混凝土结构的使用寿命。

在上述模型中，m、R 和 K 是 3 个关键参数，m 反映了混凝土内部因胶凝材料水化导致的结构形成与致密过程，R 反映了混凝土与氯离子之间的相互作用，即混凝土对氯离子结合能力，K 反映了混凝土在使用过程中因荷载、环境因素及混凝土材料自身的性能劣化过程，因此，可以采用分项系数表示：

$$K = K_e K_y K_m \qquad (2-18)$$

式中，K_e、K_y 和 K_m 分别代表混凝土氯离子扩散性能的环境劣化系数、荷载劣化系数和材料劣化系数。通过系统的实验室实验，确定了混凝土的三个劣化系数、氯离子结合能力等时间依赖性常数等参数。

7. 基于氯离子扩散的寿命预测

本工程中所用的混凝土有 C30、C35、C40、C50 四个强度等级，从混凝土的抗裂等级结果看，C30 为 Ⅲ 级，其抗裂性能较其他几种混凝土均低，可以认为，其他几种混凝土的抗氯离子侵蚀能力比 C30 强，本次基于氯离子扩散的寿命预测 C30 配合比混凝土为例进行寿命预测。

杭州奥体中心所处环境氯离子浓度含量（142ppm）不高，但同时混凝土还受到载荷、干湿循环等劣化因素的作用，因而基于氯离子扩散的寿命预测必须进行多因素考虑。同时，由于环境氯离子过低，使用现实的氯离子浓度进行试验，需要很长的试验周期，也是不现实的。因而，我们根据腐蚀介质为 3.5%NaCl 浓度进行试验并进行寿命预测。在试验过程中，测试了所配制的混凝土在这两种腐蚀溶液中，单因素以及多因素情况下的不同深度的自由氯离子浓度和总氯离子浓度。首先以在 3.5%NaCl 溶液中腐蚀，荷载比为 0 和 35%，C30 配合比混凝土为例进行寿命预测。混凝土养护 28d 后浸泡到 3.5%NaCl 溶液中，荷载系数为 0，35% 两种。当混凝土浸泡到 250d 时，对混凝土不同深度取样，使用化学滴定法测得其不同深度的自由氯离子和总氯离子浓度，试验结果如表 5-5 所示。

高性能混凝土 C30 在 3.5%NaCl 溶液中氯离子浓度　　　　　　　　表 5-5

深度（mm）	0 ~ 5	5 ~ 10	10 ~ 15	15 ~ 20	平均结合能力
自由氯离子浓度	0.005345	0.002135	0.001083	0.00026	—
总氯离子浓度	0.005104	0.002560	0.002543	0.000782	—
结合能力	-0.04509	0.199063	1.348107	2.007692	1.184954

在水化龄期为 t_0 时的混凝土氯离子扩散系数为 D_0，t 时刻的混凝土的氯离子扩散系数为 D，根据混凝土的氯离子扩散系数与时间的依赖性关系，取时间依赖性系数 $m=0.64$，据此可以算出龄期为 28d，荷载为 50% 混凝土的扩散系数：

$$D_0 = 10^4 \times 365 \times 24 \times 3600 \times 2.2 \times 10^{-12} /$$
$$(28/118)^{0.64} = 1.742 \text{cm}^2/\text{a}$$

在式 2-17 中，C_0 为混凝土内部初始氯离子含量，

对于新建结构可取 $C_0=0$；C_S 为混凝土表面氯离子浓度，考虑到混凝土在 3.5%NaCl 溶液长时间浸泡，溶液中的氯离子浓度将和混凝土表面层的氯离子浓度达到平衡。则混凝土中氯离子浓度

$C_S=C_{溶液}\div(\rho_{混凝土}/\rho_{水})\times(M_{Cl}/M_{NaCL})$ 计算结果为：$C_S=3.5\%\div2.4\times[35/(23+35)]=0.88\%$；$C_{cr}$ 为导致钢筋锈蚀的氯离子浓度，对自由氯离子：国内一般为 $C_f=0.05\%$，国外为 $C_f=0.09\%$，针对总的氯离子：国内一般为 $C_f=0.4\%$；国外为 0.2%~0.3%，在本次计算中，是以自由氯离子为计算依据，取最小值，即 $C_{cr}=0.05\%$；x 为钢筋保护层厚度，$x=6cm$；t_0 为养护龄期，取 $t_0=28d$；R 为混凝土结合能力，取

$R_0=1.742$；m 为时间依赖性系数，对于高性能混凝土取 $m=0.64$。

另外，K 为劣化系数；K_e 为环境劣化系数，在此考虑干湿交替影响，D 干湿同样通过滴定法测的干湿循环条件下混凝土不同深度氯离子浓度，并回归出扩散系数，则 $K_e=D_{干湿}/D_t=(3.8\times10^{-12})/(2.2\times10^{-12})=1.727$；$K_y$ 为荷载劣化系数，$K_y=D_{35}/D_t=(3.20\times10^{-12})/(2.2\times10^{-12})=1.454$。则荷载为 0 时，劣化系数 $K=1.864$；荷载为 35% 时，劣化系数 $K=K_eK_y=2.512$。将上述数据及取值带入前面的公式中，即可得 C30 混凝土在 3.5%NaCl 溶液中干湿交替，荷载为 0 的混凝土使用寿命：

$$t=\left[\frac{(1+1.742)\times(1-0.64)\times6^2}{4\times1.727\times1.742\times\left(28/365\right)^{0.64}\times erfinv^2\left(\frac{0.88-0.05}{0.88}\right)}\right]^{\frac{1}{1-0.64}}=369(a)$$

即 C30 在 3.5%NaCl 溶液腐蚀中干湿交替，荷载比为 0 的情况下，使用寿命为 369 年。同样可得

在荷载比为 35% 时的混凝土使用寿命：

$$t=\left[\frac{(1+1.742)\times(1-0.64)\times6^2}{4\times2.512\times1.742\times\left(28/365\right)^{0.64}\times erfinv^2\left(\frac{0.88-0.05}{0.88}\right)}\right]^{\frac{1}{1-0.64}}=130(a)$$

即 C30 在 3.5%NaCl 溶液中干湿交替，荷载比为 35% 的情况下，使用寿命为 130 年。

由以上两式可知，本工程中所用 C30 混凝土的服役寿命计算均超过 100 年，满足设计要求。又可以从抗裂性能试验结果可知，C30 混凝土的抗裂等级为Ⅲ级，其抗裂性能较其他几种混凝土低，可以认为，其他几种混凝土的抗氯离子侵蚀能力比 C30 强。

所以，本工程用混凝土的服役寿命均能满足混凝土百年耐久性要求。

2.1.4　基于大气环境下钢筋锈蚀的寿命预测

杭州奥体中心主体育场主体结构于 2017 年 12 月竣工年建成，普通大气环境为主。参考《混凝土结构耐久性评定标准》（CECS220：2007）的相关条文，结合体育场实际情况，采用耐久性极限状态进行结构

寿命评估。极限状态的设定按标准主要分为三类：①钢筋开始出现锈蚀；②钢筋保护层开裂；③混凝土表面出现可接受最大外观损伤。对本工程而言：梁、柱按第①类；板按②类。计算模型

$$t_i = 15.2 \cdot K_k \cdot K_c \cdot K_m$$

式中：t_i——结构建成至钢筋开始锈蚀的时间（a）；

K_k，K_c，K_m——碳化速度、保护层厚度、局部环境对钢筋开始锈蚀时间的影响系数。

碳化速度影响因数 K_k　　　　　表 5-6

碳化系数 k（mm/$\sqrt{a}$）	1.0	2.0	3.0	4.5	6.0	7.5	9.0
K_k	2.27	1.54	1.20	0.94	0.80	0.71	0.64

保护层厚度影响因数 K_c　　　　　表 5-7

保护层厚度 c（mm）	5	10	15	20	25	30	40
K_c	0.54	0.75	1.00	1.29	1.62	1.96	2.67

局部环境影响因数 K_m　　　　　表 5-8

局部环境系数 m（mm）	1.0	1.5	2.0	2.5	3.0	3.5	4.5
K_m	1.51	1.24	1.06	0.94	0.85	0.78	0.68

环境等级及局部环境系数 m　　　　　表 5-9

环境类别	环境等级		局部环境系数 m
一般大气环境（Ⅰ）	I_a	一般室内环境；一般室外不淋雨环境	1.0
	I_b	室内潮湿环境（湿度≥75%）	1.5～2.5
	I_c	室内高温、高湿度变化环境	2.5～3.5
	I_d	室内干湿交替环境（表面淋水或结露）	3.0～4.0
	I_e	干燥地区室外环境（湿度≤75%，室外淋雨）	3.5～4.0
	I_f	湿热地区室外环境（室外淋雨）、室外大气污染环境	4.0～4.5

估算结果：柱子及梁寿命＞100 年，板寿命＞100 年。

2.2　混凝土结构耐久性寿命预测结果

杭州奥体中心主体育场所用混凝土的各个单项的耐久性指标均满足百年耐久性设计指标要求，具体如下：

（1）混凝土的最低强度等级、最大水胶比、最小胶凝材料用量以及最大氯离子含量均满足工程设计要求。

（2）所检测区域内的混凝土的钢筋保护层厚度符合原设计和规范偏差要求，少量构件有收缩裂缝，但经适当处理后对耐久性影响不大。

（3）混凝土中单方含碱量基本控制在 $3.0kg/m^3$ 以下，混凝土所处的环境为室内环境，且混凝土中粉煤灰对抑制碱-硅反应有利，认为主体育场混凝土结构发生碱骨料反应的风险很低。

（4）采用酚酞法检测混凝土的碳化，检测结果表明 C30 混凝土碳化速度较快，原因在于其水胶比、砂率较其他几种大，其混凝土内部界面总面积也相对较大，所以其碳化速度较其他混凝土快。

（5）通过 RCM 法和电通量法检测混凝土的抗渗，所取样品的氯离子扩散系数均低于 $3 \times 10^{-8}cm^2/s$，电通量满足设计混凝土电通量小于 1000C 的要求。

同时，杭州奥体中心主体育场所用混凝土主要与空气、水、土壤接触，在运行过程中，主要受到荷载、干湿交替、腐蚀、碳化等作用综上所述，考虑到主体育场所处的位置环境，碳化、氯离子侵蚀和大气环境下钢筋锈蚀是影响混凝土耐久性的主要因素。根据碳化或氯离子侵蚀等单项因素进行的寿命预测结果如下：

（1）根据主体育场混凝土施工现场的温度、湿度、CO_2 浓度、混凝土配合比和所用原材料等条件，设计了混凝土碳化模型，通过快速试验，测出各龄期的碳化深度，并算出保护层厚度为 3cm、4cm 时混凝土的抗碳化耐久寿命，结果表明，混凝土的抗碳化寿命超过 100 年。

（2）根据主体育场混凝土施工现场的温度、湿度、氯离子浓度等条件，设计了混凝土氯离子侵蚀模型，通过化学滴定法测定了混凝土试件各深度的氯离子浓度，并算出荷载比为 0 和 35% 的混凝土使用寿命均超过 100 年。

（3）根据大气环境下钢筋锈蚀耐久性评定方法，估算出主体育场混凝土构件寿命：柱子及梁超过 100 年，板超过 100 年。

工程所处环境情况实际并不严酷，氯离子含量很低，实际试验条件要比工程所处环境严酷得多，在严酷条件下预测的寿命要比工程实际结构的混凝土寿命低。由此可见，所推荐的 C30、C35、C40、C45、C50 这 5 种强度等级 6 个配合比的混凝土均能分别满足碳化、氯离子侵蚀和大气环境下钢筋锈蚀等破坏因素下 100 年的寿命要求。因此，主体育场所用混凝土在施工质量保证的情况下完全能达到甚至超过 100 年的服役年限。

第六章 顶环梁复杂内埋式铸钢节点模型试验研究

第一节 课题研究背景

1.1 工程概况

杭州奥体博览中心主体育场工程为 8 万座的特级特大型体育建筑,总建筑面积为 216094m²,地上 6 层,地下 1 层,地上有上、中、下三层看台,建筑高度 60.74m(混凝土顶环梁呈马鞍形,结构高度 36.445 ~ 42.445m),主体育场看台为钢筋混凝土框架剪力墙结构,屋盖为空间管桁架 + 弦支单层网壳钢结构体系。

项目开工后,现场管理团队制定以下管理目标:①质量管理目标:确保"钱江杯",争创"鲁班奖";②技术管理目标:确保浙江省建筑业新技术应用示范工程,确保全国建筑业绿色施工示范工程,完成技术专利、发明研发 10 项,完成浙江省科研课题 4 项。

本工程上部看台结构复杂,是工程施工难点的聚焦部位,也是确保现场管理目标实现的关键部位。看台型钢混凝土斜柱,在 7.6m(二层结构标高)至 25.6m(六层结构标高)范围内是单斜柱,截面尺寸为 1200mm×1200mm,倾斜角度 73.52°~76.58° 不等,斜柱在 25.6m 至上部看台顶部标高(最高为 42.488m)范围内,向两个方向分叉成 V 形双斜柱,截面尺寸为 800mm×1200mm。

看台 V 形斜梁顶部是变截面型钢混凝土环梁,环梁中间高两头低,梁面标高由南北两侧的 36.445m 变化至 42.445m,梁截面高度由支座处的 2.32m 变化至跨中的 1.2m,梁截面宽度 1.5m。

图6-1 V形柱、大环梁外立面

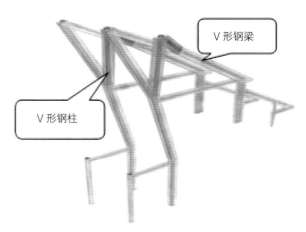

图6-2 型钢位置示意

上部看台的 V 形斜柱、V 形斜梁分叉端相交于环梁上,形成看台环梁节点,共有 79 处,设计原图纸中采用铸钢节点连接,并埋入环梁节点内,其中有 67 个与钢结构屋盖上部铸钢支座焊接。环梁节点顶部还有 1200mm 高短柱,截面尺寸为 1500mm×1500mm。

上部看台结构的主要构件环梁、V 形斜柱、V 形梁的立面图如图 6-1 所示,型钢范围如图 6-2 所示,

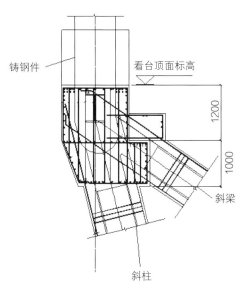

图6-3 环梁与斜柱、斜梁交点位置关系

图6-4 大环梁施工成型实景图

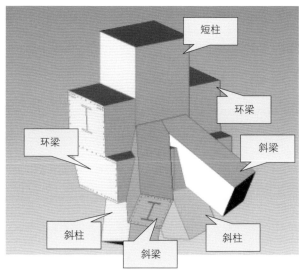

图6-5 环梁铸钢节点结构示意模型

图6-6 铸钢节点加工实景图

环梁与斜柱、斜梁交点位置关系如图6-3所示，现场结构施工完成后的实体情况见图6-4。

环梁铸钢节点构件交汇位置示意模型图、加工实景图见图6-5，图6-6。

1.2 课题研究技术需求

现场大环梁施工中需要解决的主要技术问题涉及内埋式铸钢节点构造的施工深化设计、节点区交汇的钢筋穿插锚固施工、节点区混凝土的浇捣施工及养护等技术环节。通过查阅国内外类似工程施工技术文献研究，均未发现可借鉴参考的经验做法。为此，在建设单位的统筹组织下，设计、施工、监理单位技术人员一同开展了以现场模型试验研究结合计算机三维仿真分析、多次修正完善内埋式铸钢节点施工深化设计、节点区交汇的钢筋穿插锚固可

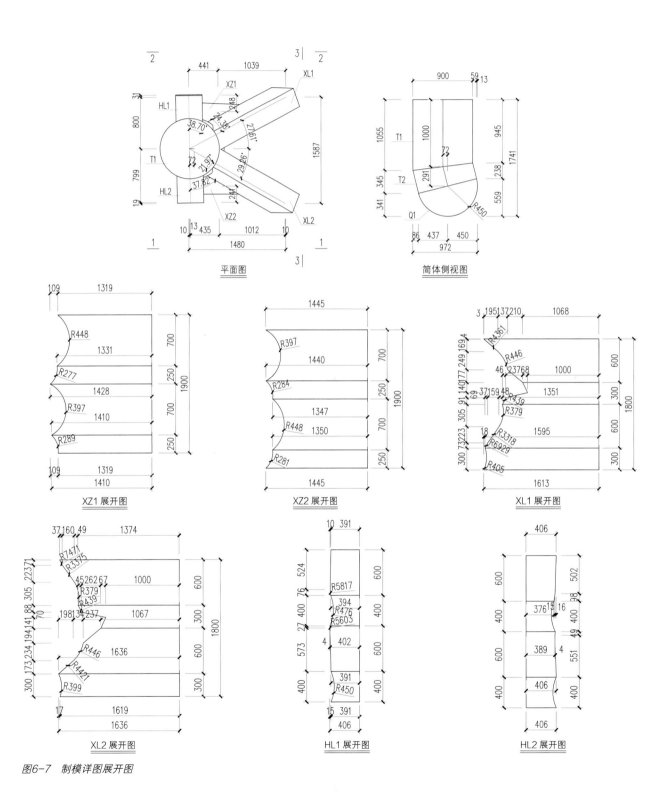

图6-7 制模详图展开图

行性分析、节点区混凝土的施工质量可靠性保证措施等一系列的研究探讨工作。

第二节 首次模型试验探索研究

2.1 模型试验材料选用

模型试验主要目的是验证初步深化设计结果的施工可行性。模型除了铸钢节点大样外，各牛腿分支再延伸出 3m 左右的长度。节点模型的铸钢件质量在 20T 以上，各分支构件的型钢长度也在 1m 以上。试验中主要保证模型的外观与实际施工一致，各分支构件的型钢骨均采用木模板拼接而成，铸钢节点构造复杂，现场木工无法根据模型放样图制作出相同外观的木质模型，根据铸钢模型深化展开图，采用铁皮卷合而成的方法制作铸钢节点。模型制成后达到了预期效果，同时节约了大量材料费用。铸钢模型展开图如图 6-7 所示。

2.2 首次模型试验反映的施工问题

现场 1 : 1 试验模型按 10 ~ 11 轴 /G 轴之间的节点铸钢件深化图纸制作。将钢骨及铸钢节点模型安装就位后，对该节点进行钢筋穿插试验，绑扎顺序为：先绑扎斜柱钢筋，再绑扎斜梁钢筋，最后绑扎环梁钢筋和环梁节点上部混凝土短柱钢筋。施工模拟试验过程中主要反映出以下一系列问题。

2.2.1 钢筋在节点区的锚固问题

钢筋绑扎的过程中基本模拟实际施工的作业流程，柱筋、梁筋就位时发现由于钢筋排布过于密集，部分钢筋无法伸入节点区，试验时通过不断调整钢筋的位置，减少了钢筋碰阻的数量，但仍有 24 根钢筋无法与铸钢件连接。无法连接的钢筋如图 6-8 所示。

2.2.2 铸钢件两斜柱夹角小，套筒焊接施工、焊缝检测无空间

铸钢件斜柱夹角角度最小为 34°，最大为 51°。试验模型选取的节点夹角为 34°。钢筋绑扎完成后，夹角处几乎没有多余空间，无法实施套筒的焊接及焊缝检测，如图 6-9 所示。

另外，钢筋与铸钢件采用套筒连接的方式本身也存在问题。首先，试验中观察能够伸入到节点区与铸钢件表面接触的钢筋，可以发现，不同位置的钢筋与铸钢件曲形表面的相交角度差异较大，采用套筒连接则不同钢筋的坡口形式差异较大。这就大大增加了套筒加工生产的难度。如果预先加工好统一的坡口形式，实际施工时钢筋与铸钢件表面的接触面则可能无法达到全焊透的要求；如果预先将套筒焊接在铸钢件上，通过施工中钢筋的准确定位来实现连接，则对施工精度要求过高，基本无可操作性（由于钢筋布置过于密集，需要通过调整相互位置才能逐根通过，基本不可能通过预先准确定位来实现钢筋的穿插）。其次，部分钢筋与铸钢件表面的斜交角度太大，造成套筒斜切太大，无法保证其连接强度。最后，节点处伸入的钢筋数量超过 160 根，需要与铸钢节点进行套筒焊接连接的数量也在 100 根左右。对于铸钢件来说，成型后再进行如此大规模的焊接操作，产生的残余应力对铸钢件受力性能的影响不容忽视。

2.2.3 铸钢节点 V 形柱、V 形梁、环梁的箍筋无法封闭

各构件的主筋绑扎完毕之后，在节点区进行箍筋绑扎时又出现问题。图纸设计中节点区内大量的箍筋

（a）先绑扎的斜柱钢筋全部插入　　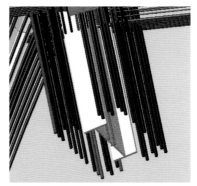（b）后绑扎的斜柱钢筋有4根无法插入

（c）一侧斜梁钢筋有8根无法插入　　（d）另一侧斜梁钢筋有9跟无法插入

（e）环梁底部有3根钢筋无法通过

图6-8　节点区钢筋无法通过问题

（a）正视图　　　　　　　　　　　　　　　　（b）背视图

图6-9　斜柱夹角处空间

被铸钢件截断，无法封闭，如图 6-10 所示。鉴于节点区箍筋配置的重要性，需针对节点区设计形状合理的箍筋配置方案。

图6-10　箍筋无法封闭

2.2.4　铸钢节点底部混凝土无法浇筑振捣密实

环梁在节点处截面尺寸为 1500mm×2200mm，铸钢节点尺寸为 $\Phi 900 \times 1700mm$ 左右，斜梁、斜柱

的钢筋共有 110 根位于铸钢节点底部，钢筋密集，V形斜柱夹角部位，形成混凝土灌入的死角区域，振捣棒无法插入此处振捣。施工中无法保证铸钢件混凝土浇筑密实，存在严重的施工质量隐患。

2.3　相关深化设计建议

经过首次模型试验的分析，认定初次深化设计的铸钢节点模型不具备施工可操作性。因此结合模型试验报告情况，建设单位组织了主体育场环梁节点铸钢件深化模型试验专家研讨会，要求对铸钢节点进行第二次深化设计，并提出以下建议：

1. 钢筋与铸钢件采用连接板焊接，以提高可焊性。

2. 节点区箍筋间距由 @100 改为 @200。

3. 梁、柱箍筋不进入节点区。

4. 环梁节点采用自流淌致密式混凝土浇筑。

5. 在铸钢件分叉连接板阴角处设跑浆孔、跑气孔。

6. 环梁在节点处截面尺寸 1500mm×2200mm 改为 1500mm×2320mm。

第三节　计算机模拟三维仿真分析研究

3.1　针对第二次深化设计的三维模型分析

根据第二次深化设计的铸钢节点图纸，在斜柱夹角位置增加五块连接板与铸钢件相连，用于连接斜柱内侧的钢筋，节点区箍筋遇到铸钢件采用节点板连接。对照现场的模型，在计算机上进行三维实体图形的模拟分析，模拟过程中，我们发现仍存在如下问题：

3.1.1　斜柱连接板范围外的钢筋伸入节点区锚固长度不够，仍有部分钢筋存在碰阻问题，无法锚固。与实物模型对比后发现，先绑扎的斜柱夹角连接板范围外的钢筋可用连接板与铸钢件连接，后绑扎的斜柱钢筋中有 6 根与先绑扎的钢筋碰堵而无法与铸钢件连接，如图 6-11 所示，红色为无法锚固的钢筋。

3.1.2　两侧斜梁在节点区分别有 10 根和 6 根钢筋存在碰堵连接板问题，后绑扎的斜梁面筋中有 11 根钢筋与先绑扎的斜梁面筋存在碰堵，无法与连接板焊接，且锚固长度不满足要求，见图 6-12 所示红色钢筋。

3.1.3　短柱的纵筋两侧各 4 根被环梁钢筋连接板碰堵，如图 6-13 所示，红色钢筋为无法锚固的钢筋。

3.1.4　除主筋外，节点区有水平箍筋 7 根被斜梁牛腿挡堵，且无法用连接板连接，如图 6-14 所示。

3.1.5　铸钢件节点区底部混凝土振捣密实的问题仍然没有改善，斜柱夹角范围内，形成一个大阴角，对混凝土浇捣本身就不利，由于采用连接板与铸钢件连接，则在斜柱间形成了一个三角形半封闭区，使得

图6-11　斜柱夹角连接板范围外钢筋碰堵示意图

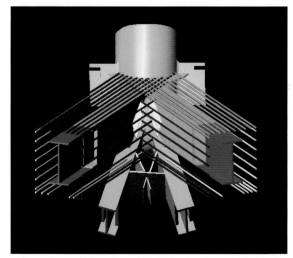

图6-12　斜梁钢筋碰堵连接板示意图

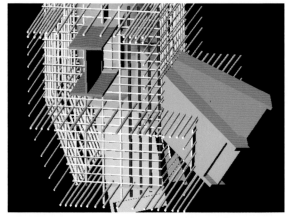

图6-13　短柱的纵筋碰堵环梁钢筋连接板示意图

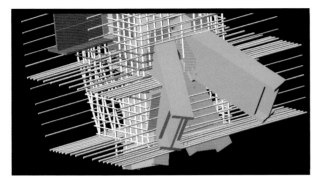

图6-14　铸钢节点水平箍筋被斜梁牛腿挡堵示意图

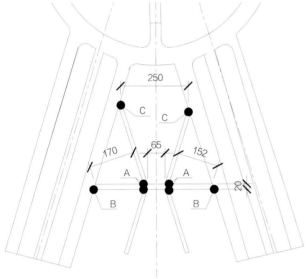

图6-15　GZJ-02钢筋连接板大样图

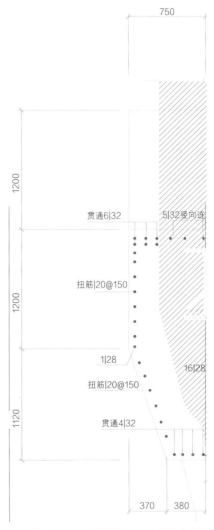

图6-16　GZJ-02钢筋连接板二次修改大样图

斜柱夹角范围内的分隔空间更加狭窄，所以在混凝土无法振捣密实的问题上更加突出。

3.1.6　通过对铸钢件计算机模型中连接板的统计，连接板共有 39 块，焊缝总长度达到 21m，如此数量的连接板与铸钢件焊接，对铸钢件本身的质量将产生不可估计的影响，而且斜柱夹角内后焊的连接板将引起严重的质量隐患。铸钢件牛腿壁厚为 60mm，根据《建筑钢结构焊接技术规程》（JGJ 81—2002）第 3.0.4 条规定：焊接 T 形、十字形、角接接头，当其翼缘板厚度等于或大于 40mm 时，设计宜采用抗层状撕裂的钢板，但铸钢件的晶粒致密度要远远低于普通钢板。夹角内节点（如下图 B、C 点所示）采用

的是两端约束焊接。在焊接 A、B、C 点时所有的焊接收缩变形产生的拉力将直接传递到铸钢件牛腿上，其抵抗力将全部由铸钢件厚度方向来承担，会直接导致 B、C 点处铸钢件内部出现裂纹。由于本身斜柱牛腿内侧范围空间较小，两道劲板又将空间划分成三部分，如图 6-15 所示，其中图中 A 点的焊接空间分别 65mm 和 152mm，且牛腿高度为 700mm（即单条焊缝长度为 700mm），施焊空间不足，无法保证焊接质量。

经过对第二次深化设计结果的三维模型分析，可

见该铸钢节点深化模型仍缺乏施工可操作性。钢筋相互碰阻的现象仍然十分严重，封闭箍筋无法施工，节点区斜柱阴角处设置的连接板影响铸钢件质量等问题尚需通过改进深化设计来解决。

3.2　针对第三次深化设计的三维模型分析

针对第二次深化设计结果存在的问题，在保持铸钢牛腿伸出节点长度不变情况下将铸钢节点向下延伸，如图6-16所示。

根据图纸说明中钢筋与铸钢节点连接要求，在不考虑铸钢设置栓钉的情况下进行计算机三维模型模拟穿插、连接钢筋。模拟过程中，发现仍存在如下问题：

3.2.1　斜柱夹角内侧纵筋遇铸钢节点用连接板连接，导致斜梁内侧6根（每边3根）底筋无法与铸钢件连接，且无穿插空间，如图6-17所示。

3.2.2　斜梁外侧6根（每边3根）底筋与短柱、环梁纵筋碰堵无法伸入节点区，如图6-18所示。

3.2.3　铸钢件范围外斜柱外侧共有24根（两侧各12根）钢筋无法伸出节点区，层叠、碰堵现象严重，如图6-19所示。

3.2.4　铸钢节点外短柱纵筋在与斜梁夹角处共有10根（两侧各5根）碰堵环梁底筋连接板，无法锚入斜柱内，如图6-20所示。

3.2.5　铸钢节点处环梁箍筋共有16根（两侧各8根）与斜梁铸钢牛腿及环梁连接板相遇无法封闭，也无法施焊连接板；斜梁交汇区梁箍筋3根遇型钢无法封闭；短柱箍筋7根遇铸钢梁牛腿无法封闭，且焊接连接板无操作空间，如图6-21所示。

3.2.6　铸钢件节点区底部砼仍存在无法振捣密实的问题。斜柱夹角范围内，存在一定范围的阴角区

图6-17　斜梁底筋碰堵柱连接板示意图

图6-18　斜梁底筋遇短柱、环梁底筋示意图

图6-19　铸钢节点外斜柱纵筋示意图

图6-20　短柱纵筋遇环梁连接板示意图

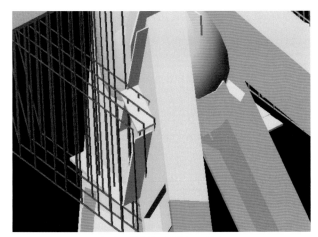

（a）环梁箍筋无法封闭示意图

（b）斜梁交接处箍筋无法封闭示意图

（c）短柱箍筋无法封闭示意图

图6-21 箍筋无法封闭示意图

域，对混凝土浇捣密实明显不利，同时连接板的大量使用，对节点区域混凝土浇捣更加不利。

3.2.7 通过对铸钢件计算机模型中连接板的统计，连接板共有 36 块，焊缝总长度达到 15m，且设计图中要求铸钢件内外壁需要焊接栓钉，其中外壁栓钉焊接数量为 380 颗左右，内壁栓钉焊接数量为 130 颗左右，但内壁空间狭小，栓钉无法焊接，如此大的焊接量对铸钢件本身的质量将产生不可预计的影响。

3.2.8 与铸钢件焊接的连接板，在工厂施焊，容易保证焊接质量，但现场钢筋穿插避让比较复杂，连接板先在工厂加工定位后，容易引起钢筋连接不上连接板的问题，所以在现场焊接连接板容易避免这样的问题。同时由于节点区域穿插的钢筋密集，现场焊接连接板操作空间小，焊接质量不易保证。因此现场焊接连接板与保证焊接质量是一个无法解决的矛盾。

通过对第三次深化设计结果的三维模型分析，可见该内埋式铸钢节点的施工难度超出预期。要保证其施工质量，仍需要进一步深入研究探讨。通过对前几次深化设计的验证，可以看出：

1. 对深入节点区遇到铸钢件的钢筋，采取统一的连接板焊接实现锚固的形式不能符合施工可操作性的要求，必须针对构件相交汇的特点不同采取针对性的锚固形式；

2. 节点区水平箍筋的封闭采取在铸钢件上增加连接板焊接的形式不可取，增加的连接板不但严重影响主筋的穿插，还会因数量过多直接影响铸钢件本身的质量；

3. 铸钢件焊接栓钉数量巨大，对其抗剪件形式和数量不做出调整，则节点区无法顺利施工；

4. 阴角区钢筋的布置形式除了满足焊接施工的可能性，还要兼顾混凝土的浇筑质量保证，因而设置的连接板形式应力求简练。

3.4　第四次深化设计钢筋调整

第四次深化设计对节点区的钢筋数量进行了调整，将环梁内 Φ28 的主筋调整为 Φ32，环梁中部筋（即跨中截面的底筋）遇铸钢件的均断开设置，斜柱纵筋由 Φ32 调整到 Φ36。节点区主筋的调整情况如表 6-1 所示。

节点区主筋调整情况表　　　　　　　　　　　　　　　　　　表 6-1

构件	截面（m）	主筋	调整后
环梁	1500×2200/1200×2200	面筋：21Φ28 中部筋：18Φ28 扭筋：Φ20@150 底筋：17Φ28	面筋：17Φ32 中部筋：16Φ28 扭筋：Φ20@150 底筋：13Φ32
斜梁	800×1000	面筋：7Φ25 底筋：12Φ25	未调整
斜柱	800×1200	主筋：36Φ32	主筋：28Φ36
短柱	1500×1500	主筋：40Φ32	主筋：32Φ25

钢筋数量调整后，减轻了钢筋在节点区相互碰阻的情况。调整后的节点区与原设计情况有较大改变。根据第四次深化设计的结果，第二次进行现场的 1:1 模型试验来验证深化设计成果，以确定其施工可操作性。

第四节　第二次现场全过程模型试验验证

4.1　第二次现场模型试验情况

第二次现场模型施工验证试验采用全过程模拟，相关工艺环节与现场实际施工工况一致，主要包括铸钢节点安装工艺、模板支设工艺、钢筋绑扎工艺及混凝土浇捣工艺。以下主要对钢筋绑扎施工过程中反映出的问题进行总结。

在综合考虑后，钢筋绑扎的顺序为：V 形斜柱 →V 形斜梁→环梁→短柱，存在的主要问题如下：

4.1.1　环梁内侧底部 6 根钢筋需断开设置，如不断开设置，则无施工空间，如图 6-22 所示，底筋在该区域已经没有排布间距。

4.1.2　由于 V 形柱阻断了 V 形梁、顶环梁支模架的竖向传力路径，所以需要先浇捣 V 形柱至环梁底，而此时根据施工顺序短柱纵筋不可能绑扎（如此时绑扎短柱，混凝土无施工空间，将无法浇捣）。短柱纵筋伸入 V 形斜柱内的形式需确定。

4.1.3　连接板的准确定位存在难度。为保证质量，连接板在工厂加工，位置预先确定而不能到现场临时调整。由于梁钢筋及柱钢筋的相互避让及连接板的施工焊接误差，模型试验中出现多次连接板与应焊接的钢筋偏位较大的情况，如图 6-24 所示。

4.1.4　节点区环梁箍筋无法封闭，如图 6-25

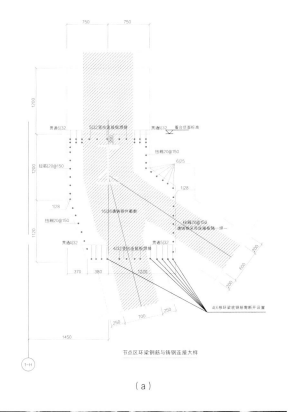

节点区环梁钢筋与铸钢连接大样

（a）

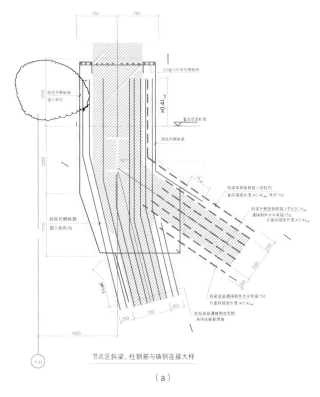

节点区斜梁、柱钢筋与铸钢连接大样

（a）

（b）

图6-22 环梁底筋无施工空间

（b）

图6-23 短柱纵筋无法施工示意图

所示。

4.1.5 部分斜柱内侧纵筋因角度原因不能伸到梁顶，否则会伸出短柱之外。如图6-26所示。

经过第二次现场模型试验对设计结果的验证，可以看出，与前几次深化设计结果相比，本次钢筋调整后的铸钢节点深化设计已基本具备施工可行性，钢

图6-24　V形梁下斜柱连接板

图6-25　节点区环梁箍筋无法封闭

图6-26　斜柱纵筋伸入节点区角度

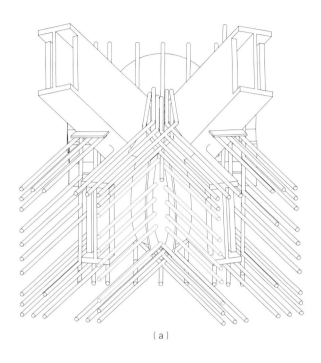

（a）

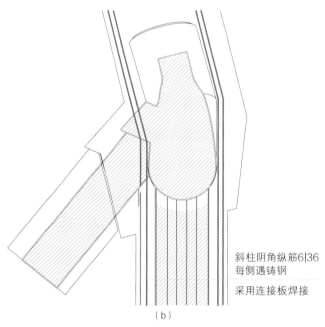

斜柱阴角纵筋6|36
每侧遇铸钢

采用连接板焊接

（b）

图6-27 斜柱弧形板连接钢筋示意图

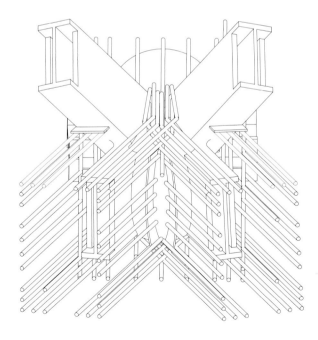

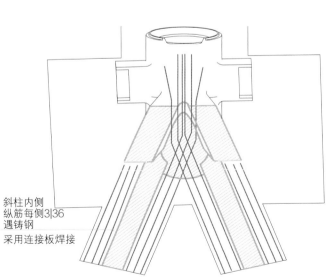

斜柱内侧
纵筋每侧3|36
遇铸钢

采用连接板焊接

图6-28 斜柱与型钢梁碰阻钢筋连接示意图

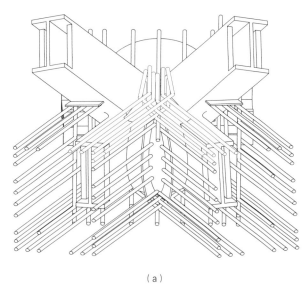

（a）

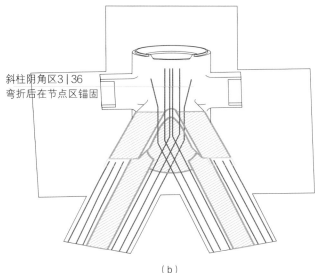

斜柱阴角区3ϕ36
弯折后在节点区锚固

（b）

图6-29　阴角部位锚固钢筋示意图

筋相互碰阻的情况大为改观。试验中仍存在的问题，通过进一步的深化设计是可以解决的。

4.2　针对铸钢节点施工深化设计的相关结论

根据两次模型试验研究和多次计算机三维建模分析，进行了内埋式铸钢节点第五次深化设计，详细确定了每一根钢筋的具体锚固方式、伸入节点区的长度以及大致穿插部位，为现场施工可行性提供可靠支撑。针对铸钢节点施工深化设计的具体相关结论总结如下。

4.2.1　斜柱钢筋的锚固方法

1. 阴角部位与铸钢件碰阻钢筋的锚固方式

斜柱阴角部位的钢筋与铸钢件碰阻，采用连接板焊接。如图6-27所标注的红色钢筋，内侧中间每侧各6ϕ36钢筋通过连接板焊接与铸钢件相连，连接板的形式为弧形板。

2. 与型钢梁碰阻钢筋的锚固方式

斜柱与型钢梁碰阻的钢筋每侧有3ϕ36，如图6-28所标注的红色钢筋，采用连接板焊接。

3. 阴角部位锚固钢筋的锚固方式

阴角部位不与铸钢件碰阻的钢筋共有8ϕ36，可以弯折后伸入节点区。如图6-29所示，红色钢筋在节点区锚固，满足规范允许锚固长度（L_{aE}）。

4. 与环梁碰阻钢筋的锚固方式

斜柱纵筋伸入节点区后，每侧各有2ϕ36遇环梁型钢。如图6-30所示，红色钢筋遇型钢截断，满足自环梁底规范允许锚固长度（L_{aE}）。

5. 铸钢件范围外钢筋的锚固方式

除上述钢筋遇铸钢件碰阻外，每侧各有13ϕ36钢筋都可顺利伸入节点区。如图6-31所示，红色钢筋贯通节点区，并伸出节点区$0.4L_{aE}$，水平弯锚15d。

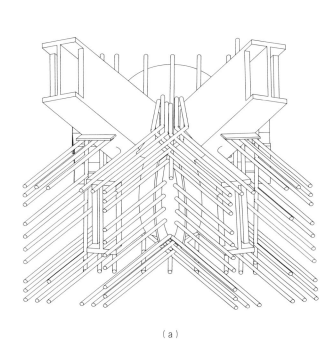

（a）

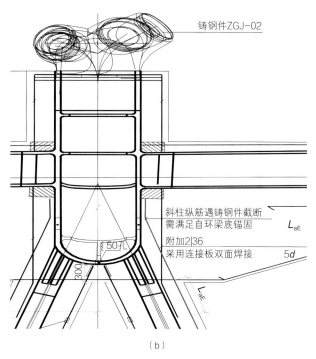

铸钢件ZGJ-02

斜柱纵筋遇铸钢件截断
需满足自环梁底锚固

L_{aE}

附加2⏉36
采用连接板双面焊接

$5d$

L_{aE}

（b）

图6-30　与环梁碰阻钢筋锚固示意图

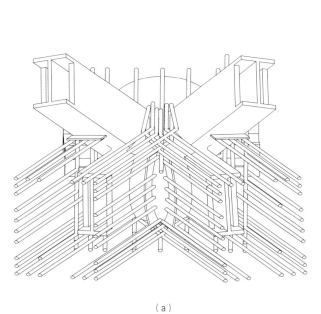

（a）

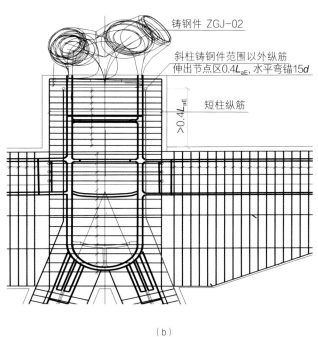

铸钢件 ZGJ-02

斜柱铸钢件范围以外纵筋
伸出节点区0.4L_{aE},水平弯锚15d

>0.4L_{aE}

短柱纵筋

（b）

图6-31　铸钢件范围外的钢筋锚固示意图

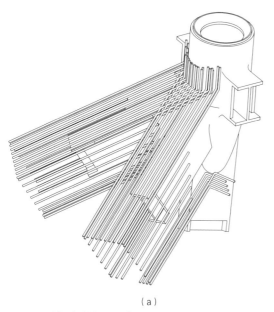

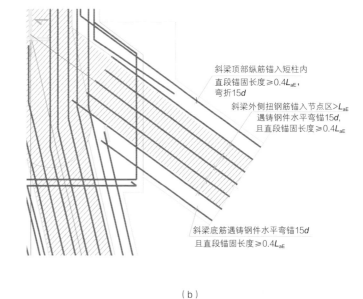

斜梁顶部纵筋锚入短柱内
直段锚固长度≥0.4L_{aE}，
弯折15d

斜梁外侧扭钢筋锚入节点区>L_{aE}
遇铸钢件水平弯锚15d，
且直段锚固长度≥0.4L_{aE}

斜梁底筋遇铸钢件水平弯锚15d
且直段锚固长度≥0.4L_{aE}

（a） （b）

图6-32 斜梁钢筋锚固示意图

4.2.2 斜梁钢筋的锚固方法

从两次模型试验和计算机模拟分析的情况来看，斜梁钢筋在斜柱钢筋绑扎就位后，很难再逐根全部伸入节点区。斜柱钢筋数量减少后，有利于减少斜梁钢筋全部伸入节点区的难度，但钢筋与铸钢件焊接的问题仍然难以解决。因此斜梁钢筋的锚固，全部采用遇铸钢件水平弯锚15d的方式解决，同时要求直段长度不小于0.4L_{aE}。斜梁钢筋的锚固示意图如图6-32所示。

4.2.3 环梁钢筋的锚固方法

1. 环梁上部筋的锚固方式

环梁上部钢筋的穿插难度不大，除了与铸钢件碰阻的钢筋外，铸钢件范围外两侧各6ϕ32可以贯通。遇铸钢件的钢筋共有5ϕ32，采用竖向连接板焊接，如图6-33（a）所示。

2. 环梁中部筋的锚固方式

顶环梁为变截面环梁，跨中处环梁底筋伸入节点区，即环梁中部筋。环梁中部钢筋角部2ϕ28贯通，中部14ϕ28伸入加腋区2m截断，不与铸钢件相交，如图6-33（b）。延截面布置的扭筋遇铸钢件采用连接板隔一焊一的方式连接，每侧共有2ϕ20与连接板焊接。

3. 环梁底筋的锚固方式

环梁底筋在阴角部位穿插的空间较小，无法实现贯通，因而采取相互搭接的形式，共有6ϕ32的钢筋。环梁底筋遇铸钢件的有4ϕ32，采用竖向连接板焊接，铸钢件范围外还有3ϕ32的钢筋可以贯通。

4.2.4 短柱钢筋的锚固方法

1. 遇环梁型钢碰阻钢筋的锚固方式

短柱纵筋下插时，每侧各1ϕ36的钢筋与环梁型钢碰阻。碰阻的钢筋采用竖向连接板连接，双面焊接5d，同时在环梁底面附加1ϕ36的钢筋，同样与采用竖向连接板连接，双面焊接5d。示意如图6-34（a）所示。

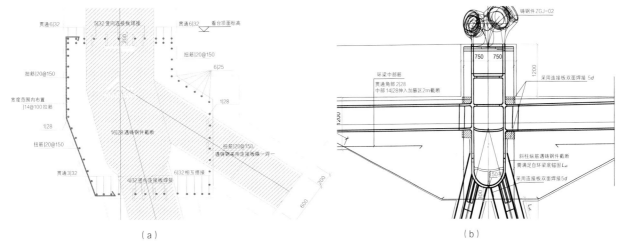

（a）

图6-33　环梁钢筋锚固情况示意图

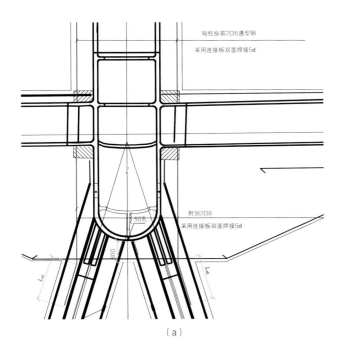

（a）

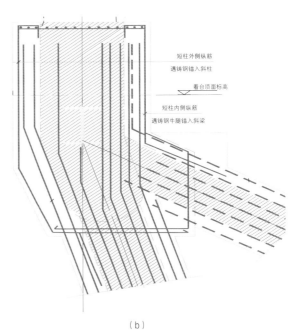

（b）

图6-34　短柱钢筋锚固示意图

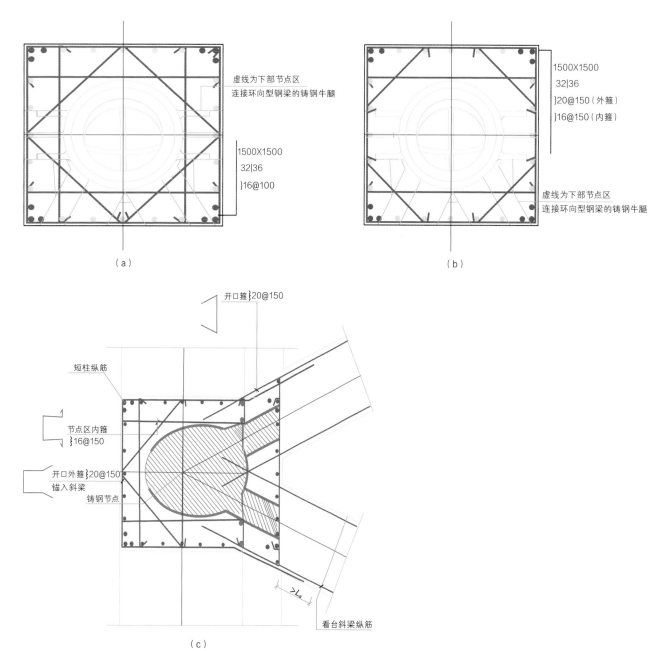

图6-35　节点区箍筋详图

2. 遇斜梁斜柱牛腿碰阻钢筋的锚固方式

短柱纵筋下插时，短柱内侧纵筋遇铸钢牛腿锚入斜梁，短柱外侧纵筋遇铸钢牛腿锚入斜柱。

3. 短柱钢筋插筋的锚固方式

短柱钢筋需插入斜柱内，且需满足抗震锚固长度 L_{aE}。短柱纵筋宜贯通，但受施工顺序影响，斜柱混凝土浇筑至环梁底时短柱钢筋尚未施工。短柱纵筋可伸出环梁底面在节点区用套筒连接。

4.2.5 铸钢件表面突沿设计

内埋式铸钢件表面需要连接的栓钉的焊接量大，连接板数量多，为减缓焊接引起的残余应力的影响，用剪力件来代替栓钉，并在铸钢件表面设置突沿，剪力件及连接板都焊接在突沿上。

4.2.6 节点区箍筋设计

环梁的封闭箍布置至节点区短柱处则不再设置，仅布置阴角区域的开口箍；短柱箍筋在节点区的间距进行调整，从间距 100 调整为间距 150，但箍筋的直径增大，且在斜梁牛腿处采用开口箍。短柱箍筋在节点区外的形式如图 6-35（a）所示，在节点区内的形式如图 6-35（b）所示，且外箍如遇型钢梁腹板则在腹板上开口穿过，短柱箍筋在斜梁牛腿处的形式如图 6-35（c）所示。

第五节 大环梁铸钢节点区混凝土施工工艺探索

5.1 节点区混凝土配合比研究

5.1.1 高流态小石子混凝土性能与配合比设计原则

内埋式铸钢节点外裹钢筋密集排布，再加上铸钢件表面剪力件、连接板数量多，都会阻碍混凝土

的顺利通过导致离析。普通混凝土即使能够顺利灌入，也会因缺少振捣而导致密实度问题。另外，考虑到内埋式铸钢节点区通常属于大体积混凝土，需要加强控制水化热，为减少水化热，控制节点区裂缝，考虑采用高流态小石子混凝土。小石子混凝土能够满足较高流动性的要求，且粗骨料粒径控制在 ≤ 20mm，能够较顺利通过钢筋排布密集区域，减少混凝土离析现象发生的可能性。小石子混凝土在施工工艺上与普通混凝土相同，也有利于工人操作，便于控制施工质量。

混凝土配合比设计应遵守以下原则：

1. 选择优质的原材料，包括水泥品种和性能，砂石材料规格和级配等。

2. 满足工作性的条件下，采用尽可能小的水胶比、最优的砂率及适量外加剂。

3. 满足强度的前提下，使水泥或胶凝材料的用量尽量小，即混凝土浆体体积率应尽可能小（全部胶凝材料与水的体积占混凝土总体积的百分比），最好不超过 35%。

4. 选择合理的组成材料及其单位用量，以满足耐久性及特殊性能的要求。

5. 掺入效果好、流动性保持能力强的多功能复合型外加剂，以改善和提高混凝土的综合性能。

6. 选用适当的掺合料，如粉煤灰、硅粉等，以改善混凝土的工作性和耐久性，节约水泥，降低成本。

7. 具有合理的经济性。

5.1.2 节点区混凝土配合比设计

C50 小石子混凝土的配合比设计情况如下：

1. 原材料

混凝土通过优选原材料，水泥选用尖峰集团生产的强度等级为 42.5 的普通硅酸盐水泥；细集料均

采用江西赣江河砂，细度模数 2.8；粗集料均采用萧山石门碎石，最大粒径 ≤ 20mm；外加剂均选用国信 GX-34 高性能减水剂聚羧酸；掺合料均选用海通 II 级粉煤灰、金龙 S95 矿粉。

2. 配合比设计

根据混凝土配合比设计的基本原则和工程要求，在标准条件下，合理选择水灰比、单位用水量和砂率等主要参数，计算各组成材料的单位用量，并通过对比试验得出优化配合比及性能结果。小石子混凝土的配合比确定如表 6-2 所示。

混凝土配合比 表 6-2

类别	单位用量（kg/m³）						
	水泥	细集料	粗集料	水	矿粉	粉煤灰	外加剂
小石子 C50	326	678	1018	145	96	58	4.8

3. 工作性能和力学性能

试验表明，小石子混凝土的坍落度在（240 ± 20）mm，工作性能满足施工工艺要求。

混凝土立方体抗压强度试验结果显示，该配合比混凝土能满足强度要求，7d 龄期的强度已经达到 44.9MPa，28d 龄期的强度均 ≥ 57MPa。

5.2 节点区混凝土浇捣工艺

5.2.1 混凝土浇捣整体顺序

1. 25.600m 以上斜柱分段浇捣，第一段浇捣高度为 1.5m；以上每段浇捣高度 ≤ 4.5m，斜柱混凝土浇捣至看台顶环梁底标高处。

2. 斜柱浇捣完成后，环梁及上部看台一起浇捣施工，混凝土浇捣至环梁顶标高。

3. 待节点区混凝土浇捣完成，采用普通混凝土浇捣环梁节点处短柱。

整体浇筑顺序如图 6-36 所示。

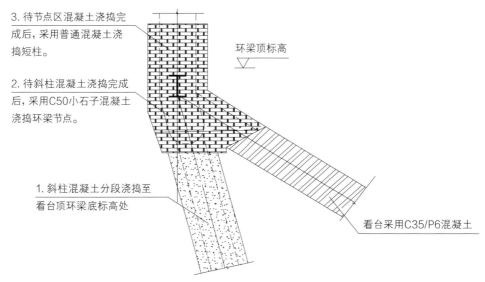

3. 待节点区混凝土浇捣完成后，采用普通混凝土浇捣短柱。

2. 待斜柱混凝土浇捣完成后，采用C50小石子混凝土浇捣环梁节点。

环梁顶标高

1. 斜柱混凝土分段浇捣至看台顶环梁底标高处

看台采用C35/P6混凝土

图6-36 梁混凝土施工顺序图

5.2.2 节点区混凝土施工要点

1. 混凝土浇筑时，尽量减少泵送过程对混凝土高流动性的影响，减少对和易性的影响。

2. 浇筑过程中设置专门的专业技术人员在施工现场值班，确保混凝土质量均匀稳定，发现问题及时调整。

3. 浇筑时在浇注范围内尽可减少浇筑分层（分层厚度取为 0.8～1m），使混凝土的重力作用得以充分发挥，并尽量不破坏混凝土的整体粘聚性。

4. 节点区混凝土浇捣应采取必要的辅助措施。在节点处下部预埋导管；在环梁外侧下部模板内衬 500×500 有机玻璃，作为混凝土施工的观测孔，如图 6-37b 所示。

5. 节点区混凝土不能直接振捣，可适当对外侧模板进行敲击来辅助；且应严格控制振捣时间，避免过振。

5.3 节点区混凝土养护

5.3.1 节点区混凝土养护措施

混凝土浇筑完毕后，及时覆盖塑料薄膜，并加盖纤维毯，安排专人淋水养护，保持混凝土湿润状态。养护时间 14d，确保混凝土表面与内部温差小于 25℃。养护工作由专人负责，以确保施工质量。

5.3.2 节点区混凝土温度监测

在内埋式铸钢节点模型试验中，为监控环梁内部混凝土的温度，在每个环梁节点处预埋 8 个测温点，分 2 组分别用温度计和电子测温仪测温。1 号测温探头位于环梁顶标高下 20cm；2、3 号测温探头位于环梁顶标高下 1160cm；4 号测温探头位于环梁底标高上 20cm；测温探头预埋位置如图 6-38 所示。

测温在混凝土终凝以后开始，浇筑后 24h 内，每 2h 测温一次，浇筑后 2～7d，每 4h 测温一次，

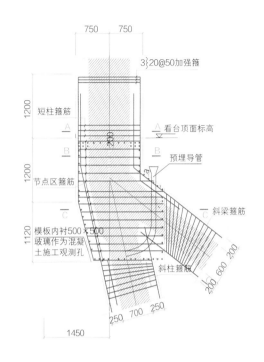

（a）节点区插入导管

（b）节点区观测孔布置

图6-37 节点区混凝土浇筑辅助措施

测温时间为 7d。采集环梁内部温度变化的数据，并绘制成环梁内部温度变化曲线表，如图 6-39 所示。可以看出，环梁内部温度在第二天达到最高，最高中部温度为 90℃；最高下表面温度为 85℃；最高下表面温度为 81℃。里表温差在第 3、4 天达到最大，温度差最高达到 16℃。

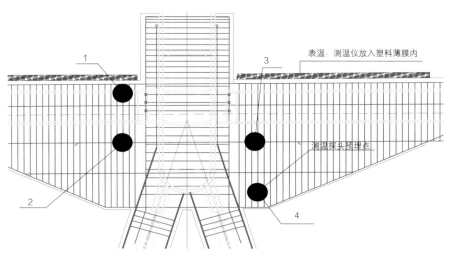

图6-38　测温点预埋位置示意图

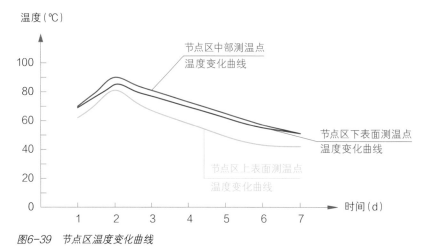

图6-39　节点区温度变化曲线

图6-40　环梁节点取芯

图6-41　取芯效果图

5.4　混凝土施工效果

根据上述技术环节的控制，节点区混凝土施工拆模后没有发现空洞、麻面等质量问题。为了解节点区混凝土内部密实情况，进行了取芯验证，取芯结果证明，混凝土内部密实度良好，达到了预期的效果。

第六节 结论

内埋式铸钢节点造型独特、钢筋穿插复杂，钢筋绑扎、混凝土浇筑等工艺流程与传统工艺有较大区别，通过杭州奥体中心主体育场工程内埋式铸钢节点的施工深化设计和现场模型试验，对内埋式铸钢节点的施工技术探索总结如下：

6.1 内埋式铸钢节点形式复杂，交汇的钢筋混凝土构件多，外包裹钢筋密集，进行铸钢节点的深化设计时必须考虑其外包钢筋的排布和锚固。复杂空间节点的深化设计仅凭传统手段不足以体现空间位置关系，无法反映施工可操作性。可通过计算机三维模型深化结合现场模型试验的方法，细致分析节点区的钢筋连接方式，建议的深化过程为：初步深化→模型试验→计算机模拟→样板验证。

6.2 内埋式铸钢节点的深化设计应细致到每一根主筋的通过方式，每一段箍筋的封闭形式。铸钢件外裹钢筋的空间位置关系相互关联，一根钢筋位置的细微调整都可能对其他钢筋的布置产生影响，因此，深化工作必须细致深入，轻视任一项内容都可能导致无法顺利施工。

6.3 内埋式铸钢节点在施工过程中不可避免会出现大量的焊接作业，对铸钢件本身的影响将不可预计，应当采取有效措施保证铸钢件质量。在深化设计阶段确定铸钢件表面布置的剪力键、连接板或套筒的位置，在该处设置突沿，即厚度增加 30 ~ 50mm，减轻焊接引起的不利影响。

6.4 内埋式铸钢节点的钢筋绑扎必须严格按照技术方案的顺序，否则易出现钢筋无法插入的情况；钢筋与铸钢件的连接宜采用连接板焊接的形式，对于定位不准确的钢筋可以增加次连接板焊接。

6.5 内埋式铸钢件易形成空腔，根据常规施工流程混凝土无法灌入，可考虑空腔注浆技术灌注该部分空腔。灌浆材料宜选用高强无收缩材料，灌浆方式宜采用高压注浆。

6.6 内埋式铸钢节点适宜采用高流态小石子混凝土，其胶凝材料用量小，水化热较低，浇捣后裂缝发展较容易控制。经实践证明，采用高流态小石子混凝土浇筑内埋式铸钢件节点可保证节点区混凝土施工质量。

6.7 内埋式铸钢节点浇筑完毕后应及时养护，覆盖塑料薄膜并加盖纤维毯，安排专人淋水养护，保持混凝土湿润状态。养护时间 14d 以上，确保混凝土表面与内部温差小于 25℃。养护工作由专人负责，以确保施工质量。

第七章　塔吊标准节高空转换组合支模体系的研发和应用

第一节　工程概况

杭州奥体博览中心主体育场工程为 8 万座的特级特大型体育建筑，总建筑面积为 216094m²，地上 6 层，地下 1 层，地上有上、中、下三层看台，建筑高度 60.74m（混凝土顶环梁呈马鞍形，结构高度 36.445～42.445m），主体育场看台为钢筋混凝土框架剪力墙结构，屋盖为空间管桁架＋弦支单层网壳钢结构体系。

本工程上层看台顶部外边缘设有变截面型钢混凝土环梁，联系上部钢结构屋盖与下部劲性混凝土结构（包括两根混凝土斜柱、两根混凝土斜梁），这是工程的施工难点之一，也是确保现场管理目标实现的关键。环梁节点为看台环梁、看台斜柱、看台斜梁的交叉点，内部为直径 900 的圆柱形铸钢件，此处环梁截面为最大。环梁截面尺寸大，形状变化多，梁截面高尺寸由支座处的 2.32m 变化至跨中的 1.2m，宽 1.5～1.6m，梁面标高由 36.445m 变化至 42.445m，共计 79 跨，每跨梁的跨度约为

10.5m，如图 7-1～图 7-3 所示，环梁平面投影中线均落在二层结构平台上（标高 7.600m）。标高较高并向外悬挑，悬挑长度约 8.5m，如图 7-4 所示，施工所需支模架搭设高度约 30～36m，属于超高超重大悬挑结构，其模板支撑体系的设计和施工难度很大。传统的模板支撑体系在该工程顶环梁的施工中适用性不强，不能满足施工要求。这就对需要采用的模板支撑体系提出了更高的要求：搭设速度快，拆卸方便；构成形式灵活，能适应不同建筑造型的施工要求；具有较高的承载力和足够的刚度。

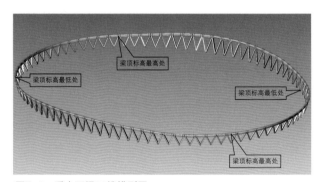

图7-1　看台环梁三维模型图

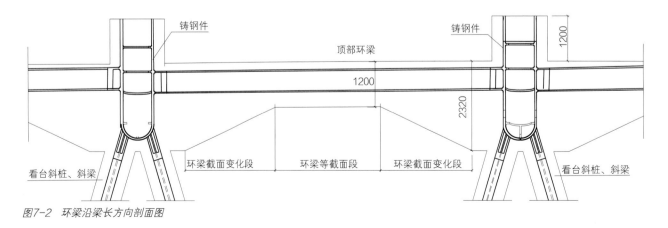

图7-2　环梁沿梁长方向剖面图

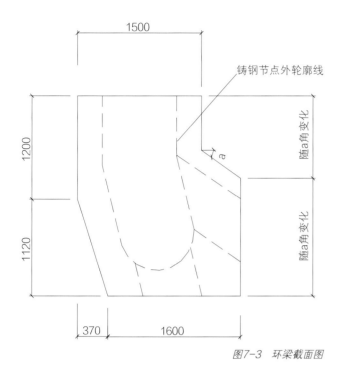

图7-3　环梁截面图

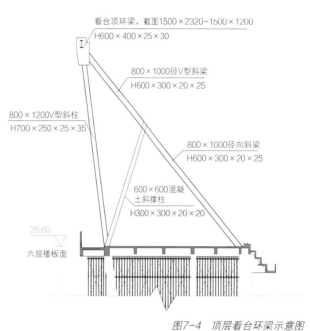

图7-4　顶层看台环梁示意图

图7-5　环梁位置实景图

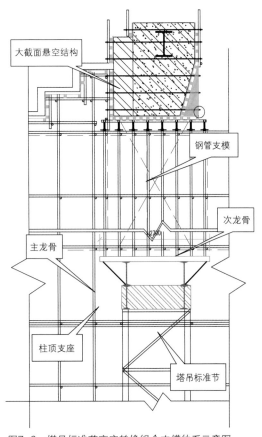
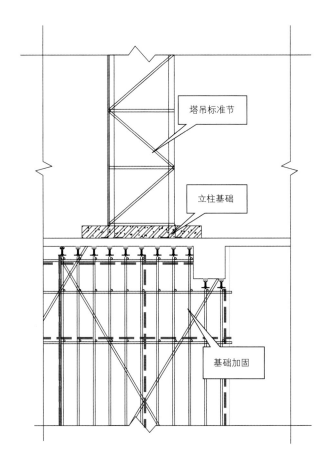

图7-6　塔吊标准节高空转换组合支模体系示意图

现场技术团队人员经过多种方案对比，总结国内外众多大型空间结构的施工经验，提出了一种新型的高支模体系——塔吊标准节高空转换组合支模体系，该模板支撑体系构造灵活、搭设方便快捷、承载能力高、稳定性好，有效解决了高空悬挑大截面梁的施工难题（图7-5）。

部钢管支模架组成。整个支模体系传力路径如下：悬挑结构→钢管支模架→平台次龙骨→平台主龙骨→钢平台→塔吊标准节→立柱基础，如图7-6所示。当立柱基础落于楼层结构时，采用钢管支模架、格构柱顶撑等加固方式将上部荷载往下传递至地下室底板。

第二节　高空支模施工方案的构造设计

2.1　塔吊标准节高空转换组合支模体系

塔吊标准节高空转换组合支模体系是格构式转换平台支模体系的一种，主要由立柱基础、塔吊标准节、钢平台、主龙骨、次龙骨、及主、次龙骨上

2.2　施工方案重点考虑问题

2.2.1　格构平台选材：格构平台材料如何选定，如何在保证安全的前提下，减少费用、缩短工期；

2.2.2　格构柱基础加固：格构柱柱底立于二层楼板上（+7.25m），如何才能简单、安全地加固二层楼板；

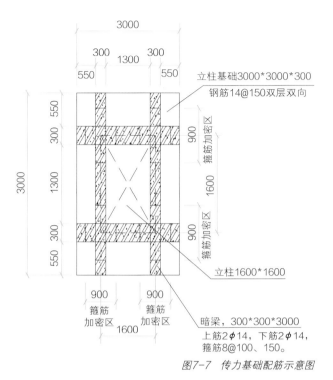

图7-7　传力基础配筋示意图

图7-8　钢平台平面布置图

2.2.3　格构平台搭设：格构平台如何搭设，使主龙骨受力顺利传递到格构柱主肢上；

2.2.4　斜柱碰阻：环梁支模架范围内有结构斜柱，支模体系与斜柱碰阻时如何处理；

2.2.5　增加架体稳定性：顶环梁支模架承受荷载大，支模架搭设高度高，如何提高架体的稳定性，确保环梁施工顺利完成。

2.3　格构柱的选材

格构柱截面的大小可根据悬空支模构件大小和格构立柱的布置情况，经过计算来确定。格构柱可采用型钢现场焊接拼装，也可根据受力大小，选择施工电梯标准节、塔吊标准节等定型化标准节拼装。

经过多方案的比较，格构平台采用塔吊标准节作为格构柱组合件，每个标准节高度为2.8m，自重为770kg/节。其竖向主弦杆采用4根135mm×135mm×10mm方钢管，外截面尺寸为1600mm×

1600mm，缀杆采用65mm×65mm×5mm的方钢管。相邻标准节用8个Q345、M30（10.9级）螺栓连接。

2.4　基础加固方式

考虑到现场地下室顶板已经完成，格构柱等大型支撑构件在地下室内搬运困难，将塔吊标准节支承体系搭设在二层顶板上。格构柱搭设前，在二层顶板上预先浇捣一个3000mm×3000mm×300mm的混凝土传力基础，基础内预埋M30螺栓，与塔吊标准节螺栓孔相连。基础混凝土等级为C30，内配14@150双层双向钢筋，基础内设四道300mm×300mm×3000mm暗梁。暗梁上筋2ϕ14，下筋2ϕ14，箍筋ϕ8@100/150。每个传力基础的间距为5.25m，塔吊传力基础下部用钢管支模架加固，加固范围为4000mm×4000mm，支模架立杆纵横距均为400mm，步距1500mm，加固至地下室底板，

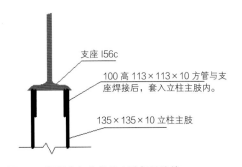

图7-9　钢平台与格构柱主弦杆的连接

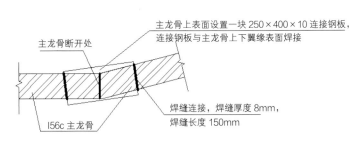

图7-10　主龙骨断开处连接示意图

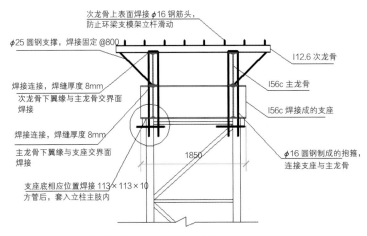

图7-11　主、次龙骨与钢平台相互连接示意图

加固支模架剪刀撑按规范相应要求设置。传力基础配筋平面图如图 7-7 所示。

2.5　格构平台的搭设

格构柱上方设置一个 I56c 焊接而成的口型支座，作为主龙骨与格构柱主肢的传力装置，平面尺寸为 1800mm×1630mm，钢平台的中心线与塔吊标准节的主轴线重合，钢平台平面布置图如图 7-8 所示。支座焊接 8 根长 100mm 的 113mm×113mm×10mm（厚）小方管后套入立柱主弦杆内，防止支座从格构柱顶滑落。如图 7-9 所示。

2.5.1　主、次龙骨

主龙骨采用工字钢 I56c，设置在钢平台上方两侧，两环向 I 字钢中心距为 1400mm，呈折线布置。主龙骨断开处，在主龙骨表面设置一块 250mm×400mm×10mm 的连接钢板，与主龙骨上下翼缘表面焊接，如图 7-10 所示。

次龙骨采用工字钢 I12.6，每根次龙骨长 2.7m，间距 400mm，横铺在主龙骨上，次龙骨上部焊有钢筋头，以便上部环梁支模架钢管立于次龙骨上方，避免滑移，次龙骨与主龙骨间采用焊缝连接。主、次龙骨与钢平台的连接如图 7-11 所示。

2.5.2　斜柱碰阻的处理

由于环梁支模范围内有结构斜柱，支模体系与斜柱存在局部碰阻的情况，考虑通过降低格构平台的高度来避免。格构平台标高的确定原则为：

1. 在不触碰到双斜柱的前提下，格构平台能搭设的最大标高；

2. 格构平台标高统一；

3. 局部格构柱顶的标准节高度采用定制。

最终格构平台标高确定为 28.4m。斜柱上设双钢管柱箍，被斜柱打断的支模体系立杆立于斜柱柱箍上。

第三节　高空支模施工方案的现场实施要点

3.1　施工工艺流程

塔吊标准节高空转换组合支模体系施工工艺流程如图 7-13 所示。

3.2　施工方案实施要点

3.2.1　塔吊标准节立柱基础施工

本工程中，塔吊标准节立柱基础立于二层楼面上，立柱沿环梁环向布置，一个梁跨内布置 2 个，每

图7-12　高空支模施工方案现场实施实景图

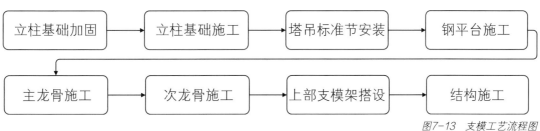

图7-13　支模工艺流程图

个立柱基础的间距为5.25m，下部采用钢管支模架对基础进行加固。加固范围为4000mm×4000mm，支模架立杆纵横距均为400mm，步距1500mm，加固至地下室底板，加固支模架剪刀撑按规范相应要求设置。钢管支模架在楼层结构施工时提前预设。后设的竖向支撑不能与原结构接触紧密。竖向支撑加固示意图如下图7-14所示。

基础内通过预埋螺栓方式与上部立柱连接。基础必须与楼板结构有效连接，防止立柱底部受弯矩而倾覆。为确保预埋螺栓的精度，预埋螺栓上部先安装一个塔吊标准节。基础、上部立柱和楼板的连接示意图如图7-15所示。

3.2.2 塔吊标准节组合格构柱施工

1. 格构柱拼装

立柱采用定型化标准节拼装，立柱上下段拼装时应确保其平整度和垂直度，垂直度应控制在2/1000以内，拼装时应采用塔吊或汽车吊等起重机械吊装，塔吊标准节的吊装如图7-16所示。

2. 确保架体侧向稳定的措施

（1）立柱沿柱高设置抱箍，与周边支模架或结构相连，抱箍设置间距不超过周边支模架步距的2倍。

（2）立柱若与下部楼层结构碰阻，宜将立柱埋入楼层结构内。根据格构柱的布置情况，部分格构平台立柱从六层楼板（+25.50m）中穿过，为加强立柱的侧向稳定性，在楼层结构施工前，在立柱位置预留孔洞，将立柱的塔吊标准节浇入六层楼板中，如图7-17所示。

3.2.3 柱顶支座钢平台处理

柱顶部应设置支座，将型钢主龙骨的受力顺利传递到立柱上；支座可采用钢板、型钢焊接成的工形、

图7-14 顶板下竖向支承加固

图7-15 基础、楼板、上部立柱连接示意图

图7-16 塔吊标准节吊装

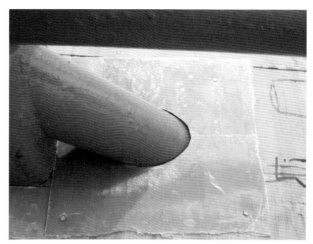

图7-17 塔吊标准节穿楼层结构做法

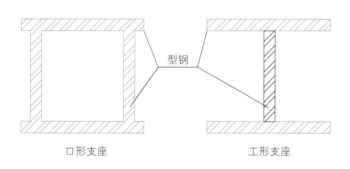

口形支座   工形支座

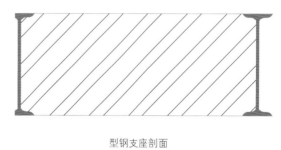

型钢支座剖面

图7-18 型钢支座示意图

图7-19 钢平台支座

图7-20 立柱与钢平台支座间的防滑措施

口形支座。工形、口形支座刚度较大，如图 7-18 所示，能顺利传力，与立柱的固定连接应有防侧移构造措施。

　　塔吊标准节柱顶安装口形支座，支座由四根 I 钢拼接而成，下部设防滑措施，在支座角部下方焊接角铁可与塔吊标准节立柱紧靠。钢平台下部焊接 4 根长 100mm，厚 10mm 的 113mm×113mm 小方管后套入立柱主弦杆内，与立柱连接。钢平台纵向型钢的轴线间距为 1465mm，与塔吊标准节钢管轴线对齐，减少传力时造成的偏心距。钢平台在吊装前，预先焊接成型，如图 7-19 所示。本工程中钢平台与立柱采取的防滑措施如图 7-20 所示。

3.2.4　主、次龙骨施工

1. 型钢材料选择

　　主龙骨常规使用材料为贝雷梁和大截面型钢，次龙骨常规选用小截面槽钢或工字钢，选取材料类型可根据计算结果决定。经过计算，主龙骨采用 I56c 钢，次龙骨采用 I12.6 钢。

2. 主龙骨的拼装

　　主龙骨拼装按使用材料的特性进行有效连接。当立柱间距过大或主龙骨成环形铺设，主龙骨不能有效连续铺设时，必须将相邻主龙骨的断开位置留在立柱支座中部，如图 7-21 所示。主龙骨间宜采用措施加强联系，现场采取在主龙骨表面设置一块 250mm×400mm×10mm 的连接钢板，与主龙骨上下翼缘表面焊接。

3. 增加架体稳定性的构造措施

　　（1）次龙骨上应增设防滑措施（可在次龙骨上焊接短钢筋），防止上部钢管支模架从次龙骨上滑落，如图 7-22 所示。

　　（2）次龙骨与主龙骨间应有可靠连接，若主龙

图7-21　主龙骨断开处留在立柱中部示意图

图7-22　次龙骨上焊接防滑措施

骨采用大截面型钢，则主次龙骨宜采用焊接连接。

　　（3）在立柱顶支座处，必须根据实际情况采取可靠的连接，如焊接、设置 U 形箍等方式，将主龙骨、柱顶支座、格构柱顶紧密联系在一起。

3.2.5　上部钢管支模架搭设

　　钢管支模架各项构造措施严格按国家规范搭设。在次龙骨上部搭设环梁钢管支模架。支模架立杆纵横距 400mm，立杆步距 1500mm，采用顶托形式。

图7-23　上部支模架搭设前

图7-24　上部支模架搭设后

（a）模板的铺设

（b）环梁钢筋的绑扎

图7-25　支模架搭设完成后

3.2.6　结构施工

待支模架搭设完成后，进行大截面悬空结构的模板铺设、钢筋绑扎、安置垫块、浇捣混凝土等一系列工作，如图 7-25 所示。

混凝土浇筑后，要及时进行养护，养护时间不少于 14d，养护期间派专人负责，做好养护记录。

3.2.7　支模体系的拆除

1. 拆除支模体系前，清除支模体系上的材料、工具和杂物。

2. 支模体系拆除时，应在周边设置围栏和警戒标志，并派专人看守，严禁非操作人员入内。

3. 拆除人员必须站在临时设置的脚手板或操作平台上进行拆除作业，并按规定使用安全防护用品。

4. 拆除工作中，严禁使用榔头等硬物击打、撬挖。

5. 拆下的型钢、钢管、扣件、脚手片应逐一递接至地面，并人工搬运至指定场所分类堆放整齐，严禁抛掷。

6.支模体系的拆除应在统一指挥下,按后装先拆、先装后拆的顺序及下列安全作业的要求进行:

该支模体系部分型钢、塔吊标准节等,体积和重量大,需借助塔吊、汽车吊、手拉葫芦等设备,塔吊标准节、格构平台拆除时需由专业人员进行。

(1)支模体系的拆除应从一端走向另一端、自上而下逐层地进行。

(2)同一层的构配件和加固件应按先上后下、先外后里的顺序进行。

(3)在拆除过程中支模体系的自由悬臂高度不得超过两步,当必须超过两步时,应加设临时拉结。

第四节 实施效果和结论

4.1 利用塔吊标准节做承重构件的高空转换组合支模体系,在搭设过程中,不仅组装方便简单,没有复杂的焊接工艺要求,施工安全可靠,架体牢固稳定,还能承受较大的荷载作用,满足超高超重大悬挑结构的挠度要求,抗剪要求。拆除后对悬挑结构进行检测,构件跨中挠度最大为3mm,完全满足施工规范要求,混凝土无明显缺陷,各项允许偏差均满足要求,施工完毕后的混凝土结构如图7-26所示。

4.2 塔吊标准节高空转换组合支模体系的运用在国内尚属首例,该支模体系的研发应用成功,对提高超高超重大悬挑结构支模架的安全性意义重大,为以后类似结构工程的施工提供了可靠的参考技术方案和实践经验。

图7-26 施工完毕后的混凝土结构

第八章 屋盖钢结构深化设计

第一节 钢结构概况

1.1 钢结构整体概况

杭州奥体博览城主体育场位于钱塘江与七甲河交汇处南侧，由6层环形看台（北侧有一开口）和环形封闭屋盖组成。看台结构主要为钢筋混凝土框架剪力墙结构，部分柱梁结构内含有H型、十字型钢劲性混凝土结构，看台6层以上设有V形支撑柱，支撑上部屋盖结构。钢结构屋盖呈环状花瓣造型，采用大悬挑空间管桁架+弦支单层网壳钢结构体系。

1.2 看台劲性钢结构概况

看台结构形式主要采用钢筋混凝土结构，部分柱、梁内部设有劲性钢结构，劲性钢柱主要分布在1-H、1-G轴线，二层以上主要分布于1-D、1-E轴线，以及支撑看台屋盖的斜柱结构，劲性钢梁主要

分布在上下看台的看台梁处。型钢结构截面形式主要有十字形及H形两种，十字形以钢柱居多，H形主要为钢梁、部分为钢柱。型钢典型截面尺寸为十字型钢500mm×500mm×20mm×20mm、H400mm×300mm×25mm×30mm、H400mmm×250mm×14mm×14mm等。

图8-2 型钢结构轴测示意图

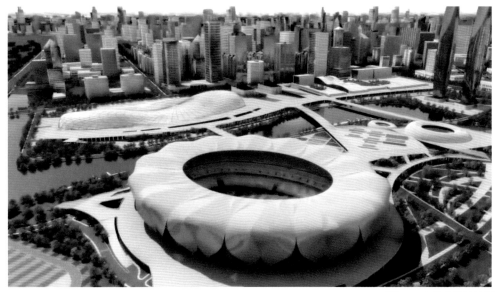

图8-1 主体育场效果图

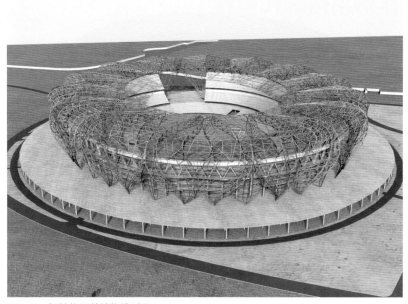

图8-3 钢结构屋盖结构模型图

1.3 钢结构屋盖概况

屋盖为空间管桁架＋弦支单层网壳钢结构体系。整个钢结构屋盖由 28 片主花瓣和 13 片次花瓣形成的花瓣组构成。南北向长约 333m，东西向约 285m，最大宽度 68m，最大悬挑长度 52.5m，最高点标高 60.74m，是一个周长约 1000m 的全封闭式连续结构，钢结构屋盖由上、中、下支座支承在混凝土看台及平台上。

屋盖分为墙面、肩部、场内悬挑三个部分。在结构的支座、主桁架相贯连接部位、桁架与支撑柱连接部位、主次花瓣连接节点等位置采用铸钢节点，共 577 个，场内悬挑端部与环桁架连接采用直接相贯节点。屋盖钢结构主要杆件截面为圆钢管，圆钢管选用无缝钢管和焊接直缝钢管，所有主桁架杆件材质为 Q345C，次杆件为 Q345B，杆件的最大直径为 ϕ700mm，厚 35mm。

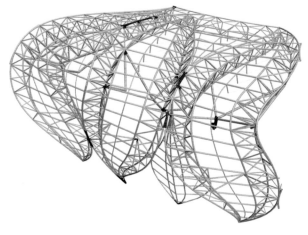

图8-4 铸钢节点位置示意图

第二节　钢结构深化设计技术

2.1　深化设计特点、难点及关键技术创新

2.1.1　钢结构重难点分析

1. 大悬臂空间异型结构体系，悬挑部位变形大

整个环形屋盖钢结构为径向悬挑向正北面环向和径向双向悬挑结构转换，最大悬挑52.5m，结构最大变形出现在下部结构开口处的悬臂端部，结构自重下最大变形值220mm。

2. 杆件规格多、数量多，现场焊接量大

屋盖在建筑造型上近似呈双轴对称，但结构构件各异，整个屋盖杆件规格达21种，数量21308件，深化设计、加工制作工作量大，杆件间采用对接或相贯焊连接，现场焊接工作量大。

3. 大型复杂铸钢节点多

结构受力复杂、关键部位复杂的节点均采用了铸钢节点，整个屋盖共有577个铸钢节点，铸钢件总重量约5000t，单重最重约45t。

4. 桁架弦杆为双向弯曲构件，加工制作难度大、定位复杂

径向桁架为变截面三角形空间管桁架，桁架弦杆为不规则的空间圆心坐标点对应的不同曲率半径拟合而成的空间曲线，加工制作难度大；且同榀桁架最大高差达40m，现场拼装、安装空间定位复杂。

5. 大体积空间结构受温度应力影响大

屋盖通过下支座、墙面拉杆、顶部V型撑杆支承于劲性混凝土柱、梁上，支座伸缩冗余量不大，环向周长近1000m的封闭结构受温度作用影响大，节点连接及焊接质量要求高。

6. 大悬挑结构拆撑卸载技术要求高

大悬挑结构自重作用下结构的变形大，开口处与其他部位布置的支撑形式不同，拆撑不当会造成结构和支撑架的破坏。拆撑过程局部支撑架荷载增加，为了使屋盖结构逐渐进入设计受力状态，需要分步、分级卸载，因此卸载顺序选择与控制是本工程施工控制关键。

2.1.2　钢结构深化设计关键创新技术

大型体育场钢结构屋盖多为空间管桁架结构，其主桁架弦杆作为空间曲线无几何规律可循，为此研制出了大型体育场馆钢结构智能化深化设计技术，主要深化设计创新成果如下：

1. 首次提出"双向弯曲钢管二面角"理论

双向弯曲钢管几何上的数学关系：沿双向弯曲钢管轴线方向上的任意相邻两段圆弧不在同一平面内，假设这两段圆弧均为平面圆弧，那么圆弧所在的两个平面之间存在一个夹角，该夹角定义为"双向弯曲钢管二面角"，便于描述双向弯曲曲线转化为平面曲线。

2. 创建双向弯曲曲线转化平面曲线方法

根据数学微积分的原理，将整条不规则的双向弯曲曲线等分成若干份微小曲线，分段后的曲线被视为平面曲线，可通过曲线两端点和中点三点确定其平面弧线轨迹，两个连续相邻的分段曲线间存在一个"二面角"。通过调整分段弧长，可以控制二面角的大小，以影响曲线的光滑度从而达到外观建筑效果，同时满足加工制作的要求。

3. 开发大型体育场馆智能化深化设计软件

（1）模型生成和对比软件AutoMgms的开发

AutoMgms（Model Generation and Matching Software）即模型生成和对比软件，主要用于钢管桁架工程的建模、计算机仿真数据和加工杆件的对比工作，它包含《模型生成工具》和《数据对比工具》两部分。

（2）圆管生成程序 Auto Ctg 的开发

Auto Ctg（Circular tube generator）即圆管生成程序。在 Auto CAD 空间三维线模型的基础上，通过运行该程序，可自动批量生成空间圆管实体模型。

（3）双向弯曲钢管绘图软件的开发

Auto Scpds（Space double curved pipe drawing software）即双向弯曲圆管绘图软件。通过输入相应参数，选择空间不规则曲线，自动生成双向弯曲钢管的加工图。

2.2　深化设计

2.2.1　结构形式

主体育场钢结构屋盖由 28 片主花瓣和 13 片次花瓣形成的花瓣组构成，根据对称形式分为 A、B、C、D、E、F、G 共 7 个单元桁架，每个单元桁架包括 2 片主花瓣和 1 片次花瓣，其中主花瓣由 4 榀空间桁架和弦支单层网壳组合而成，主、次花瓣端部均以铸钢节点形式落在混凝土柱顶部。整个屋盖在主桁架悬挑端部以环向三角桁架连成封闭整体，在主桁架上部和中部通过支座节点同混凝土看台连接。主花瓣空间桁架为三角桁架，上弦杆均为 $\phi450 \times 20$ 钢管，下弦杆截面由中间向两端逐渐缩小，在设计上，为满足受力及焊接要求，多杆件交汇节点及桁架相交节点均采用铸钢节点，整个屋盖结构共有 14 种类型的铸钢节点形式；弦支单层网壳平面内设置 $\phi5$ 高强钢丝组成的成品索，其抗拉强度为 1670MPa；主花瓣的空间桁架间构造斜索采用 $\phi30$ 钢拉杆，其抗拉强度不小于 610MPa。

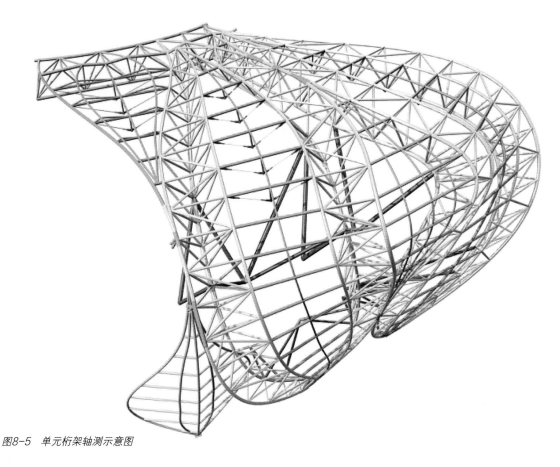

图8-5　单元桁架轴测示意图

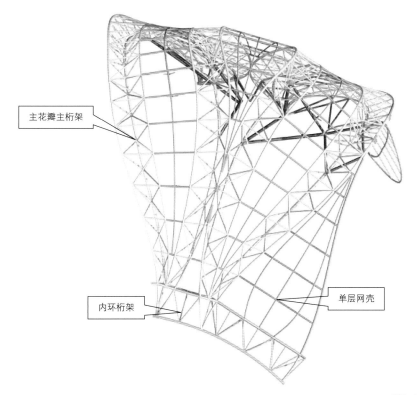

主花瓣主桁架

内环桁架

单层网壳

图8-6 单元桁架主视图

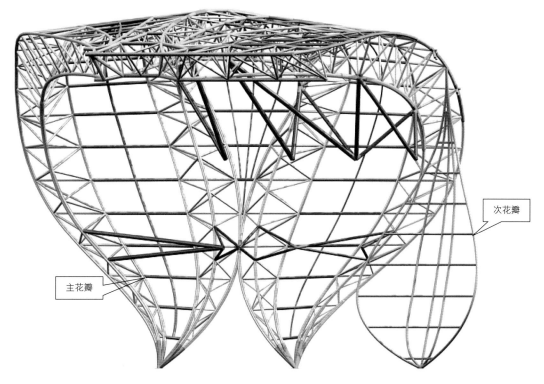

次花瓣

主花瓣

图8-7 单元桁架前视图

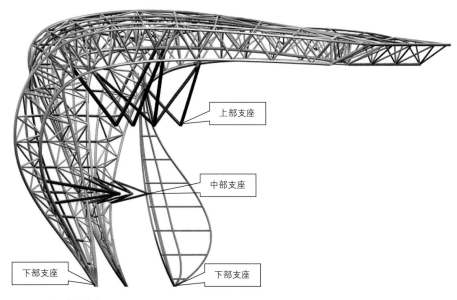

图8-8 单元桁架侧视图

2.2.2 主要构件形式

所采用的构件主要有：钢管、铸钢节点、钢拉杆、拉索，详见表8-1。

主要构件截面形式 表 8-1

名称	规格（mm）	使用部位	材质及标准要求
钢管	$\phi180\times8$、$\phi245\times8$、$\phi245\times10$、$\phi273\times10$、$\phi273\times12$、$\phi299\times12$、$\phi25\times10$、$\phi351\times14$、$\phi377\times16$、$\phi399\times12$、$\phi402\times16$、$\phi450\times16$、$\phi450\times20$、$\phi550\times20$	钢桁架	Q345C 无缝钢管
	$\phi550\times25$、$\phi600\times30$、$\phi700\times30$、$\phi700\times35$		Q345GJC 高建钢
铸钢节点	/	连接节点及支座节点	G20Mn5
拉索	$\phi5\times61$ 高强钢丝	弦支单层网壳	抗拉强度 ≥ 1670MPa
钢拉杆	$\phi30$ 钢棒	主桁架间构造斜索	Q460B，抗拉强度 ≥ 610MPa
钢板厚度	40、24、16、12、6、4		板厚 ≥ 40mm 时，钢板 Z 向性能为 Z15,；钢桁架及支撑处采用 Q345B 钢材，非承重构件采用 Q235B 钢材。

2.2.3 主要节点形式

本工程中所采用的节点形式主要有：相贯节点、铸钢节点、拉索节点。主要节点形式见表8-2。

主要节点形式	表8-2
节点名称	节点形式
相贯节点	
铸钢节点	
拉索节点	

2.2.4 深化设计原则及总体思路

深化设计的原则是保证原设计的设计理念，在此基础之上，进一步深入完善结构的构造，确保结构安全和顺利施工。

深化设计的总体思路是结合结构本身的特点，同时兼顾工厂制作工艺、运输条件、现场拼装方案等技术要求，对每一个节点和杆件进行实体放样，对代表性的节点及支座进行有限元分析，找出节点及支座的刚度变量及应力分布，了解其受力特点，使深化设计更具有深入性、针对性。在此基础上完成钢结构构件和节点加工详图的绘制，以便工厂加工。同时根据现场吊装施工要求，绘制各分段桁架拼装图。

2.2.5 深化设计重点、难点及合理化建议

1. 深化设计重点、难点分析及解决措施

（1）结构整体建模

钢结构屋盖为空间钢管结构，尤其主桁架弦杆为双向空间弯曲曲线，如何保证主桁架弦杆曲线的光滑是能否顺利实现建筑造型的重点。

目前传统的双向空间弯曲曲线建模方法都是通过将双向弯曲曲线转化为多半径圆弧段构件而实现的，其缺点在于各弯弧对接处过渡不圆滑，会产生明显的折角。

在对该项目的建模中将设计提供的节点信息和杆件信息导入自行开发的建模软件中确定各个节点位置得到整体的结构模型，但此步骤只是保证所导入的节点信息和杆件信息的完整性和准确性。所形成的空间模型仅为空间折线模型（图8-9），根据该项目的特点还不能满足后续深化设计的要求。为了保证屋盖主桁架弦杆的光滑性，将弦杆部分以节点为基准用样条曲线连接成一条光滑的空间曲线来替代原先的

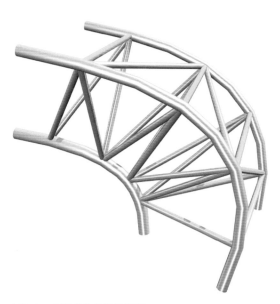

图8-9　处理前肩部桁架模型

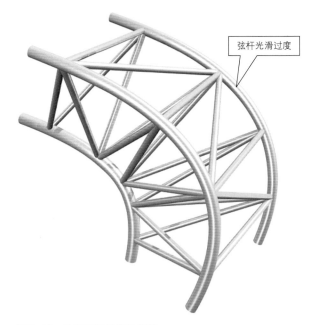

图8-10　处理后肩部桁架模型

折线弦杆部分，同时保留原来的腹杆，最后将完整的线模型制作成实体模型，见图 8-10。

（2）双向空间弯曲钢管构件深化设计

钢结构屋盖为空间管桁架结构，其主桁架弦杆作为空间曲线基本上无几何规律可循，这有别于普通的平面曲线，如何在深化图中直观地表达弦杆的空间关系将是整个钢管桁架深化设计的重点和难点。

通过数学微积分的理念，将整条不规则的双向弯曲曲线等分成若干的平面曲线，为达到外观建筑效果使曲线圆滑过渡，同时为满足加工制作的要求，经过反复的比对，最终确定将平面弧线段的长度确定为 1.5m 左右，这样既能保证整条主桁架弦杆的空间曲线造型的光滑性，又可以将整条双向弯曲曲线简化成若干条平面弧线，满足了加工制作的要求。此部分平面线段仅作为双向弯曲曲线加工控制点示意，不是弦杆的实际分段点，实际制作中通过各个控制点来保证钢管的空间尺寸。

下面从已经建好的模型中截取一段，来说明在深化设计过程中是如何表达空间不规则曲线的。

（3）结构变形预起拱设计

结构的变形是悬臂结构需要特别重视的问题，在结构自重作用下，如果结构的变形过大，会影响到整个结构的外形、构件的几何尺寸和受力。因此通过结构反变形解决悬臂结构的变形问题，是通常采用的控制结构刚度的策略。而一般情况下结构反变形的设计是结构深化设计的重要内容，结构反变形后，结构的定位坐标、杆件的几何尺寸均有变化。在深化设计中通过对各个阶段吊装工况的计算，确定起拱值。判断结构是否需要反变形主要考虑结构在自重作用下的变形值，若此结构在桁架平面内的变形不大，就不需要反变形。如果结构在自重作用下的变形较大，则需要根据变形值大小重新调整该吊装段的空间模型，该吊装段深化设计也应根据调

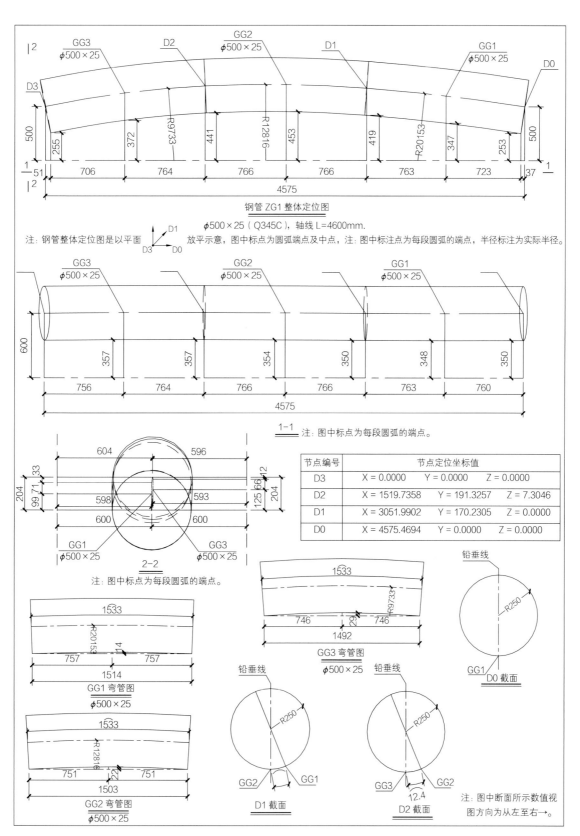

钢管 ZG1 整体定位图

注：钢管整体定位图是以平面放平示意，图中标点为圆弧端点及中点。

$\phi 500 \times 25$（Q345C），轴线 L=4600mm.

注：图中标注点为每段圆弧的端点，半径标注为实际半径。

节点编号	节点定位坐标值		
D3	X = 0.0000	Y = 0.0000	Z = 0.0000
D2	X = 1519.7358	Y = 191.3257	Z = 7.3046
D1	X = 3051.9902	Y = 170.2305	Z = 0.0000
D0	X = 4575.4694	Y = 0.0000	Z = 0.0000

1-1 注：图中标点为每段圆弧的端点。

2-2 注：图中标点为每段圆弧的端点。

GG1 弯管图 $\phi 500 \times 25$

GG2 弯管图 $\phi 500 \times 25$

GG3 弯管图 $\phi 500 \times 25$

D0 截面

D1 截面

D2 截面

注：图中断面所示数值视图方向为从左至右→。

图8-11 不规则曲线深化图

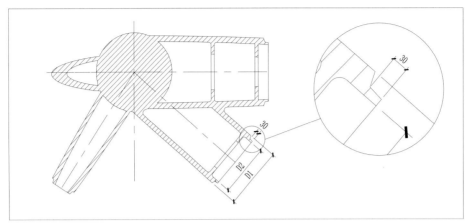

图8-12　铸钢节点坡口

整后的空间模型来进行。

（4）铸钢节点与钢管对接处理

本工程的主体结构为管桁架结构，环向桁架相贯于主花瓣桁架端部，主花瓣内空间桁架在中部也有相交点，弦支单层网壳和次花瓣同主花瓣桁架都有交点，节点均为多根钢管相贯于同一位置，且构件间夹角过小，造成焊缝过长及影响受力性能等一系列不利情况，因此在关键节点及多杆件汇交节点处，均采用铸钢节点的形式解决。为了更好地保证铸钢节点同钢管的平顺对接，在对铸钢节点深化设计时，将铸钢节点的对接口端部做30mm长的阶梯状接头，如图8-12所示。

相对应的钢管端部也有剖口，此对接形式有着降低加工制作难度、减少制作周期和制作成本的优点，且保证了钢管与铸钢节点能等强连接。

（5）多管相贯问题

本工程主花瓣主要采用空间倒三角桁架形式，同时与单层网壳和端部环桁架连接，其主要连接方式均为管管相贯连接，该连接节点存在多管相贯的问题，多管相贯既影响节点受力性能，又影响到现场装配和焊接顺序，甚至可能出现支管装配不上和存在焊接死

角的情况。因此保证多管相贯顺序的准确是本工程的重点和难点之一。

在深化设计时按主管贯通、小管贯大管、薄壁管贯厚壁管的原则对所有相贯圆管进行先后相贯顺序编号，按照圆管的编号顺序依次进行圆管相贯线数控

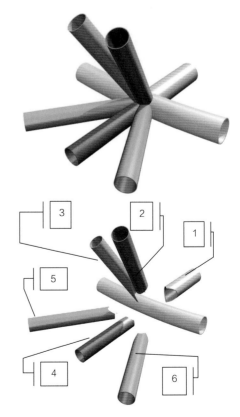

图8-13　多管相贯杆件相贯顺序图

图8-14 钢管间夹角过小节点

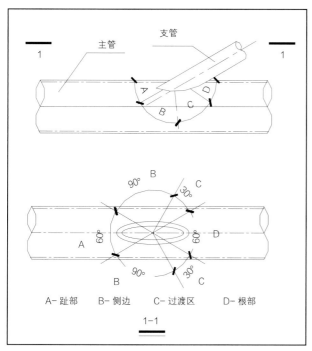

A-趾部 B-侧边 C-过渡区 D-根部

1-1

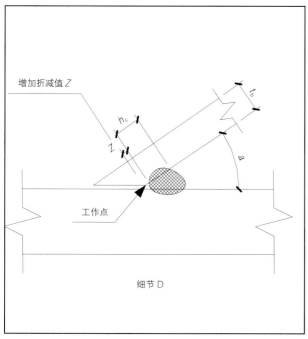

图8-15 相贯焊缝补强

切割,力求次管与主管尽可能相接,增大次管与主管间的焊缝长度,使节点受力更合理。现场按照圆管的编号顺序依次焊接次管,提高现场的拼装速度,增大焊接空间,减少焊接死角,如图 8-13。

(6)钢管间夹角过小问题

弦支单层网壳处径向构件同环向构件相贯口夹角较小,最小角度约 7°,按《钢结构焊接规范》GB 50661 和美国国家标准《钢结构焊接规范》(AWS D1.1)规定,圆管 T、Y、K 节点有效最小角度为 15°,本工程最小夹角约 7°,施焊难度极大,保证该处焊接质量极为重要。

对于此类相贯口,按《钢结构焊接规范》GB 50661 的规定进行严格分区,对根部(D 区)增加折减值 Z,采用角焊缝补强,如图 8-15。并进行相关焊接工艺评定,保证焊接质量。

(7)现场吊装时弦杆对接问题

现场钢管对接一般为各个吊装段之间的弦杆对接,由于本工程桁架弦杆均为空间不规则曲线,在各个吊装段中弦杆端口的大小、位置、朝向均不规则。因此为了保证各个吊装段安装时的对接精度,除了在加工和运输的过程中保证其对接口不变形及单个吊装段在拼装过程中保证其拼装精度外,在深化设计时,在弦杆的端部均考虑设置临时吊装连接耳板,不但方便了现场吊装,也保证了钢管对接精度。

2. 合理化建议

(1)部分相贯节点合理化建议

铸钢节点 ZGJ-09 位于主花瓣桁架相交处,在图 8-17 中可以看到同铸钢节点对接处桁架弦杆夹角过小,此位置杆件规格均为 $\phi550\times25$mm,相贯线

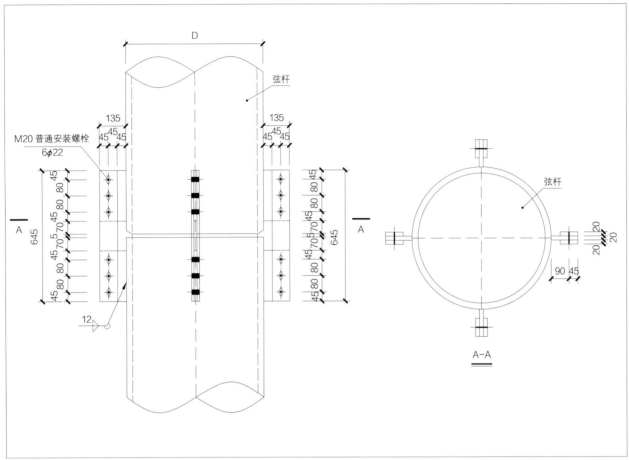

图8-16　弦杆对接节点

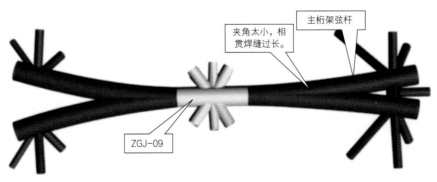

图8-17　原设计节点模型

图8-18 方案1: 改为铸钢件模型

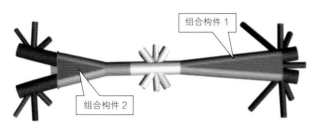

图8-19 方案2: 改为组合构件模型

长度长达 9m，焊接难度非常大。

对上述节点考虑两种解决方案：

方案 1：相贯处改为铸钢件。以满足受力要求及焊接空间需要来确定铸钢件尺寸。

方案 2：以主花瓣桁架对接弦杆间最小间距不小于 200mm 为原则，定出弦杆分段点位置，将铸钢件端部至分段点间弦杆相贯区域杆件做成组合构件。

通过对构件的有限元分析，建议采用第二套方案，其优点是在满足结构受力的前提下大大降低了制作成本，同时也降低了结构自重。

图8-20 组合构件1轴测图

图8-21 组合构件1分解图

图8-22 组合构件2轴测图

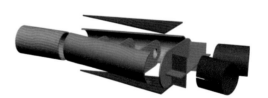

图8-23 组合构件2分解图

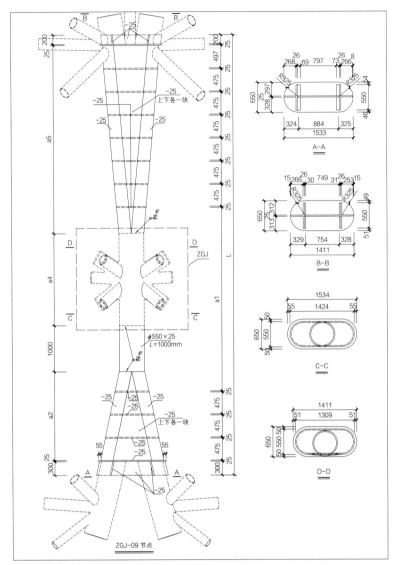

图8-24 组合构件大样图

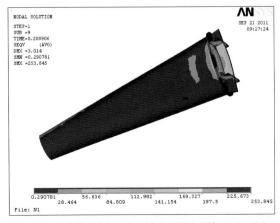

图8-25 组合构件1Vonmises应力云图（单位：N/mm²）

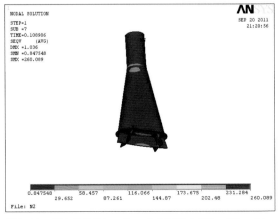

图8-26 组合构件2Vonmises应力云图（单位：N/mm²）

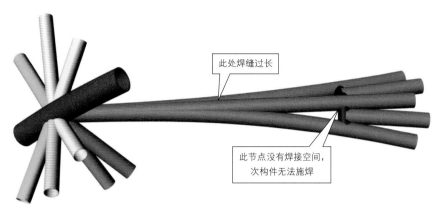

图8-27　原设计节点模型

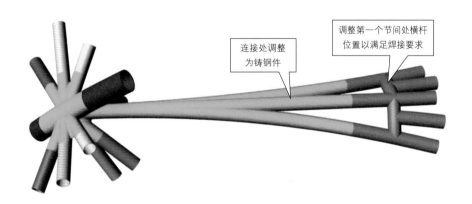

图8-28　方案1：铸钢件模型

（2）次花瓣连接节点合理化建议

次花瓣整体为水滴形，端部由3根规格 $\phi 351\times 14$ 的钢管相贯于主花瓣下弦杆处，由图8-27可看出，此处次花瓣构件夹角过小，焊缝过长，且在次花瓣的第一个节间处主次杆件间实际间隙已很小，次构件无法施焊。

对上述节点，考虑两套解决方案：

方案1：将次花瓣同主花瓣连接处做成铸钢件，以满足受力要求，铸钢件端部对接口外壁间最小间距不小于200mm，且重新调整第一个节间处横杆位置以满足相贯于横杆之上的杆件的相贯口能与横杆充分相贯。

方案2：将方案1中做铸钢的区域做成组合构件。

建议采用方案2，其优点是在满足结构受力的前提下大大降低了制作成本，同时也降低了结构自重。

（3）环向桁架折弯处节点合理化建议

体育场屋盖在主花瓣悬挑端通过环桁架连接，环桁架整体结构为倒三角管桁架，由于建筑造型的要

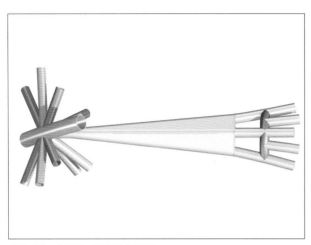

图8-29　方案2：组合构件模型

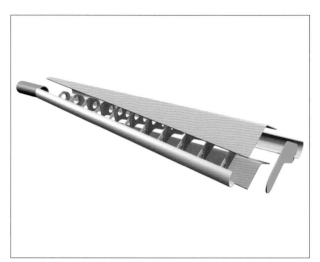

图8-31　组合构件分解图

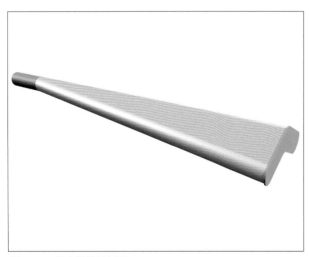

图8-30　组合构件轴测图

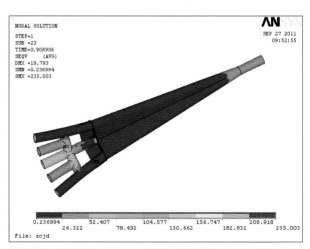

图8-33　组合构件Von mises应力云图（单位：N/mm²）

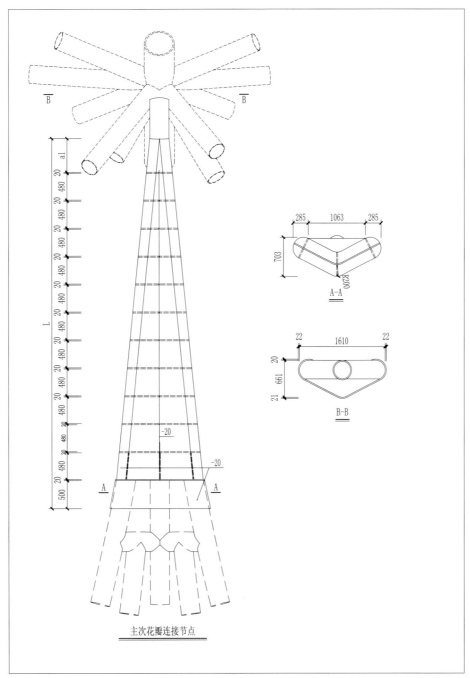

图8-32　组合构件大样图

求,弦杆中心线为折线段,不能通过圆弧圆滑过渡,在实际钢管制作过程中,折管的加工只能通过在转折点处将钢管切断,然后再对接而成。

在图中可以看到,弦杆转折点在桁架节点位置,有环桁架腹杆和单层网壳杆件相贯于该处,使得弦杆拼接焊缝同其他杆件的相贯焊缝重叠,会造成应力集中,不利于焊缝质量。

对上述节点,考虑三套解决方案:

方案1:在相贯节点处增加十字加劲板,将杆件端部开槽焊于加劲板上。

方案2:相贯节点调整为球节点。

方案3:相贯节点处做直管加强段,局部管壁加厚。

对于方案1,虽然对接焊缝进行了插板补强,但该节点受力太过复杂;对于方案2,解决了对接焊缝

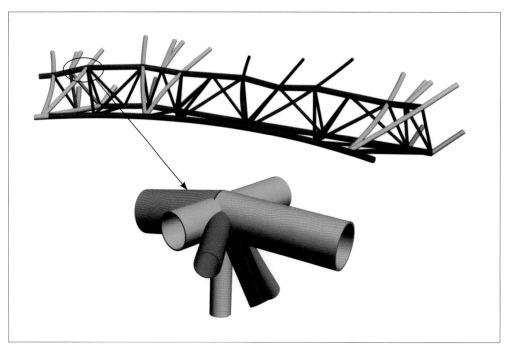

图8-34　环桁架转折节点图

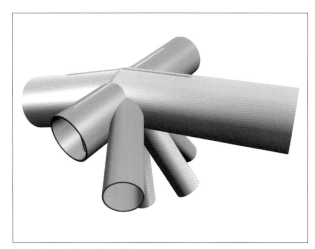

图8-35　方案1环桁架节点

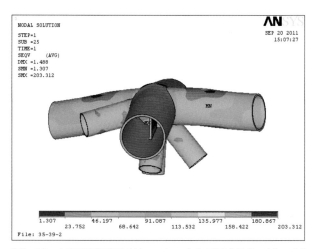

图8-36　方案1环桁架节点Von mises应力云图(单位:N/mm²)

二次叠加的问题，但对建筑外观影响较大；因此建议采用方案 3。该方案既满足了节点受力的要求，也最大限度地保证了建筑的外观要求。

（4）铸钢件 ZGJ-07 合理化建议

铸钢件空腔部分长约 5m，均匀壁厚。缺点是：铸造没有补缩通道，铸造缺陷多；空腔部分过长，砂子不易清除。

建议方案：铸钢件分成两部分制作，采用焊接方式将两部分组合成一个整体。优点有 2 个：其一是铸钢件拆分成两部分后到现场连接，解决了空腔部分过长砂子不易清除的问题；其二是铸钢件内部组织致密、有利于铸钢件质量的保证。

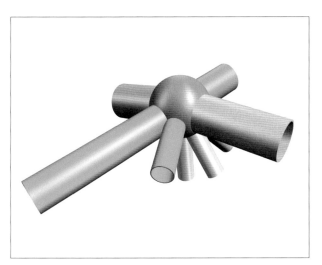

图8-37　方案2环桁架节点

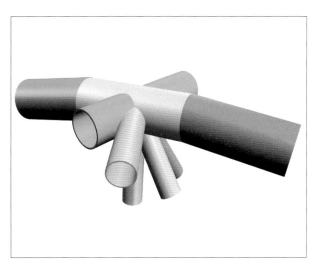

图8-39　方案3环桁架节点

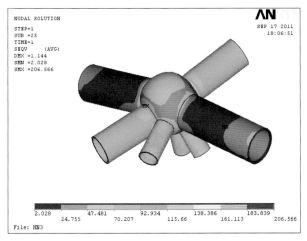

图8-38　方案2环桁架节点Von mises应力云图（单位：N/mm²）

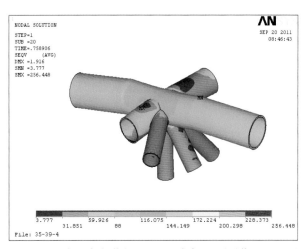

图8-40　方案3环桁架节点Von mises应力云图（单位：N/mm²）

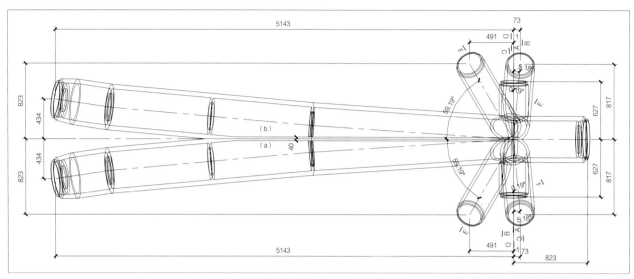

图8-41 铸钢件ZGJ-07原设计平面图

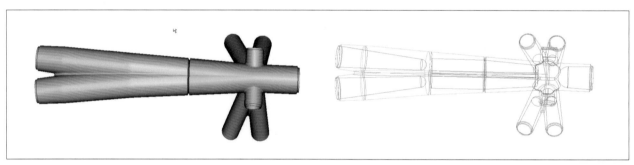

图8-42 铸钢件ZGJ-07优化后图形

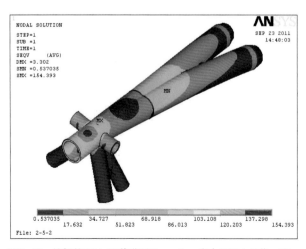

图8-43 铸钢件ZGJ-07优化后Von mises应力云图（单位：N/mm²）

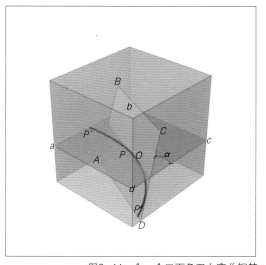

图8-44 含一个二面角双向弯曲钢管

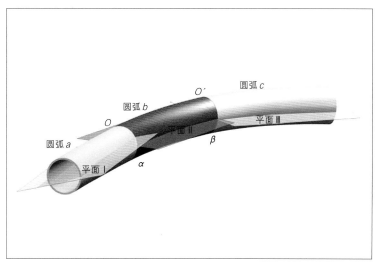

图8-45 含两个二面角的双向弯曲钢管

2.3 双向弯曲钢管二面角理论

双向弯曲钢管几何上的数学关系可以看成是：沿双向弯曲钢管轴线方向上的任意相邻两段圆弧不在同一平面内，假设这两段圆弧均为平面圆弧，那么圆弧所在的两个平面之间存在一个夹角，即"双向弯曲钢管二面角"。双向弯曲钢管形式多种多样，其变化范围在 $0° \leqslant \alpha \leqslant \pm 180°$（$\alpha$ 为二面角），当 α 等于 $0°$ 或 $\pm 180°$ 时，曲线即是普通的平面曲线。

沿双向弯曲钢管方向上二面角的数量越多，则钢管空间弯曲的形状也就越为复杂。如图8-44中含一个二面角双向弯曲钢管 P，以 O 面为分界面，将钢管分成两段圆弧，分别为 OP' 和 OP''，这两段圆弧所在的面分别为平面 $abcd$ 和平面 $ABCD$，这两个平面之间存在一个夹角 α，这个夹角即为双向弯曲钢管 P 的二面角。

如图8-45中含2个二面角的双向弯曲钢管，沿钢管方向由3段不同的圆弧段 a、b、c 组成（用不同颜色区分），三段圆弧段所在平面分别为平面Ⅰ、平面Ⅱ和平面Ⅲ，三个平面之间存在 O 和 O' 两个分界面，三个平面相邻之间存在两个二面角 α 和 β。

2.4 双向弯曲曲线转换方法

有别于普通的曲线，主桁架弦杆的双向弯曲曲线基本上无几何规律可循；只能根据数学微积分的理念，将整条不规则的空间曲线等分成若干条微小曲线，分段后的曲线被视为平面曲线，可通过两端和中间三点确定其平面弧线轨迹，两个连续相邻的分段曲线间存在一个二面角。通过调整分段弧长，可以控制二面角的大小，以影响曲线的光滑度从而达到建筑外观效果要求，同时满足加工制作的可行性。经过反复比对，根据分段曲线半径确定分段弧长的参照表见

表8-3。

分段弧长参照表	表 8-3
分段曲线半径（m）	分段弧长（m）
R ≤ 10	L ≤ 1
10 < R ≤ 50	1 < L ≤ 3
R > 50	L > 3

本工程主弦杆最终将弧线段长度确定为 1.5m，这样既能保证整条主桁架弦杆的空间曲线造型和光滑度，又能满足加工制作的要求。此部分线段仅作为空间曲线加工控制点示意，不是弦杆的实际分段点，在实际制作中通过各个控制点来控制钢管的加工精度。

2.5 双向弯曲钢管深化设计专用软件开发

2.5.1 模型生成和比对软件 Auto Mgms 开发

1. Auto Mgms 软件开发背景

本工程结构形式为复杂空间管桁架结构，杆件数量超过两万根，绝大多数杆件有复杂的相贯切面，所有弦杆均为双向弯曲杆件。深化设计工作量非常大。传统的深化设计方法易出错，生产效率较低，在几万根杆件的巨量下，更难以发现其中的疏漏与错误。因此在 AutoCAD 平台上运用 VLISP 以及 VBA 等语言自行开发了专用深化设计软件 Auto Mgms，解决了传统人工操作方法效率低下和错误率偏高的问题。

2. Auto Mgms 软件特点

Auto Mgms（Auto Model Generation and Matching Software）即模型生成和对比软件，是针对钢管桁架工程的建模、计算机仿真数据和加工杆件对比软件，包含《模型生成工具》和《数据对比工具》两部分，其特点如下：

（1）根据施工图提供的节点和单元信息自动按规格进行分层。

（2）自动反馈错误信息形成报告，确保线模型忠于施工图。

（3）与相贯面切割机的数据交互对接，程序自动计算出相贯线切口，指导杆件下料。

（4）自动将理论模型数据与实物成品构件数据进行比对，程序根据用户要求的精度和偏差许可，通过算法判断杆件的各参数是否符合要求。

（5）程序对于判断出的不合格杆件，给出修改意见以指导车间进行修改。

（6）给出现场安装定位信息以指导现场安装工作。

（7）程序自动化运行，大大提高工作效率，并减少错误发生率。

图8-46 基于AutoCAD平台的软件Auto Mgms界面

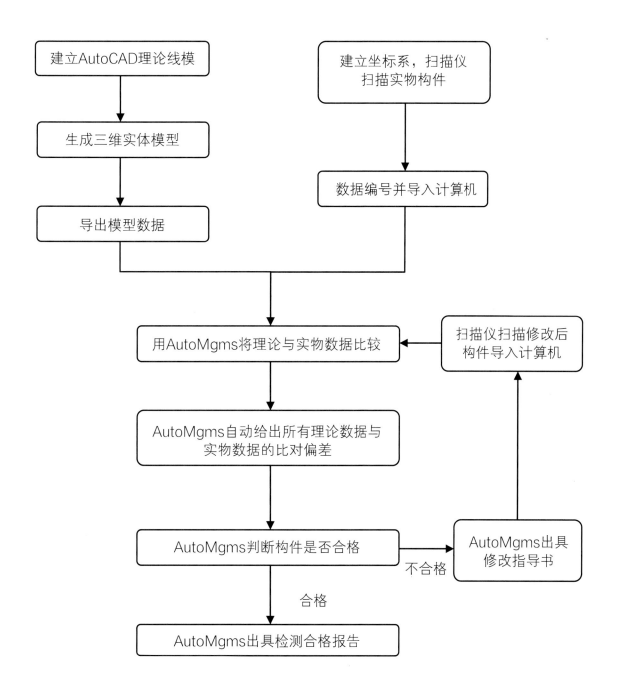

图8-47 启动模型生成工具

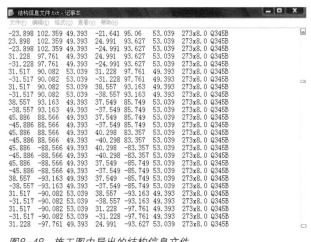

图8-48 施工图中导出的结构信息文件

3. Auto Mgms 软件工作流程

4. Auto Mgms 软件《模型生成工具》操作演示

选择菜单栏最后一列的"杭州奥体中心专用"下拉菜单,选择"模型生成工具"选项,《模型生成工具》程序启动,如图 8-47 所示。它的功能是根据施工图中提供的单元和节点信息,自动建成完全忠于施工图并且按规格进行分层的线模型。

结构信息文件导出的施工图,包含节点坐标、规格、材质等信息,见图 8-48。

《模型生成工具》自动生成的杭州奥体中心主体育场按规格与材质分层的 1:1 真实比例线模型轴测图以及平面图见图 8-49。

5. Auto Mgms 软件《模型对比工具》操作演示

以下根据实际施工的区块划分进行 Auto Mgms 软件演示,软件自动为每根杆件编号,并输出参数信息至 Excel 表格。作为实物杆件的参数比对信息,这些信息来源于施工图,因而是软件 Auto Mgms 依据的标准参照信息,见表 8-4。

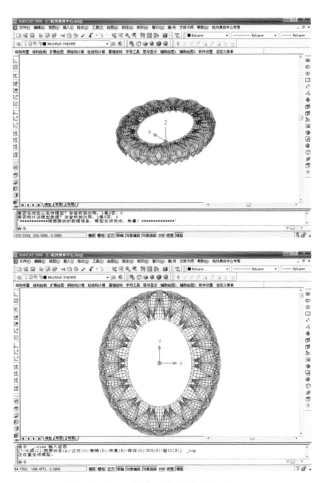

图8-49 《模型生成工具》生成的线模型轴测图

HJ1 桁架部分杆件模型数据

表 8-4

名称	是否弧管	中心距（mm）	壁厚（mm）	管外径（mm）	管件最长（mm）	管件最短（mm）	弦长最长（mm）	弦长最短（mm）	拱高（mm）
HJ1-S1	Y	6673.9	20.0	450.0	6672.9	6672.9	6709.7	6611.7	180.5
HJ1-S2	Y	7605.4	20.0	450.0	7603.4	7603.4	7633.8	7559.6	156.1
HJ1-S3	Y	7878.4	20.0	450.0	7877.4	7877.4	7863.3	7821.4	93.8
HJ1-S4	Y	7792.3	20.0	450.0	7791.3	7791.3	7799.8	7783.9	33.5
HJ1-S5	Y	7349.0	20.0	450.0	7348.0	7348.0	7357.2	7339.9	35.3
HJ1-S6	Y	9577.0	20.0	450.0	9576.0	9576.0	9600.7	9537.8	166.8
HJ1-S7	Y	8041.8	20.0	450.0	7846.7	7833.6	7880	7777.5	185.8
HJ1-S8	Y	4218.8	25.0	550.0	4217.8	4217.8	4267.8	4155.1	106.7
HJ1-S9	Y	6920.3	25.0	550.0	6919.3	6919.3	6983.5	6748.9	365.5
HJ1-S10	Y	7093.4	20.0	450.0	7092.4	7092.4	7135.8	6966.4	330.8
HJ1-S11	Y	6713.4	20.0	450.0	6712.4	6712.4	6757.5	6601.4	288.5
HJ1-S12	Y	7788.5	20.0	450.0	7787.5	7787.5	7823.9	7715	233.3
HJ1-S13	Y	11612.4	20.0	450.0	11611.4	11611.4	11633.9	11569.3	211.1
HJ1-S14	Y	8483.2	25.0	550.0	8483.2	8483.2	8535.9	8358	340.2
HJ1-S15	Y	8497.2	20.0	450.0	8312.8	8312.8	8528.2	8437	213.3
HJ1-S16	Y	7799.9	20.0	450.0	7798.9	7798.9	7822.2	7768.3	116.4
HJ1-S17	Y	7829.0	20.0	450.0	7828.0	7828.0	7838.7	7818	45
HJ1-S18	Y	7405.5	20.0	450.0	7403.5	7403.5	7413.6	7396.5	35.2
HJ1-S19	Y	6665.4	20.0	450.0	6663.4	6663.4	6678.9	6649.5	53.4
HJ1-S20	Y	7307.8	20.0	450.0	7306.8	7306.8	7331	7275.2	112.9
HJ1-S21	Y	6322.5	20.0	450.0	6321.5	6321.5	6358.4	6262.8	166.7
HJ1-S22	Y	6448.4	20.0	450.0	6447.4	6447.4	6492.5	6267.2	398.5
HJ1-S23	Y	6323.6	20.0	450.0	6322.6	6322.6	6366.7	6123.3	420.1
HJ1-S24	Y	7087.4	20.0	450.0	7086.4	7086.4	7123.8	7013.2	216.3
HJ1-S25	Y	10443.7	20.0	450.0	10442.7	10442.7	10470.2	10321.6	428.8
HJ1-S26	Y	7113.1	20.0	450.0	7112.1	7112.1	7136.8	7080	111.7
HJ1-S27	Y	8271.4	20.0	450.0	8270.4	8270.4	8299.8	8222.7	176.7
HJ1-S28	Y	6652.5	25.0	550.0	6651.5	6651.5	6709.1	6548.4	240.4
HJ1-F1	N	5771.1	12.0	273.0	5396.0	5046.3	0	0	0
HJ1-F2	N	6325.7	12.0	273.0	5889.9	5191.3	0	0	0
HJ1-F3	N	6738.7	12.0	273.0	6357.2	5901.8	0	0	0

续表

名称	是否弧管	中心距（mm）	壁厚（mm）	管外径（mm）	管件最长（mm）	管件最短（mm）	弦长最长（mm）	弦长最短（mm）	拱高（mm）
HJ1-F4	N	6428.6	12.0	273.0	6052.7	5633.7	0	0	0
HJ1-F5	N	6036.9	12.0	273.0	5605.4	5313.6	0	0	0
HJ1-F6	N	7183.3	12.0	273.0	6741.5	6371.1	0	0	0
HJ1-F7	N	7400.3	12.0	273.0	6953.9	6505.5	0	0	0
HJ1-F8	N	6927.0	12.0	273.0	6493.4	6221.8	0	0	0
HJ1-F9	N	6398.4	12.0	273.0	5968.0	5726.7	0	0	0
HJ1-F10	N	7829.5	12.0	273.0	7389.1	7033.5	0	0	0
HJ1-F11	N	7903.2	12.0	273.0	7453.0	7052.2	0	0	0
HJ1-F12	N	7453.2	12.0	273.0	7017.5	6776.6	0	0	0
HJ1-F13	N	6863.5	10.0	325.0	6382.6	6129.7	0	0	0
HJ1-F14	N	8180.6	10.0	325.0	7695.1	7316.5	0	0	0

6. 扫描实物并将信息导入计算机

手持式光学超能扫描仪 MetraScan,结合 C-Track 双摄像头传感器，能在工作场所快速而方便地扫描工件，并生成精确的实体数据，实现实体数据与程序交互衔接，逆生成模型。MetraScan 技术参数：

重量：2.05kg；

尺寸：282×250×282mm；

扫描速度：36000 个测量 / 秒；

X、Y、Z 轴解析度：0.05mm；

操作温度范围：15 ~ 40℃；

操作湿度范围（非冷凝）：10% ~ 90%；

通用电源：100 ~ 240V/AC/50 ~ 60Hz；

车间利用 MetraScan 扫描设备将构件实物进行三维扫描，并将获得的实物构件参数信息导入计算机，作为 Auto Mgms 检测与判断的实物数据。由 Auto Mgms 比较杆件各参数与理论数据的偏离情况，并判断杆件是否合格。

车间扫描实物数据，将实测数据导至计算机，由程序自动计算所需要的参数，并导入 Excel 表格，形成实测数据文件，见表8-5。

HJ1 桁架部分杆件数据   表 8-5

名称	管外径（mm）	管件最长（mm）	管件最短（mm）	弦长最长（mm）	弦长最短（mm）	拱高（mm）
HJ1-S1	449.2	6673.3	6672.4	6709.7	6609.9	180.1
HJ1-S2	449.2	7605.1	7602.6	7633.3	7557.9	155.6
HJ1-S3	448.6	7877.4	7877.2	7862.8	7820.5	92.0
HJ1-S4	450.7	7790.7	7790.7	7801.1	7781.3	33.7
HJ1-S5	450.7	7347.7	7347.0	7358.0	7339.6	37.1
HJ1-S6	449.1	9576.7	9575.0	9598.3	9536.5	165.0

名称	管外径（mm）	管件最长（mm）	管件最短（mm）	弦长最长（mm）	弦长最短（mm）	拱高（mm）
HJ1-S7	448.8	7846.0	7833.5	7881.4	7776.1	186.2
HJ1-S8	549.0	4216.4	4215.1	4267.0	4153.2	108.1
HJ1-S9	551.0	6918.6	6917.5	6983.4	6747.5	363.7
HJ1-S10	450.2	7091.4	7091.4	7135.6	6966.1	330.0
HJ1-S11	449.1	6711.8	6711.9	6755.6	6601.0	288.7
HJ1-S12	450.1	7788.2	7785.9	7823.2	7713.6	233.3
HJ1-S13	450.4	11612.2	11610.9	11633.4	11567.8	212.2
HJ1-S14	549.6	8486.0	8481.3	8535.4	8357.0	340.3
HJ1-S15	450.5	8313.6	8311.9	8526.7	8436.5	213.4
HJ1-S16	448.4	7797.0	7796.5	7822.9	7768.0	115.8
HJ1-S17	449.5	7828.9	7827.2	7840.4	7817.0	46.9
HJ1-S18	451.0	7403.0	7403.4	7412.4	7395.2	33.4
HJ1-S19	449.3	6663.8	6663.7	6680.1	6648.4	52.6
HJ1-S20	451.6	7306.5	7306.7	7330.1	7275.0	112.6
HJ1-S21	450.6	6319.7	6319.3	6359.2	6260.8	165.6
HJ1-S22	451.8	6446.7	6447.1	6489.8	6266.7	396.7
HJ1-S23	449.1	6320.2	6319.8	6367.7	6123.7	420.3
HJ1-S24	450.4	7087.8	7083.9	7123.7	7013.6	213.5
HJ1-S25	448.5	10442.2	10442.1	10469.0	10320.0	430.3
HJ1-S26	448.7	7110.8	7111.7	7133.2	7079.0	112.4
HJ1-S27	450.6	8271.5	8270.0	8299.2	8219.9	177.5
HJ1-S28	549.2	6651.9	6651.5	6708.1	6547.3	238.9
HJ1-F1	273.7	5395.1	5046.2	0.0	0.0	0.0
HJ1-F2	273.6	5889.2	5189.3	0.0	0.0	0.0
HJ1-F3	273.5	6358.4	5900.9	0.0	0.0	0.0
HJ1-F4	273.4	6051.5	5632.8	0.0	0.0	0.0
HJ1-F5	273.3	5603.7	5313.5	0.0	0.0	0.0
HJ1-F6	272.4	6741.4	6369.3	0.0	0.0	0.0
HJ1-F7	273.4	6956.6	6503.8	0.0	0.0	0.0
HJ1-F8	273.2	6493.2	6221.4	0.0	0.0	0.0
HJ1-F9	273.2	5967.7	5726.6	0.0	0.0	0.0
HJ1-F10	273.6	7390.7	7033.3	0.0	0.0	0.0

续表

名称	管外径（mm）	管件最长（mm）	管件最短（mm）	弦长最长（mm）	弦长最短（mm）	拱高（mm）
HJ1-F11	272.3	7453.8	7052.0	0.0	0.0	0.0
HJ1-F12	273.0	7017.7	6776.3	0.0	0.0	0.0
HJ1-F13	325.8	6382.1	6127.1	0.0	0.0	0.0
HJ1-F14	325.5	7693.3	7313.9	0.0	0.0	0.0

7. Auto Mgms 软件在工厂生产中的应用

（1）工作原理

Auto Mgms 的模型对比工具是处理理论数据和实物数据的对比软件。其工作原理是以理论数据为参照依据，以用户自定义的偏差控制值为判断标准，找出实物数据中有偏差超标的杆件，并进行错误情况分析，给出《修改指导书》指导车间进行修改或者重新加工，对于正确的杆件给出《检测合格报告》以及模型中杆件的定位信息，以指导现场的安装工作。

AutoCAD 平台选择菜单栏最后一列的"杭州奥体中心专用"下拉菜单，选择"数据对比软件"选项，启动《计算机仿真数据对比》程序，新建一个工作，出现工作界面，见图 8-50 中(a)。

（2）导入模型数据文件

在设定完工作路径后，选择下拉菜单"数据（D）"按钮，找到"参数导入（模型）"选项，选择"新数据文件"，见图 8-50（b）。

弹出模型新数据设定窗口后，找到之前生成的理论数据文件，在数据说明框中对模型数据文件格式进行说明，见图 8-51 中（a）。

（3）导入实物数据文件

选择下拉菜单"数据（D）"，找到"参数导入（实测）"选项，选择"新数据文件"，弹出实测新数据设定窗口，找到实测数据文件，在数据说明框中对实物

（a）

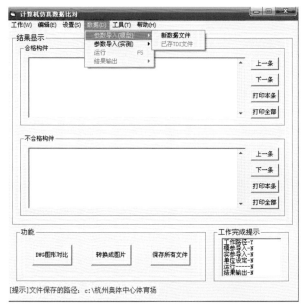

（b）

图8-50　计算机仿真数据比对软件界面

（a）

（b）

图8-51 模型数据文件的选择与设定

（a）

（b）

图8-52 运行结果及输出选项

数据文件格式进行说明，见图 8-51 中（b）。

（4）运行并输出结果

参数导入（模型）、参数导入（实测）、设定默认单位及偏差控制等完成后，可以在下拉菜单"数据（D）"中选择"运行"选项，程序开始进行理论数据与实测数据的比较，并将结果反馈到窗体的结果显示框中，见图 8-52 中（a）。

（5）修改指导书及检测合格报告

选择下拉菜单"数据（D）"，找到"结果输出"选项。对于合格杆件可输出《检测合格报告》，对于不合格构件可输出《修改指导书》，见图 8-52 中（b）。

例如：HJ1-S1 参数在偏差以内，是合格构件，程序出具《检测合格报告》，给出重量和定位坐标信息以指导现场安装工作。HJ1-S5 有两个参数在偏差

图8-53 《检测合格报告》及《修改指导书》

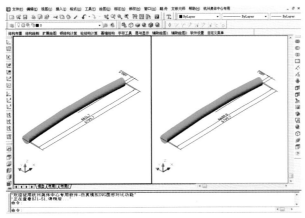

图8-54 HJ1-S1的DWG图形对比

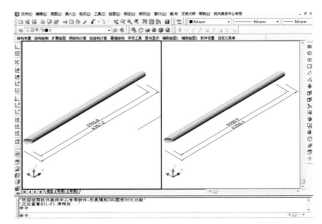

图8-55 HJ1-F3的DWG图形对比

以外为不合格构件，程序出具《修改指导书》给出偏差的问题所在以指导车间修改工作，见图 8-53。

（6）DWG 图形对比

如果需查看模型构件与实测实物构件的对比，可以使用功能中"DWG 图形对比"按钮，在 AutoCAD 平台中程序会自动显示理论模型实体（左侧）和实物实测数据逆运算实体（右侧）。用户可以查看任意杆件，例如弯弧弦杆 HJ1-S1 和直腹杆 HJ1-F3，见图 8-54 和图 8-55。

2.5.2 圆管生成程序 Auto Ctg 开发

1. Auto Ctg 程序开发背景

圆管相贯面的数控切割是钢管桁架工程加工工厂的主要工作内容，技术人员通过空间线模型建立三维实体模型，然后通过相贯面数控切割设备自带的软件将实体模型转换成切割数据便可以使设备自动运转。因此在钢管桁架工程中把空间线模型建成三维实体模型是钢管桁架工程深化设计中的重要环节之一。

目前在 Tekla structures、AutoCAD 等常用绘图软件平台上可以生成三维实体模型。但 Tekla structures 一般较适合框架结构建模，对空间钢管桁架在生成模型后，数据过于庞大，普通 PC 机根本无法运转，这就很难推广。在 AutoCAD 环境下生成三维实体模型后，模型数据较小，模型运转、数据处理快捷方便，但 AutoCAD 传统建模需要先定义截面，再匹配轴线，然后根据轴线逐一拉伸，建模过程繁琐，工作量大。

Auto Ctg（Circular tube generator）圆管生成程序的开发基于 AutoCAD 平台，通过加载该程序可在 AutoCAD 界面下操作实现批处理三维实体模型的建立。

2. Auto Ctg 程序特点

Auto Ctg 程序是在 AutoCAD 软件基础之上对建模模块的完善，其主要特点如下：

（1）软件功能强大，操作简单方便。

（2）由于基于 AutoCAD 平台，程序性能稳定。

（3）程序可以根据 AutoCAD 不同图层，分层批量建立空间三维钢管实体模型。

（4）程序具有批处理功能，避免了实体与轴线偏位问题，大大提高了模型的精度。

3. Auto Ctg 程序应用

（1）"Ctg.Lsp" 程序加载

打开 Auto CAD，点击工具栏中的加载项，会弹出"加载 / 卸载应用程序"对话框，找到"Ctg.Lsp"，选中后点击加载，加载完成，见图 8-56。

图8-56 Ctg.Lsp加载界面

图8-57 Auto Ctg程序执行界面

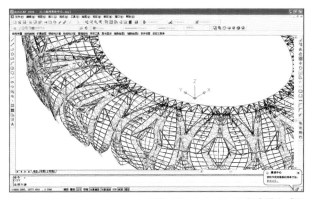

图8-58 Auto Ctg程序建模完成图

（2）Auto Ctg 建模过程演示

在"Ctg.Lsp"加载成功后，执行 ctg 命令，软件会自动提示输入钢管规格，输入规格所对应的钢管规格，然后框选轴线，软件将自动按照所对应的规格，将线性模型生成圆管实体模型，同时保留原线模型，见图 8-57 和图 8-58。

2.5.3　空间双向弯圆管绘图软件 Auto Scpds 开发

基于普通平面弯管深化设计方法，在双向弯曲钢管深化设计过程中引入了"双向弯曲钢管二面角"

理论，并开发了 Auto Scpds 双向弯曲钢管深化设计的自动绘图软件。

1. Auto Scpds 软件开发背景

Auto Scpds（Space double curved pipe drawing software）是针对双向弯曲钢管深化设计的自动绘图软件。

普通平面弯管在深化设计中通过标注半径、弦长和分段点拱高等数据来表达加工图，见图 8-59。各弯曲构件的参数汇总成表，见表 8-6。

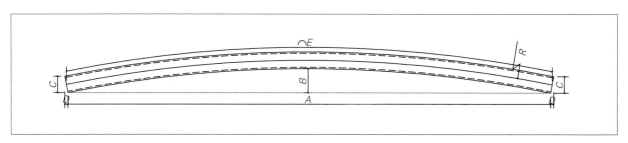

图8-59　平面弯曲钢管加工各参数示意图

平面弯曲钢管加工各数据表　　　　　　表 8-6

序号	编号	截面	数量	重量	材质	A	B	C	D	E	R	备注
1	ZHJ-SX	$\phi245\times16$	1	672	Q390GJC	7341	47	241	7433	353	19374	长度：mm
2												重量：kg
……												

主要涉及的计算公式如下：

（1）弧管弦长（A）计算公式：

$$A = 2 \times R \times \sin\ (E/2R);$$

（2）弧管拱高（B）计算公式：

$$B = R - \sqrt{R^2 - \left(R \times \sin\left(\frac{E}{2R}\right)\right)^2};$$

（3）附值（C）计算公式：

$$C = 2 \times r \times \sin\ (E/2R);$$

（4）附值（D）计算公式：

$$D = 2 \times r \times \cos\ (a/2R)。$$

2. Auto Scpds 软件特点

（1）二面角具有方向性，其变化范围为 $0° \leqslant \alpha \leqslant \pm 180°$（$\alpha$ 为二面角）。选择任意一个小分段所在的平面作为二面角的初始值，即该小分段的 $\alpha=0$。一般规定：两个相邻小分段之间，当后小分段所在平面与前小分段所在平面为顺时针角度，则规定 α 为"+"；两个相邻小分段之间，当后小分段所在平面与前小分段所在平面为逆时针角度，则规定 α 为"−"，见图 8-60。在双向弯曲圆管的深化设计中，通过二面角来表示相邻两端圆管之间平面外的空间关系，简洁明了。

（2）Auto Scpds 软件的开发实现了双向弯曲钢管绘制加工图界面化、参数化。数据通过模型直接量取，输入软件后，可通过 Auto CAD 直接绘制成加工图。

（3）Auto Scpds 软件通过两个平面弯曲钢管加工示意图，来表达一段双向弯曲圆管，这样就能非常直观地指导车间进行加工。

（4）Auto Scpds 软件能自动判断二面角的方向，避免了人工判断容易出错，大大提高了加工图的准确性。

3. Auto Scpds 软件应用

Auto Scpds 软件同样是基于 Auto CAD 平台开发，打开软件后首先点击"启动 CAD"项，Auto

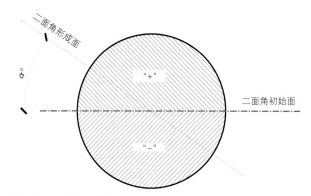

图8-60　二面角示意图

Scpds 将会启动 Auto CAD，并与其自动关联。

（1）组件界面的设置

点选组件按钮，在此可输入管外壁直径、壁厚和材质，见图 8-61。

（2）定位界面设置

点选定位按钮，在此可设置曲线端点左、设置曲线端点右、设置二面角起始曲线段，见图 8-62。

设置曲线端点左：点击后自动转换至 Auto CAD 平台，任意选择双向弯曲构件的一个端点，同时软件规定该点在出图时为左端。

设置曲线端点右：点击后自动转换至 Auto CAD 平台，选择双向弯曲构件相对于左端的另一个端点，

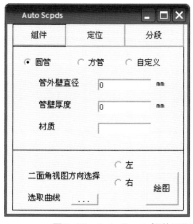

图8-61　Auto Scpds组件界面

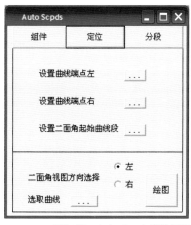

图8-62　Auto Scpds定位界面

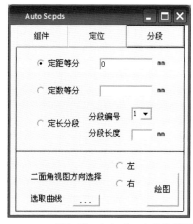

图8-63　Auto Scpds分段界面

同时软件规定该点在出图时为右端。

设置二面角起始曲线段：点击后自动转换至 Auto CAD 平台，点选作为二面角起始角度的曲线位置。

（3）分段界面设置

点选分段按钮，在此可设置定距等分、定数等分和不定长分段，见图8-63。

定距等分：将曲线按输入长度自动分段，相邻分段曲线间形成二面角。

定数等分：将曲线按输入段数自动分段，每段长度为平均值，相邻分段曲线间形成二面角。

不定长分段：特殊情况下，每个分段长度若有不同，可分别依次规定每条曲线的长度。

（4）绘图界面设置

软件下方可设置二面角视图选择、选取曲线、绘图。

二面角视图选择：可规定二面角在绘图输出时的视图方向。

曲线选取：点击后自动转换至 Auto CAD 平台，选择所要绘制的曲线。

绘图：点击后自动转换至 Auto CAD 平台，自动绘制曲线加工图，见图8-64。

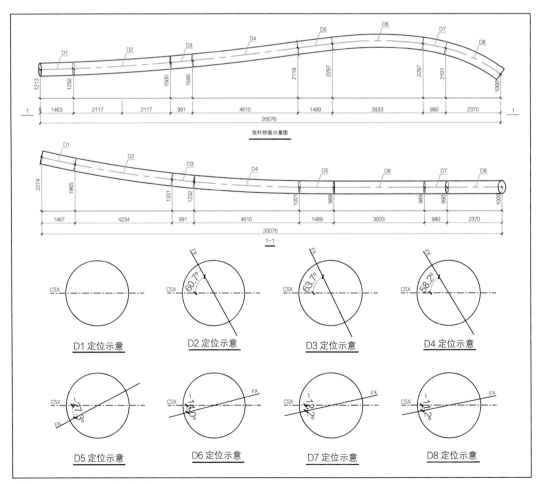

图8-64　Auto Scpds绘图示意

第九章　屋盖钢结构加工

第一节　钢结构加工特点、难点及技术创新

1.1　钢结构加工特点及难点

1.1.1　桁架弦杆为双向弯曲构件，加工难度大

1.径向桁架为变截面三角形空间管桁架，桁架弦杆为不规则的空间圆心坐标点对应的不同曲率半径拟合而成的空间曲线，加工制作难度大。

2.桁架弦杆双向弯曲钢管制作精度要求高，空间控制点坐标检测难度大。

1.1.2　相贯节点加工和焊接质量要求高

1.相贯线切割精度要求高。

2.相贯焊接施焊空间小，焊接质量要求高。

1.1.3　铸钢节点铸造工艺复杂

1.铸钢节点形状复杂，铸造难度大。

2.部分铸钢节点体型大、单件最大重量达 45t，热处理困难

1.2　钢结构加工关键创新技术

1.2.1　研发大直径厚壁双向弯曲钢管成形技术

根据双向弯曲钢管几何上的数学原理，利用深化设计阶段提出的双向弯曲钢管二面角理论，创立了大直径厚壁双向弯曲钢管成形技术。

在双向弯曲钢管弯曲成形加工时，第一圆弧段弯曲后，在下一相邻圆弧段弯曲之前，需将该段钢管绕中心线旋转一个二面角，接着再进行弯曲，依次类推，完成双向弯曲钢管上各圆弧段的弯曲加工。同时利用

专用测量仪器——"刻度盘"，实现了弯曲成形过程中"二面角"的精确控制。

1.2.2　发明可调式双向弯曲钢管空间点坐标检测胎架

根据桁架弦杆双向弯曲特点，以及空间控制点坐标的要求，发明了一种"双层可调式"检测胎架；利用该检测胎架，可将抽象的空间点坐标数据测量转换成直观的钢管外壁与托板接触情况的判断，不仅快速、方便，而且精确度高。

1.2.3　开发跟踪管理子系统（NC 系统）

对现有信息化、网络化管理系统平台进行了升级，实现了钢结构焊接智能化管理；通过引入轨道式全位置自动焊接机器人，确保了焊缝成形质量，提高了焊接效率。

第二节　双向弯曲钢管加工技术

2.1　双向弯曲钢管加工原理

在双向弯曲钢管弯曲成形加工时，第一圆弧段弯曲后，在下一相邻圆弧段弯曲之前，需将该段钢管绕中心线旋转一个二面角，接着再进行弯曲，依次类推，完成双向弯曲钢管上各圆弧段的弯曲加工。本工程主桁架弦杆空间弯曲钢管相邻圆弧段之间的二面角角度都比较小（基本上＜3°），在进行钢管空间弯曲加工定位时，很难准确地测量出所需旋转二面角的量值，为此，主桁架弦杆双向弯曲钢管在深化设计时，将双向弯曲钢管上所需旋转角度转换成对应圆弧长

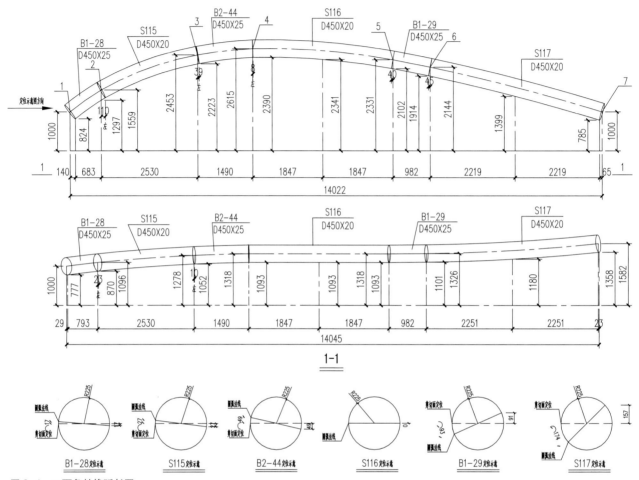

图 9-1　二面角转换弧长图

度（分界面上的圆弧长度）来表示，以便钢管弯曲加工时定位测量。同时利用专用测量仪器"刻度盘"，实现了弯曲成形过程中"二面角"的精确控制。

例如，一主桁架弦杆某段双向弯曲钢管长 14022mm，沿钢管长度方向包含有 6 段圆弧段，分别为圆弧段 B1-28、S115、B2-44、S116、B1-29 和 S117，此双向弯曲钢管详图设计时，预先拟定圆弧段 S116 为基准段，S116 段两边的各圆弧段所需旋转二面角的大小转换成对应弧长（二面角转换成对应弧长值），见图 9-1。

2.2　双向弯曲钢管弯曲加工方法

双向弯曲钢管加工方法是根据需弯曲加工的曲率半径（R）与钢管直径（D）的比值来确定，分为以下两种方法：

1. 当 $R/D < 20$ 时，采取以中频弯（热弯）成形的加工方法，见图 9-2。

2. 当 $R/D \geq 20$ 时，采取在油压机上（配置专用模具）进行逐步式模压（冷弯）成形的加工方法，见图 9-3。

图9-2　钢管中频弯加工

图9-3　钢管模压加工

2.2.1　中频弯加工

1. 工艺管拼接

为确保双向弯曲钢管的顺滑过渡，弯管加工前在钢管两端拼接一段工艺管，待钢管弯曲成形后再将其割除。在滚轮式胎架上进行工艺管的拼接，以保证拼接后工艺管与钢管同轴度要求，见图9-4。焊接采用 CO_2 气体保护焊，焊后将对接焊缝磨平。

2. 划线

在钢管上划出各圆弧段之间的分界面，并在分界面上按一定弧长划等分线，标出旋转二面角方向，

见图9-5。钢管外壁通过分界面上的等分线将用于钢管中频弯曲加工过程中所需旋转二面角对应圆弧的测量基准线。

3. 双向弯曲钢管中频弯加工

根据待弯曲钢管第一段圆弧曲率半径设置好转臂的长度。转臂的一端通过夹具与待弯曲钢管连接固定，另一端作为支点固定。

开启电源，向加热圈充电，加热圈对钢管加热，加热温度控制在 850 ~ 950℃为宜。在液压系统动力作用下，钢管按预定曲率半径弯曲成形。

图9-4　工艺管拼接

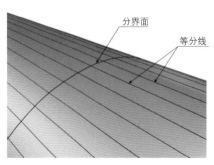

图9-5　钢管外壁等分线

（1）第一圆弧段弯曲加工

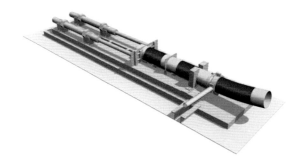

（2）第二圆弧段弯曲加工

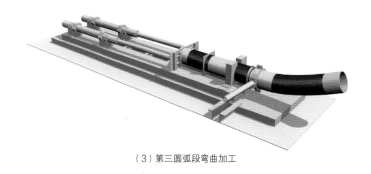

（3）第三圆弧段弯曲加工

图9-6 双向弯曲钢管弯曲加工过程

第一圆弧段弯曲后，将钢管按预定的方向绕中心线旋转二面角（以弧长计算），接着再进行第二段圆弧段弯曲加工，依次类推，完成双向弯曲钢管的成形加工。加工过程示意见图9-6。

4. 冷却

双向弯曲钢管中频弯曲加工后宜采取自然风冷或强迫风冷，严禁采取浇水冷却。

2.2.2 在大型油压机上进行逐步式模压成形

1. 钢管模压加工设备

双向弯曲钢管模压加工设备为悬臂式数控油压机，油压机模压双向弯曲钢管加工见图9-7。

2. 模压模具设计

双向弯曲钢管在大型油压机上进行模压弯曲成形模具包括有上模1副和下模2副。多年经验证明，模压成形模具设计不当，钢管在受强迫压弯时，不仅进给困难，而且受压截面容易形成椭圆，因此，在进行模压模具设计时，巧妙地结合了转动轴与杠杆互动结构原理，设计成一种自然可调式结构，见图9-8。

3. 双向弯曲钢管模压成形

根据待弯曲钢管各段圆弧曲率半径的最大值，计算出上模具行程，同时设置好上下之间的间距，并试

图9-7　双向弯曲钢管模压加工

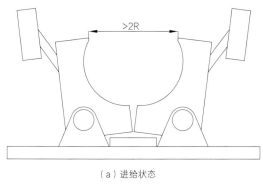

（a）进给状态

（b）工作状态

图9-8　模压模具（下模）设计

压调试后将模具固定在油压机的上、下工作平台上。

　　开启油压机，吊上待弯曲加工钢管置于模具上，依次进行各圆弧段的逐步模压弯曲加工，在第一圆弧段弯曲后，进行下一相邻圆弧段弯曲之前，需要将相邻圆弧段钢管绕轴心线旋转一个二面角，接着方可进

行相邻圆弧段的弯曲加工，见图9-9，完成的双向弯曲钢管沿长度方向上各圆弧段之间的过渡应顺滑平整。双向弯曲钢管各圆弧段弯曲时，应分多次逐步压弯，一般分 4 ~ 5 次，下压量的计算方法见表9-1。模具下压一次钢管的进给量为 500 ~ 700mm。

钢管模压下压量的计算表

表 9-1

分 4 次成型	第一次	第二次	第三次	第四次	—
	H/3	H/3	H/6	H/6	—
分 5 次成型	第一次	第二次	第三次	第四次	第五次
	H/3	H/3	H/6	H/12	H/12

注：H 为压弯钢管弧长范围内的总压下量。

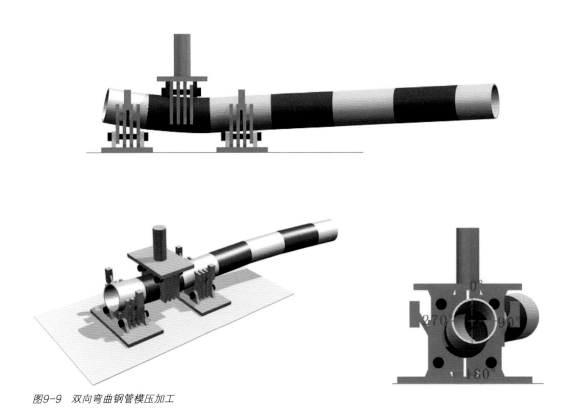

图9-9 双向弯曲钢管模压加工

第三节 钢管相贯口加工技术

屋盖结构采用空间圆管桁架结构，弦杆与腹杆的连接采取了直接相贯焊缝连接，所以腹杆加工主要为两端相贯口的切割。桁架弦杆与腹杆相贯连接角度各异，使得腹杆规格、类型非常多，且两端部相贯口形状各异，如何保证腹杆加工精度，是钢结构加工重点之一。

桁架腹杆两端部相贯口的切割采用多维圆管数控相贯面切割机。该设备能自动实现多重相贯线的切割和坡口的开设，采用CNC控制系统，配置等离子切割机，具有较高的自动化程度和切割精度。

3.1 钢管相贯切割下料

桁架腹杆两端相贯线切割是根据事先编制好的程序在计算机控制下自动切割，所以对相贯线的加工，程序的编制极为重要。编程及切割过程表9-2所示：

3.2 相贯线检验

把相贯线的展开图在透明的塑料薄膜上按1∶1绘制成检验用的样板，样板上标明杆件编号，检验时将样板根据"跟、趾、侧"线标志紧贴在相贯线管口，根据吻合程度检验相贯口的精度。见表9-3所示。

相贯线编程及切割流程　　　　　　　　　　　　　　　　　　　　　　　　　　　　表 9-2

序号	程序步骤	程序图示
1	进入相应切割界面	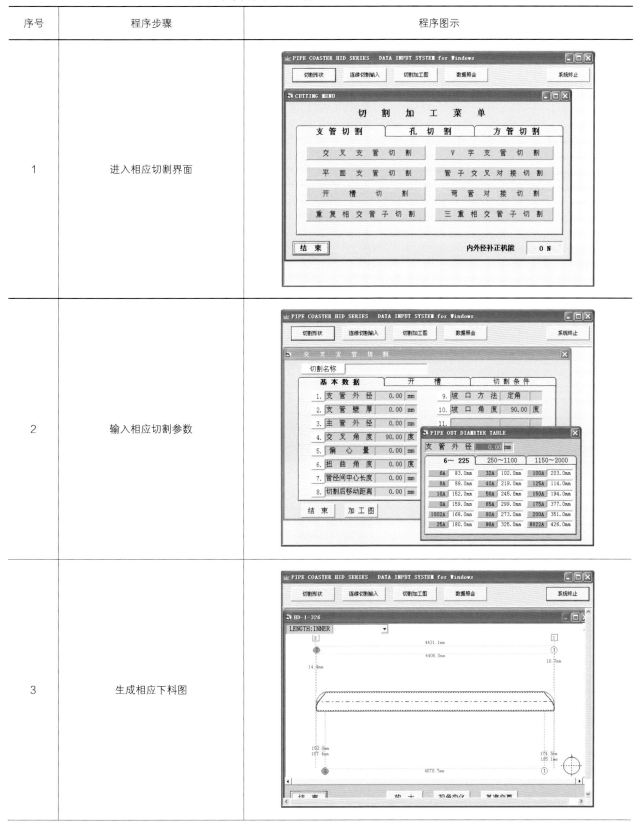
2	输入相应切割参数	
3	生成相应下料图	

续表

序号	程序步骤	程序图示
4	保存数据，关闭程序	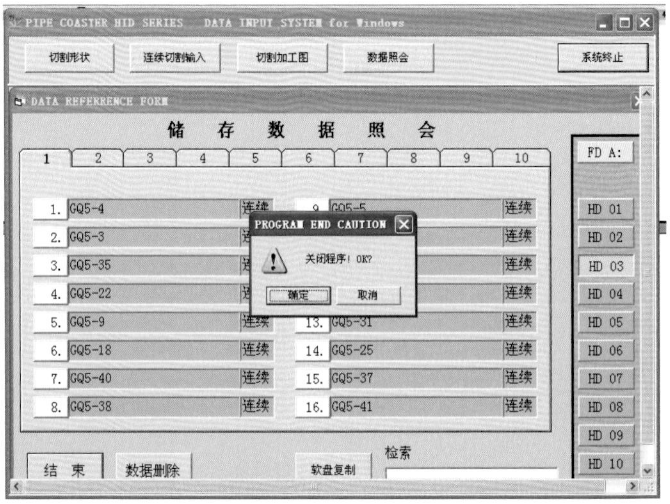
5	钢管上机，调出程序，点火切割	   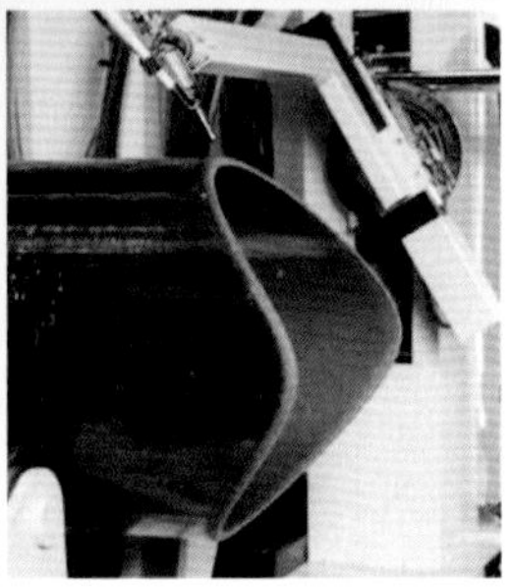

相贯线检验 表 9-3

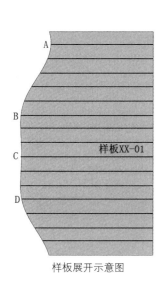

样板展开示意图

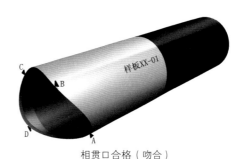

相贯口合格（吻合）

相贯口不合格（部分点偏移）

第四节 大型铸钢节点制造技术

4.1 铸造方法确定

屋盖多杆件相交处基本采用了铸钢节点，共有 14 种类型 577 件。铸钢节点具有结构复杂、数量规格多、外形尺寸大等特点，经综合比较采用砂型铸造方法。

4.2 铸钢节点加工

4.2.1 凝固模拟分析确定铸造工艺方案

凝固模拟分析是以铸件充型、凝固过程数值模拟技术为核心对铸件进行铸造工艺分析。它可以完成铸件的凝固分析、流动分析以及流动和传热耦合计算分析，确定铸钢件的浇注温度、浇注速度、浇注时间、钢水需求量、砂型中冷却时间等工艺参数，同时预测铸件缩孔和缩松的倾向，对改进和优化铸造工艺、提高铸件质量、降低废品率、保证工艺设计水平稳定等起到积极的作用。通过凝固模拟预测铸件缺陷、优化铸造工艺，为铸钢节点产品达到优良质量等级提供可靠基础。

4.2.2 冶炼浇注操作要点

1. 配料

①配碳：氧化脱碳量为 0.35% ~ 0.4%,(新炉第一炉的脱碳量应在 0.5% 以上，中修炉的第一炉的脱碳量应在 0.45% 以上)。

②控制 P、S 含量，P、S 含量尽量低。

③控制残留元素含量特别是 Cr、Ni、Cu。

④装料：先在炉底铺上 2% 的石灰炉料，再按常规装料。

2. 熔化期

①钢液熔池形成后，分批加石灰造渣，其总量为料量的 1% ~ 2%；

②熔化末期，分批加入小批矿石，加速脱 P，加入量为炉料 1% ~ 2%。

③炉料化清后，取样分析 C、P、Mn、Cr，取样时，在熔池中心舀取（取样用具清理干净后舀取）。如含 P 过高时，可放渣、扒渣、出渣后随即添加 Si 和氟石造新渣。

3. 氧化期

①脱 P：抓紧在熔化末期和氧化初期脱 P，并及时放掉高 P 炉渣防止发生"返磷"。

②脱 C：在钢液温度达到 1560℃，进行吹氧操作，含 C 量按下线控制为 0.15%。

③氧化末期温度控制，比出钢温度高 20 ~ 30℃ [1620℃ +（20 ~ 30℃）]。

④除渣：当 C、P 含量和温度达到要求时，快速除渣。

4. 还原期

①造稀薄渣：造渣原料为：石灰、氟石和碎耐火砖块，其比例为：4：1.5：0.2，加入量为钢液重量的 2% ~ 3%。

②预脱氧：初期加入锰铁，进行预脱氧，锰铁加入量按 1% 计算。

③造还原渣脱氧：稀薄渣形成后，加放石灰、氟石和碳粉造渣，钢液在良好白渣下还原时间应 > 20min，在此期间，分批加入石灰和硅铁粉调整炉渣，保持炉渣的还原能力。

④脱氧质量的检验：取钢液浇注圆杯试样来判断脱氧情况，当试样顶面凹陷时为脱氧良好。

⑤脱 S：保证高的炉温，高碱度和还原性的炉渣，从而提高脱 S 效果。

⑥调整化学成分：当 C、P、S 符合要求时，按化学成分要求，根据光谱检测结果加入合金元素。

⑦终脱氧：当化学成分符合要求（光谱分析），并达到出钢温度，加入铝进行最终脱氧。

5. 浇注

①浇注时，钢包注口要对正铸型的浇口。

②浇注过程中发生漏钢水（跑火）现象时，一方面采取措施堵住，另一方面细流慢注（钢水温度较高时，可停一会，但时间不能过长，否则易造成粘塞头，打不开注口）。

③如钢水溢出冒口，应及时用撬杠把刚刚凝固的钢皮撬掉。

6. 热处理及后处理要求

①热处理

a. 在加热过程中，当炉温升到 650 ~ 700℃时，应缓慢升温，或在此温度下保温一段时间。

b. 为了使铸件内外温度一致，并且有足够的时间使组织完全转变。保温时间一般均从铸件均热（即铸件内外温度或颜色达到一致）后，开始计算。

②后处理

后处理是铸钢节点生产的最后一道工序，主要内容有：打箱、抛丸、割去浇冒口、打磨、表面涂装等，工作量极大，是形成铸钢节点外观的关键工序。由于铸钢节点形状复杂、表面要求高，因此，清理工作量是普通铸钢件的一倍。铸钢节点打磨完毕后，经长时间抛丸处理使铸件形成均匀一致的外观效果。最后，除铸钢节点与钢管焊接部位外，其余部位均需作防锈处理。

4.3 大型铸钢节点制造质量控制技术

4.3.1 铸钢节点铸造说明

1. 优化铸钢节点设计，确定合理的铸钢节点壁厚及内、外部结构，为稳定生产满足用户要求的铸钢节点提供保障。

2. 确定合理的铸钢节点浇注位置，采用阶梯式浇注系统及保温冒口，实现铸钢节点的顺序凝固，确保铸钢节点内部组织致密，无疏松缺陷。

3. 采用底注塞杆浇包，保障浇入铸型的钢水质量及防止夹渣缺陷。

4. 选用优质炉料，严格按照工艺规格冶炼，控制有害残留元素含量，采用脱 P、脱 S 剂，降低 P、S 含量，保证铸件化学成分。

5. 控制开箱时间，按工艺规程气割冒口并及时进行热处理以降低铸造应力，防止产生裂纹，稳定铸件组织。

4.3.2 木模质量控制

1. 原材料：采用烘干的红松制作，整体实模，芯壳为拆开式，木模必须干燥，无霉变、腐烂等现象。

2. 制作样板时几何尺寸、位置度必须准确，线条清晰，加工部位用红色笔明显标出。

3. 木模零部件制作时，必须留有测量基准线条，检验线条以备复查。

4. 每件木模制作过程中，全部几何尺寸、拔模斜度数值等，必须按图自行检验并做好记录，经质量监督员、工艺员对实物复核、签字后方可投产。

4.3.3 铸钢节点质量检验

1. 铸钢节点磁粉探伤及质量评级方法

铸件制作过程中，需对铸件表面进行磁粉探伤，磁粉探伤应在铸件进行热处理后进行，使铸件内部应力充分释放，使检查结果真实可靠。

铸钢节点磁粉探伤质量等级　　　　　　　　　　　　　　　　　表 9-4

质量等级		3		
表面粗糙度最大 Ra 值（μm）		25		
不考虑的缺陷最大尺寸（mm）		3		
非线性缺陷	最大长度（mm）	6		
	框内最大总面积（mm²）	70		
线性缺陷和点性缺陷的最大长度、总长度（mm）	铸钢件厚度范围（mm）	线性	点线性	总长
	$\delta \leqslant 16$	6	10	16
	$16 < \delta \leqslant 50$	9	18	27
	$\delta > 50$	15	30	45

应用范围：铸钢件，根据使用状况和表面粗糙度状况，选择质量等级

平面缺陷质量等级划分　　　　　　　　　　　　　　　　　　　　　表 9-5

评定框内，允许的缺陷尺寸的上限	质量等级			
	1	2	3	4
一个缺陷在铸钢件厚度方向的尺寸（mm）	0	5	8	11
一个缺陷的面积（mm²）	0	75	200	360
缺陷的总面积（mm²）	0	150	400	700

非平面缺陷质量等级划分　　　　　　　　　　　　　　　　　　　　表 9-6

层	评定框内，允许的缺陷尺寸的上限	质量等级			
		1	2	3	4
外层	一个缺陷在钢铸件厚度方向的尺寸占外层厚度百分数（%）	20	20	20	20
	一个缺陷的面积（mm²）	250	1000	2000	4000
	缺陷的总面积（mm²）	5000	10000	20000	40000
内层	一个缺陷在铸钢件厚度方向的尺寸占整个铸钢件截面厚度百分数（%）	10	10	15	15
	缺陷的总面积（mm²）	12500	20000	31000	50000

2. 铸件超声探伤及质量评级方法

规定了厚度等于或大于 30mm 的低合金铸钢节点的超声波探伤；以及根据超声波探伤的结果对铸件进行质量评级的方法。所引用的超声波探伤方法仅限于 A 型显示脉冲反射法。

铸钢件探伤面的表面粗糙度应满足：Ra 值 ≤ 12.5μm。

铸钢件的质量等级，分别按平面型缺陷（裂纹、冷隔、未融合等）和非平面型缺陷（气孔、缩孔、夹砂、夹渣等）的尺寸，将铸钢件质量等级各分为五级。对于同一类型的缺陷，在相同的探伤条件下，一级质量最好，二、三、四、五级质量依次降低。

评定时，采用 317mm² × 317mm²（面积约 100000mm²）的评定框。

第五节　钢结构模拟预拼装

运用 Tekla Structures、AutoCAD 软件，依据工程设计图纸建立整个结构的三维模型，其中包含了设计、制造、安装的全部信息，所有图纸与报告在模型中完全整合后生成完整的数据输出文件，导出文件供车间生产制作用。

用 3D 光学扫描测量系统对构件进行三维光栅扫描，导入计算机得到三维立体图像。采用拟合方法，在计算机中用 ATOS 软件处理测量实体构件与三维模型图进行比对，检验构件是否合格；构件合格后，用 ATOS 软件程序处理数据，用实体构件对整体建筑模型进行模拟拼装。

找出实体构件与模拟拼装构件之间的连接部位偏差数值；给出检测数据，实测构件模拟拼装合格出厂，不合格返回生产车间修正。

实测构件模拟拼装检测合格通过后，出具构件模拟拼装检测参数报告，指导现场安装施工。

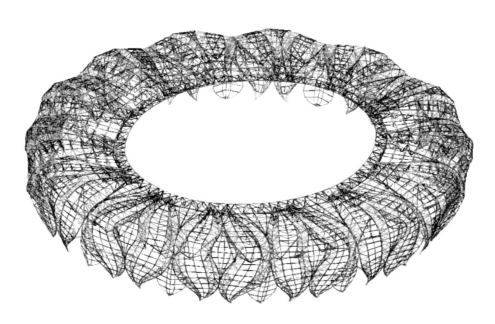

图9-10　理论模型

第十章　屋盖钢结构安装

主体育场屋盖呈环状花瓣造型，采用大悬挑空间管桁架和弦支单层网壳结构体系。整个钢屋盖由28片主花瓣和13片次花瓣形成的花瓣组构成。主花瓣为管桁架结构，主花瓣与主花瓣间，以及主桁架间为弦支单层网壳结构，整个钢结构屋盖由上、中、下支座支承在混凝土看台及平台上。钢屋盖分为墙面、肩部、场内悬挑3个部分。在结构的支座、主桁架相贯连接部位、桁架与支撑柱连接部位、主次花瓣连接节点等位置采用铸钢节点，场内悬挑端部与环桁架连接采用直接相贯节点。

由于本工程屋盖造型复杂，桁架弦杆为双向弯曲构件，加工成型工艺复杂；钢桁架拼装精度要求高、焊接工作量大；钢结构安装支撑多、支撑体系要求高；钢结构合拢、支撑架卸载难度大；因此，需要对整个安装过程进行细致的研究分析。

第一节　钢结构安装特点、难点及关键创新技术

主体育场屋盖钢结构为不规则空间管桁架结构，结构造型奇特、铸钢节点多、用钢量大等特点决定了其施工过程的复杂性。

1.1　钢结构安装特点及难点

1.1.1　空间定位难度大

屋盖钢结构的设计独特新颖，钢结构采用花瓣造型，属于空间异型结构体系，空间定位难度大。

1.1.2　杆件双向弯曲复杂、多杆件小角度交汇

桁架弦杆呈双向弯曲，其中不规则双向弯曲的钢管数量达到20000m以上，弯曲钢管直径为$\phi 450 \times 16$mm～$\phi 700 \times 35$mm，属于大直径厚壁圆钢管的空间弯曲，工厂加工制作难度大，现场安装非常复杂。

1.1.3　现场拼装精度要求高、焊接工作量大

由于钢结构造型复杂，且均为单根杆件运到现场拼装，因此拼装精度要求高，焊接工作量特别大。

1.1.4　钢结构吊装质量要求高

单个吊装单元重量重（最大吊装单元重量达77t），构件安装高度高，定位精度要求严。由于铸钢节点厚度和杆件的壁厚均较厚，高空焊接易造成焊接变形及应力集中，需采取措施控制其变形。现场作业量十分庞大，如何保证吊装精度和焊接质量是工程的难点和重点。

1.1.5　钢结构安装支撑多、支撑体系要求高

由于屋盖钢结构具有悬挑跨度大、重量重等特点，要求支撑架有足够的数量及强度。结构中铸钢节点重量大，节点定位标高高，部分临时支撑架设在混凝土看台板上，需在保证吊装要求的前提下，确保看台板不被破坏。

1.1.6　钢结构合拢、拆撑卸载难度大

大型钢结构施工过程受温度效应的影响十分显著，选择合适的合拢位置及确定合理的合拢温度有利于减小温度应力的影响，并保证施工质量。钢结构拆撑卸载过程涉及结构内力重分布，拆撑卸载时具有卸

图10-1　地面吊装单元拼装

图10-2　吊装分块起吊及空中姿态调整

图10-3　次花瓣分块吊装

载点分布广、卸载点数多（66个支撑架）、卸载量大且分布不均匀、支撑架反力大、几何非线性强等特点，保证卸载过程的安全性是卸载过程的关键。

1.1.7　采用大量大型复杂铸钢节点

结构受力复杂、关键部位的节点均采用了铸钢节点，整个屋盖共有577个铸钢节点。

1.1.8　大体积空间结构受温度应力影响大

屋盖通过下支座、墙面拉杆、顶部V形撑杆支承于劲性混凝土柱梁上，支座伸缩冗余量不大，环向长近1000m的封闭结构受温度作用影响大。

1.1.9　大悬挑结构拆撑技术要求高

大悬挑结构自重作用下结构的变形大，开口处与其他部位布置的支撑形式不同，拆撑不当会造成结构和支撑架的破坏。拆撑过程局部支撑架荷载增加，为了使屋盖结构逐渐进入设计受力状态，需要分步、分级卸载，因此卸载顺序选择与控制是本工程的施工控制关键。

1.2　钢结构安装方法确定

屋盖为大悬挑椭圆环形空间管桁架结构，对于此类大型体育场屋盖钢结构的安装方法主要有：高空分段吊装（大型履带式起重机、行走式塔式起重机分段吊装）、滑移法（高空旋转累积滑移）等方法。

结合本工程特点，综合考虑施工质量、安全、进度、经济性，确定采用高空分段吊装法（大型履带式起重机分段吊装）进行施工。

1.3　钢结构安装关键创新技术

1.3.1　创建双向弯曲钢管三维定位技术

双向弯曲钢管三维定位技术包括地面拼装定位技术、空中吊装定位技术两部分。

地面拼装定位技术通过独创的"计算机辅助全站仪放样"技术进行定位。该技术利用计算机建立三维实体模型，调整模型角度确定最佳拼装平面，利用自主开发软件自动生成轴线投影线条和选定节点三维坐标，现场采用两台全站仪按照极坐标法依次放样定位，保证了拼装精度。空中吊装定位技术采用了免棱镜全站仪的"非接触式"测量技术，该技术强调事先在双向弯曲钢管的节点上，粘贴全站仪专用不干胶反光标靶。吊装测量时，采用数台0.5s、1s级全站仪安置在地面控制点上，按"双极坐标法"同步观测标靶的三维坐标；该坐标值与设计坐标值（事先由计算机输入）进行比对，自动生成差值，即能实时指挥施工人员调整钢结构空间姿态，又能避免高空设置观测标志带来的人身安全隐患。

通过"切线投影法"对已安装桁架进行检测，以确保主桁架坐标完全满足精度要求。

1.3.2　提出支撑架设计方法

通过对钢结构屋盖的吊装和支撑架卸载方案研究分析，提出了支撑架设计方法。

钢结构支撑架体系由T形支撑架、W形支撑架、体育场开口处支撑架以及水平连系桁架组成。T形和W形支撑架沿体育场内环向布置，在支撑架高度方向设置一道水平连系环形桁架连成整体；根据桁架分段以及桁架最后合拢位置，在体育场开口处设置径向五道支撑架，在支撑架高度方向设置径向和环向两道水平连系桁架，最后通过环形水平桁架将所有支撑架连接成一个稳定的支撑架体系，其支撑架体系即可满足了钢结构在吊装和卸载过程中受力要求，同时采用专利产品拆装式支撑架标准节进行组装又便于回收再利用。

1.3.3　首创分区、分级、等比和等距相结合卸载技术

通过对支撑架卸载多种方案的研究比较，首次提出支撑架分区、分级、等比和等距相结合卸载技术。将整个体育场钢结构支撑架分为六大区。首先，先后同步一次性拆除外墙临时支撑架与径向悬挑桁架根部支撑架，然后对内部的66个支撑架使用"六区域五循环"卸载：即通过由北向南两侧对称分级等比逐步卸载，在分区内进行等距同步卸载。利用施工过程监测技术对支撑架卸载全过程进行监测，监测结果与支撑架卸载的有限元数值模拟比较吻合，得到数据与结构设计的计算结果基本接近。这个卸载技术保证了卸载精度和减少了设备使用数量，同时做到协调管理更有效率。

第二节　钢结构安装技术

2.1　看台劲性钢结构安装

看台劲性钢结构构件截面形式主要有十字形及 H 形两种，十字形以钢柱居多，H 形主要为钢梁部分为钢柱。其安装其实是土建施工作业中的一道工序，因此型钢结构的施工顺序应根据土建施工总体顺序穿插进行。

型钢结构的吊装分段根据土建施工习惯，采用一层一吊，局部两层一吊，型钢梁采用结构自然分段进行吊装。部分较重的节点采用单独吊装。部分斜柱吊装时为保证稳定性，采用临时支撑架作支撑，支撑架底部落在混凝土看台上。支撑架如落在混凝土看台板上，应进行点对点加固，即斜柱的荷载传递至支撑架，再由支撑架传递至楼板，再由楼板传递至结构梁、柱，

最后传递至基础。如图 10-4 所示。

2.2　铸钢节点安装

2.2.1　铸钢节点安装技术

屋盖钢结构采用了大量双向弯曲钢管，在花瓣与花瓣之间有很多的杆件汇交于节点，其节点构造和受力状态比较复杂。本工程采用了 14 种类型 577 个铸钢节点，单体具有形状复杂、尺寸大、重量重等特点。

1. 铸钢节点定位

从测量方法、定位措施和校正 3 个方面进行节点定位控制。铸钢节点进场后，采用三维坐标拟合法进行测量验收。将设计中心坐标转换成可视的坐标，即将测量点转换到节点分支端口的外表面。首先将铸钢节点放在专用的验收工装上，使用高精度全站仪测量铸钢节点各个端口中心的坐标，将测量所得坐标值在

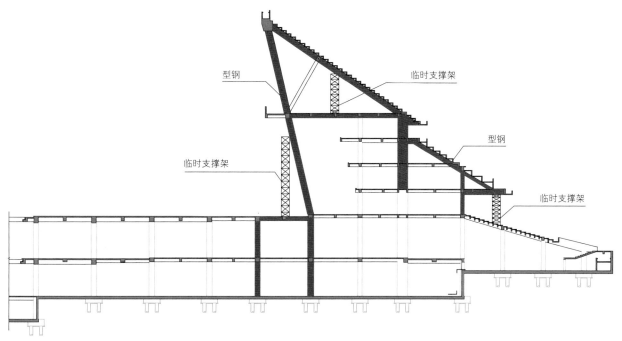

图10-4　点对点临时支撑架设置图

CAD 软件中转化为几何图形，然后将该图形与理论"几何图"通过旋转、平移方法尽量拟合重叠，不重合的尺寸数据即为构件的制作偏差值。构件几何图形用计算机进行拟合重叠，计算出构件制作偏差值，见图 10-5。

铸钢节点安装定位流程如下：

在铸钢节点支管管口附近贴上测量反光片，反光片距管口边缘 300mm，贴的位置以方便全站仪接收为准。下铸钢支座通过在 ±7.80m 平台上轴线控制点设置测量仪器，进行定位测量，中支座通过设置在场外的外测量控制点定位测量，测量仪器采用全站仪。

2. 铸钢节点安装

铸钢节点每个管口对称焊接 4 块临时连接耳板。在铸钢支座节点支管外立面管口位置设置测量反光片，不得少于 3 个。在预埋钢板上划出十字基准线，在铸钢支座底板上也划出十字对中线。支座处铸钢节点的安装精度直接影响到整体结构的安装质量，上支座通过连接耳板与劲性结构连接，经全站仪测量校正后，才能实施焊接，测量时选择 3 个不在同一条直线上的主要对接管口中心为测点，3 个测点坐标均正确后，支座位置才能固定。安装时设置临时支撑架支承，待铸钢节点与预埋钢板焊接完毕后拆除支撑架。

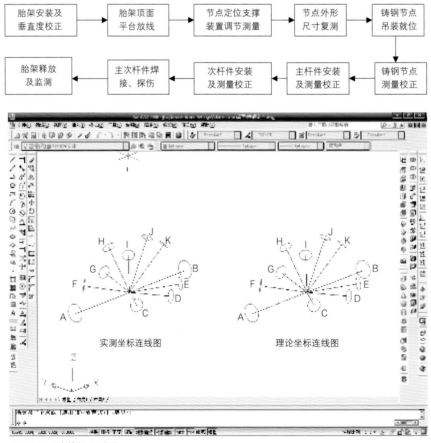

图10-5　计算机比对图

2.2.2　铸钢节点现场焊接工艺

本工程的铸钢节点焊接具有以下难点：①铸钢节点材料具有较高的碳当量，可焊性较差；②施工焊接时，在高的热应力作用下可能导致铸钢节点内部热裂纹产生；③容易产生气孔缺陷；④焊接工作量大，若焊接顺序不当会造成焊接残余应力较大，并且存在双向的倾斜角度，焊接操作难度大；⑤铸钢节点低温焊接对焊缝金属危害的直接表征就是出现裂纹和工作状态下发生脆断，控制不好就会导致焊接质量下降甚至造成安全隐患。

铸钢节点焊接工艺要求主要有 6 方面：

1. 焊缝焊接坡口要求

铸钢节点坡口形式见图 10-6 所示。

2. 焊接方法选择

现场焊接采用 CO_2 气体保护焊，焊丝型号选用 E501T-1 药芯焊丝，直径 1.2mm，保护气体为 CO_2。

3. 焊接预热

预热加热方式采用电加热，加热区域范围在焊接坡口两侧各 150mm。测温点应在离电弧经过前的焊接点各方向不小于 75mm 处，测温应有检验员负责，并做好记录。

4. 多层多道焊操作要点

①多层焊接时应连续施焊，每一焊道焊接完成后应及时清理焊渣及表面飞溅物。在连续焊接过程中应控制层间温度，使其符合工艺文件要求。

②坡口底层焊道采用焊条电弧焊时宜使用直径不大于 4mm 的焊条施焊或采用气体保护焊施焊。

③对于 CO_2 气体保护焊，单道焊的焊道宽度应小于 16mm，否则应采用分道焊。

④焊接过程应连续，如中途停焊至少应焊满坡口深度 1/2 以上，同时还应控制焊道间温度，其温度应控制为 < 230℃。

5. 焊后保温、后热消氢处理

当板厚 ≤ 40mm 时，在焊接结束后，如焊缝表面温度 > 120℃，则立即覆盖保温性能好、耐高温的石棉布，至少 2 ~ 4mm 厚，并加以包扎固定，使其保温缓慢冷却。当板厚 > 40mm 时，在焊接结束时立即进行焊后后热消氢处理。

6. 焊接顺序

铸钢节点精确定位后进行杆件安装。焊接顺序应从下向上，由中间向四周，单个铸钢节点所有分支与对接杆件安装精确到位后节点方可施焊。整体焊接顺序：当铸钢节点与其他节点相邻时，应先焊接铸钢节点。节点部位焊接顺序：先进行铸钢节点与立柱的焊接，再进行桁架弦杆与铸钢节点的焊接（对称焊接），之后进行桁架腹杆与铸钢节点间的焊接，再进行下部斜撑与铸钢节点的焊接。焊接顺序：1→（2、3）→（4、5），如图 10-7 所示。

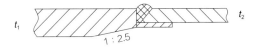

注：t_1 为铸钢件壁厚，t_2 为连接构件壁厚
无特别说明时 $t_1 > 1.4t_2$

图10-6　节点坡口形式

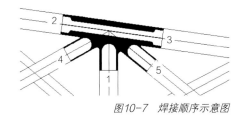

图10-7　焊接顺序示意图

2.2.3　质量控制与检测

1. 焊前控制措施

焊前控制措施：①焊条焊前须经350℃烘焙1h，随烘随用，并将领取的焊条放入保温筒内。②定位焊需牢固可靠，不得有裂纹、夹渣、气孔等缺陷。③焊前焊缝坡口及附近50mm范围内应清除锈、油等污物。④焊前复查组装质量、定位焊质量和焊接部位的清理情况，符合要求后方可施焊。⑤现场焊接区域采取专门防雨措施，并搭设防风棚。

2. 焊中检验

焊中检验包括以下内容：①对焊接工艺参数与焊接文件的符合性进行确认与检查。②对双面焊在清根时进行外观检查和无损检测。③采用多层多道焊接时，焊接完成每一焊道后应及时清理焊渣及表面飞溅物，清除干净后方可再焊。

3. 焊后检验

①焊缝表面缺陷超过相应的质量验收标准时，对气孔、夹渣、焊瘤、余高过大等缺陷应用砂轮打磨、铲凿、钻、铣等方法去除，必要时应进行补焊。

②经无损检测确定焊缝内部存在超标缺陷时应进行返修，根据无损检测确定的缺陷位置、深度，用砂轮打磨或碳弧气刨清除缺陷。

③清除缺陷时应将刨槽加工成四侧边斜面角大于10°的坡口，并应修整表面、磨除气刨渗碳层，必要时应用渗透探伤或磁粉探伤方法确定裂纹是否彻底清除。

④补焊时应在坡口内引弧，熄弧时应填满弧坑；多层焊的焊层间接头应错开。

⑤返修部位应连续焊成。如中断焊接时，应采取后热、保温措施，防止产生裂纹，再次焊接前宜用磁粉探伤检查焊缝质量。

2.3　钢结构屋盖安装

2.3.1　钢桁架吊装分段

由于屋盖钢结构为花瓣造型的空间管桁架结构，花瓣桁架之间通过铸钢节点连接，考虑到铸钢节点的肢管多，高空对接难度大，分段方案将铸钢节点带进桁架拼装单元内一起吊装。

钢结构分段按部位分为墙面段桁架、肩部段桁架、场内悬挑段桁架三大部分，其中墙面段桁架分为铸钢支座段、组合墙面段、单榀墙面段；肩部段桁架分为组合单元和单榀两种形式；场内悬挑段分为单榀和组合两种形式。具体分段方式如图10-8所示。

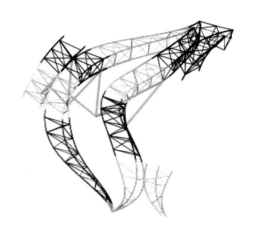

图10-8　分段示意图

2.3.2　钢桁架拼装

由于本工程桁架弦杆为双向弯曲构件，加工成型工艺复杂，钢桁架拼装分工厂预拼装和现场地面拼装。工厂预拼装是为检验工厂加工成型之后的构件精度、尺寸是否满足设计要求，考虑到工程的特殊性，工厂预拼装采用计算机模拟拼装技术。现场地面拼装是将杆件拼装成空间桁架的吊装单元。

计算机模拟预拼装方法是对已加工完成的构件进行三维测量，得到测量数据后生成实体模型，在计算机中对加工构件的实体模型进行模拟拼装，并且在计算机上进行碰撞检查、分析拼装精度，保证构件的加工质量。

地面拼装采用了独创的"计算机辅助全站仪放样"法进行定位。其方法如下：

1. Tekla 或 Aotucad 软件中建立结构实体三维模型，按照吊装方案将桁架分段。

2. 利用自主开发 CAD 辅助软件，将立体桁架以满足最小拼装高度的某个平面为基准面平放，见图 10-9。桁架中标高最低杆件轴线中心设置成原点，坐标为（0，0，0）。输入命令，自动生成其余选定节点（轴线交点）相对原点的坐标（x，y，z）。

3. 利用自主开发软件，自动生成桁架的轴线投影线条。

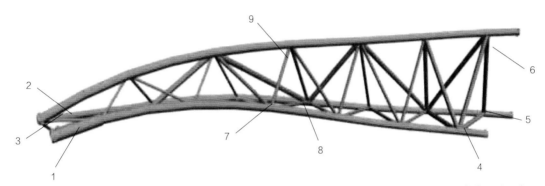

图10-9 立面桁架平放示意图

桁架拼装地面放平后新坐标　　　　　　　　　　　　表 10-1

坐标点	X	Y	Z	坐标点	X	Y	Z
1	0	0	0	6	33066.8	−342.3	6411.8
2	399.5	929.7	0	7	14176.4	2399.0	1012.3
3	−721.3	−721.2	771.5	8	19228.0	6446.4	695.8
4	31389.0	0	0	9	15093.1	2087.1	4541.0
5	37542.4	3594.8	507.5				

说明：以 1、2、4 三点所在平面为 xy 平面，以 1 点为原点，以 1、4 两点连线为 x 轴建立坐标系。所有坐标点均在圆管中心。

图10-10　分段桁架模型

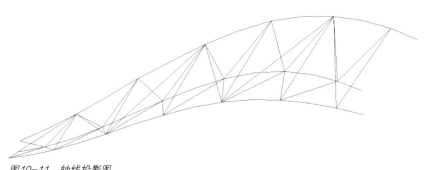

图10-11　轴线投影图

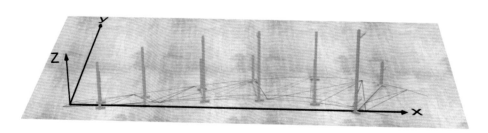

图10-12　放样

4. 在平整的拼装场地上间隔数米安置两台1秒级全站仪，采用平行光管技术相互观测十字丝，建立一条控制基准线；移动1台全站仪到该控制基准线侧数米外，建立另一条控制基准线，两条控制线互相垂直，建立XY平面，交点标记为"O"点，该"O"点转化为上述桁架的原点（0，0，0）。

5. 利用转换后的节点坐标，采用全站仪按极坐标法在XY平面内放样各支点平面位置，并采用墨线弹出桁架轴线投影线条。

6. 在各支点安置支撑架，支撑架顶部设置圆管定位弧形板，弧形板与钢管接触面标高采用悬挂钢卷尺加水准仪测出，钢卷尺下边需配以拉力范围内的重锤，使钢尺呈铅直状态。

7. 在支撑架上安置双向弯曲钢管，并在钢管顶面安放特制的棱镜片观测标志，精确观测节点平面坐标，指挥操作工人调整钢管平面位置。

图10-13 杆件定位

8. 采用S05级精密水准仪测量各节点顶面高程，指挥施工人员调整支撑高度。最后采用两台全站仪按双极坐标法测量节点坐标后，焊接连接杆件，见图10-12、图10-13。

2.3.3 桁架高空对接

分段桁架吊装单元为空间结构形式，吊装过程重心难把握，对吊点位置、吊点数量、绑扎方式、吊绳长度都需通过计算模拟后方可现场实施。

铸钢节点高空最多有12个对接口，为保证高空顺利对接，施工前通过计算机仿真模拟吊装就位分析和设置临时定位板等措施，确保吊装单元各接口能准确对接，见图10-16。

吊装测量时，观测多为高空目标，为避免高空设置观测标志带来人身安全隐患，因此采用免棱镜全站仪的"非接触式"测量技术方案成为首选。事先在双向弯曲钢管的节点上，粘贴全站仪专用不干胶反光标

图10-14 肩部段桁架地面拼装

图10-15 墙面段桁架地面拼装

图10-16　场内悬挑段吊装分块空中对接

靶。吊装测量时，采用数台0.5秒、1秒级全站仪安置在地面控制点上，按"双极坐标法"同步观测标靶的三维坐标。用坐标放样模式从全站仪中调出（事先由计算机输入的）该节点的三维坐标，全站仪自动计算出该点的实际坐标和实际坐标与安装位置的差值，实现实时指挥施工人员调整钢结构空间姿态，确保各双向弯曲钢管安装定位准确。

为检测双向弯曲钢管安装后的精度，先后研究并讨论分析了悬挂垂球法、截面设标观测法、加工套管法、铅垂截面观测法、激光扫描仪法等多种方案，均因操作不便、危险性大、成本高、精度不够、计算复杂等原因放弃，最后选用独创的"切线投影法"进行测量。测量原理如下：

1. 采用精密全站仪和弯管目镜在地面上垂直投影

弦杆任意处南北两侧切点（经试验其投影精度为1～2mm），两切点地面投影点连线中点即为弦杆中心地面投影点。

2. 直接在地面上用两台仪器"按双极坐标方式"观测弦杆中心投影点平面坐标（即两台全站仪架设在两个控制点上，按极坐标方法同步观测，获取观测目标的两组坐标，检核后取坐标中数）。

3. 在弦杆中心投影点上安置免棱镜精密全站仪，垂直向上直接测量弦杆端点下表面高程h_1，在电子图上直接量取该端点下表面至弦杆中心的距离h_2，则h_1+h_2即为弦杆中心高程。

对体育场56榀主桁架所有切线投影点的两组坐标成果较差（共计224组）进行了精度统计分析：平面观测中误差和高程观测中误差分别为±2.51mm和±1.15mm。即便考虑全站仪的对中误差、切线投影差及仪器竖向测高差等影响，亦能完全满足主桁架坐标测量的精度要求。切线投影法由于其作业方法简单、设站灵活，采用"非接触"的测量方式避免了高空作业危险，可以广泛应用于各类高空钢结构坐标测量和变形监测。

2.4　钢结构安装合拢

本工程钢结构体系复杂、悬挑大，周长近1000m，环向封闭全焊接连接。结构本身的温度变形和温度应力较大，结构使用过程中，温度变化对结构内部杆件的受力影响较大，为保证使用过程的安全，特别是杭州地区极限高温和极限最低温度时的安全，必须通过计算机分析确定合适的合拢温度、合拢线、合拢段长度和合拢口间隙大小，以减少结构使用过程中的温度变形和温度应力。

2.4.1　合拢温度确定

确定合拢温度的原则：一要结构的初始温度接近年平均气温，二要考虑施工进度计划及其变化，预留一定的允许温度偏差范围；三是结构合拢温度应尽量设定在结构可能达到的最高温度与最低温度的中间区域，使结构受力比较合理，用钢量较小。原设计要求，主桁架的合拢温度为 15℃±5℃。根据进度安排，确定在 12 月份进行合拢施工，杭州地区 12 月份最高气温 12℃，故需要选择在一天中温度最高的时段进行合拢，即 11:00～15:00 之间。

2.4.2　合拢线确定

在确定合拢线时，不但要考虑结构本身的受力和变形情况，同时还应考虑钢结构的整体安装顺序和主桁架的安装分段情况。在满足合拢要求的条件下，尽量减少合拢点的数量，特别是合拢口的数量，以方便施工，减少人员、设备的投入。钢结构采用"地面分段拼装、高空组装成形"的施工工艺，按该施工工艺，钢结构分两个工作面对称向两边推进施工，最后在环桁架处合拢。

2.4.3　合拢段长度和合拢间隙确定

钢结构环向长度近 1000m，为减小合拢后温度应力对结构的影响，安装时在环桁架处设置温度合拢缝，合拢以一对环桁架吊装完成为结束，合拢位置见图 10-17。

2.4.4　钢结构合拢方案模拟

在进行合拢时，首先是将安装单元吊装就位，采用卡板固定后进行焊接。由于就位及焊接过程时间较长，因此在进行合拢温度计算时，取合拢单元温度变化为升温 10℃计算。为保证清楚的体现温度变化对结构内力及位移的影响，计算时暂不考虑重力作用，仅考虑温度作用。提取合拢处的连接杆件，杆件在温度作用下的应力如图 10-18 所示，表 10-2 为焊接相关节点的各方向位移，表 10-3 为考虑重力荷载作用下合拢前后结构内力与位移的比较。

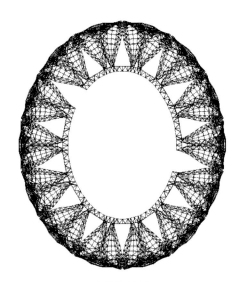

（a）钢结构合拢位置

（b）钢结构合拢现场

图10-17　结构合拢位置

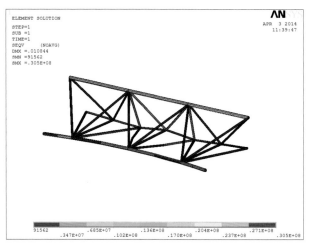

图10-18 合拢单元等效应力

对接节点位移 表 10-2

对接节点	位移（mm）			
	X	Y	Z	总量
1744	−3.26	−0.36	4.47	5.54
1748	−3.60	0.11	3.34	4.91
1758	2.30	−0.01	5.72	6.17
1762	0.65	0.77	9.18	9.24
3227	−3.46	−0.68	4.24	5.52
3233	−3.63	0.17	3.01	4.72
3242	2.50	0.05	5.32	5.88
3248	1.39	1.06	9.05	9.22
4346	−4.11	−0.14	5.02	6.49
4350	−4.65	−0.02	3.61	5.88
4352	−4.51	−0.03	3.58	5.76
4361	3.38	−0.05	6.06	6.94
4367	1.66	0.64	10.67	10.82
6888	−4.31	−0.08	4.76	6.43
6907	3.43	−0.11	6.24	7.12
6913	1.91	0.47	10.15	10.34

合拢前后结构响应 表 10-3

	结构最大竖向位移（单位：mm）	结构最大等效应力（单位：MPa）
合拢前	76.3	108
合拢后	79.3	118

从表 10-2 可以看出各焊接节点处的位移变化并不大，最大位移处 6913 节点为 10mm，从表 10-3 可以看出整个结构在合拢前后结构内力和位移变化不明显。图 2.12 表明吊装单元在温度应力影响下也未产生较大的应力和位移，结构杆件应力主要集中在上下弦杆处，腹杆应力较小，最大等效应力为 30.5MPa。分析表明，选择该区域进行合拢符合合拢要求，能保证整个结构顺利合拢和结构安全。

第三节　钢结构安装支撑架设计

3.1　支撑架设计选型

临时支撑架在整个钢结构吊装过程中起着十分重要的作用，在结构吊装阶段，钢结构自重有临时支撑架承担；吊装结束后，又通过临时支撑架进行卸载实现受力体系的转换，所以临时支撑架的设置应按吊装要求严格设置。

根据结构安装与拆撑卸载的不同需求，采用了不同的支撑架。结构安装阶段：在开口处设置了组合格构支撑架，其余位置设置了 W 形、T 形格构柱支撑架，见图 10-19、图 10-20、图 10-21；拆撑卸载阶段，采用环形拉结整体格构柱支撑架，见图 10-22。该格构柱采用专利产品，其标准节尺寸为 2m×2m×1.5m，根据受力大小，部分格构柱中间设通高钢管 ϕ 219×10。

图10-19　吊装时支撑架布置图

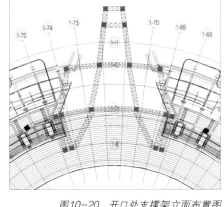

图10-20　开口处支撑架立面布置图

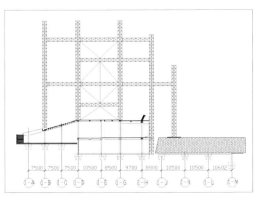

图10-21　开口处支撑架立面布置图

图10-22　卸载前支撑架布置图

由于本工程支撑架形式较多，如把支撑架带入结构进行整体计算，工作量非常大。因此采用通过吊装过程及拆撑卸载过程中支撑处的最大反力作为活荷载，施加到支撑架上进行单独计算设计该支撑架。

1. 恒荷载：支撑架自重。

2. 支撑架顶部活荷载：根据结构在吊装过程及拆撑卸载过程中的临时支撑处的最大反力，该反力需考虑所安装结构自重、施工荷载（钢结构自重的35%）以及10年一遇风荷载。

3. 10年一遇风荷载：$W_0 = 0.3 \text{kN/m}^2$。

3.2 支撑架设计计算

3.2.1 W形支撑架计算

荷载信息：活载、施工荷载、自重、风荷载。

模型参数：外侧支撑架高度约为16m，内侧支撑架高度约为44m，内侧支撑架中心加通高钢管$\phi 219 \times 10$，间隔3m与四周支撑架节点做拉结（$\phi 60 \times 3.5$）。

3.2.2 T形支撑架计算（44m）

荷载信息：活载、施工荷载、自重、风荷载；模型参数：外侧支撑架高度约为16m，内侧支撑架高度约为44m，内侧支撑架中心加通高钢管$\phi 219 \times 10$，间隔3m与四周支撑架节点做拉结（$\phi 60 \times 3.5$）。

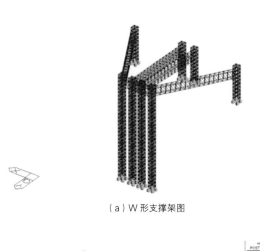

（a）W形支撑架图

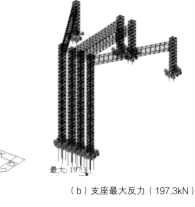

（b）支座最大反力（197.3kN）

（c）最大应力212.7N/mm²

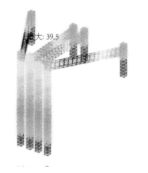

（d）支撑架位移图（最大位移39.5mm）

图10-23 W形势支撑架计算结果

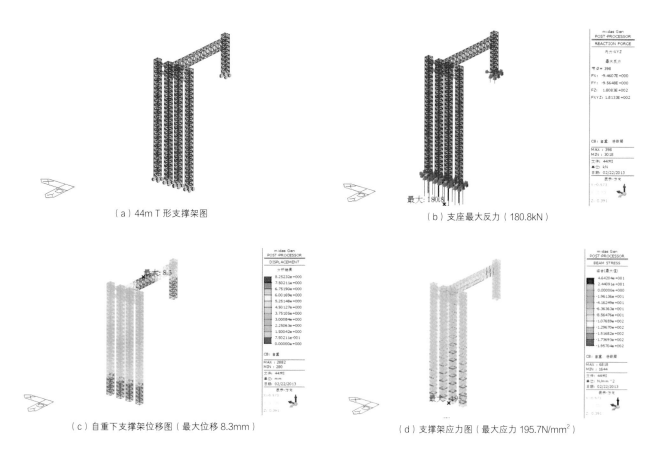

（a）44m T形支撑架图

（b）支座最大反力（180.8kN）

（c）自重下支撑架位移图（最大位移 8.3mm）

（d）支撑架应力图（最大应力 195.7N/mm²）

图10-24　T形支撑架计算结果

3.2.3　开口处支撑架

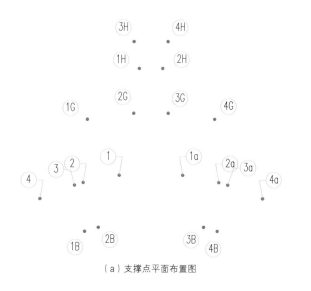

（a）支撑点平面布置图

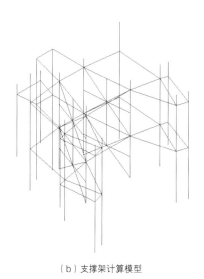

（b）支撑架计算模型

图10-25　开口处支架计算结果（一）

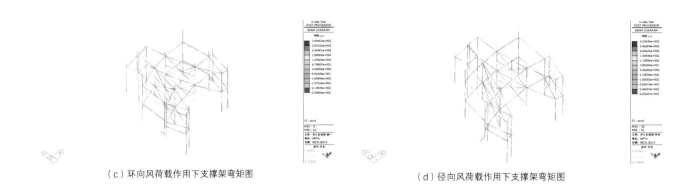

（c）环向风荷载作用下支撑架弯矩图　　　（d）径向风荷载作用下支撑架弯矩图

图10-25　开口处支架计算结果（二）

开口处支撑架轴压和环向风荷载作用下应力表　表 10-4

支架编号	承受荷载		应力（N/mm²）	应力比
	轴力 N（单位：kN）	弯矩 M（单位 kN·m）	计算长度系数 u=1.5	
1	480.6	191.8	190.471	0.886
2	257.3	280	190.501	0.886
3	399.7	579.6	190.471	0.886
1a	474.3	191.8	125.108	0.582
2a	259.1	280	125.182	0.582
3a	399.9	579.6	190.501	0.886
1B	781.5	207.2	150.708	0.701
2B	866.8	205.8	161.596	0.752
3B	879.4	205.8	163.271	0.759
4B	773.9	207.2	149.702	0.696
1G	104.5	236.6	68.504	0.319
2G	495.1	261.8	125.108	0.582
3G	495.7	261.8	125.182	0.582
4G	118.7	236.6	70.336	0.327
1H	867.4	133	165.356	0.769
2H	867.4	133	165.36	0.769
3H	813.4	120.4	139.776	0.650
4H	811.9	120.4	139.571	0.649

开口处轴压和径向风荷载作用下应力表　　　　　　　　　　　表 10-5

支架编号	承受荷载		应力（N/mm²）	应力比
	轴力 N（单位：kN）	弯矩 M（单位 kN·m）	计算长度系数 u=1.5	
1	480.6	26.6	65.05	0.303
2	257.3	151.2	67.646	0.315
3	399.7	490	168.543	0.784
1A	474.3	26.6	64.284	0.299
2A	259.1	151.2	67.872	0.316
3A	399.9	490	168.573	0.784
1B	781.5	156.8	137.588	0.640
2B	866.8	151.2	147.197	0.685
3B	879.4	151.2	148.844	0.692
4B	773.9	156.8	136.597	0.635
1G	104.5	205.8	61.241	0.285
2G	495.1	26.6	66.836	0.311
3G	495.7	26.6	66.906	0.311
4G	118.7	205.8	63.06	0.293
1H	867.4	92.4	153.516	0.714
2H	867.4	92.4	153.52	0.714
3H	813.4	53.2	121.497	0.565
4H	811.9	53.2	121.298	0.564

由表 10-4 和表 10-5 可以看出，各支撑架的应力比均小于 1，说明在轴压和环向风荷载及径向风荷载作用下开口处支撑架的稳定性均满足规范要求。

3.2.4　开口处支撑架结构有限元分析

1. 上部支撑架变形值

上部支撑架变形最大的位置位于支撑架顶部，其中 x 轴方向最大位移为 4mm、y 轴方向的最大位移为 0.14mm、z 轴方向的位移为 13.8mm。

2. 下部支撑架变形值

下部支撑的位移主要表现为工字型钢梁跨中的挠度和支撑上部的转角。其中工字型钢梁的最大挠度为 3.8mm，远小于跨度的 1/1000。

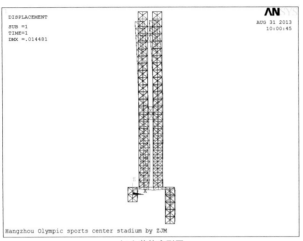

（a）整体变形图

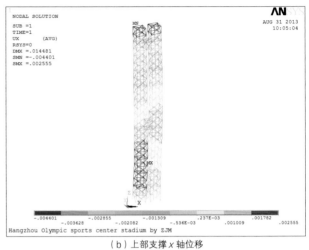

（b）上部支撑x轴位移

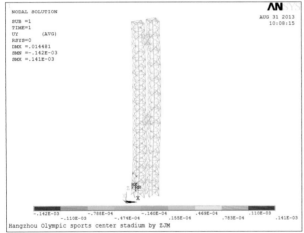

（c）上部支撑y轴位移

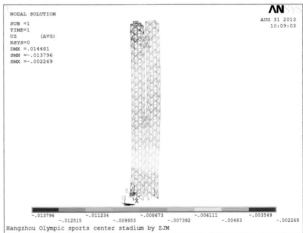

（d）上部支撑z轴位移

图10-26 开口处上部支撑架变形计算

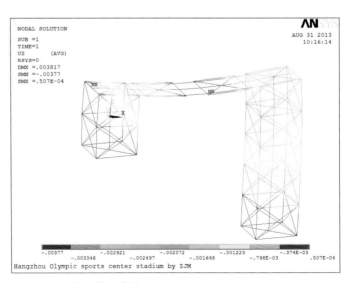

图10-27 下部支撑z轴位移

3. 转换支撑平台压缩量分析

长柱 z 向压缩量最大位置在 668 节点,其值约为 2.8mm,与短柱相比两位移差为 0.9mm。

4. 内力分析

提取下部模型 Von.Mises stress 应力云图,应力最大的部位位于支撑腹杆,等效应力大小为 139MPa,小于 215MPa,满足要求。

其中最大等效应力发生在短柱右第二节侧腹杆,等效应力为 139MPa,小于 215MPa,满足要求。

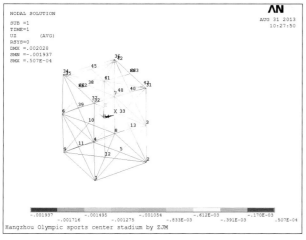

(a) 短柱 z 轴位移

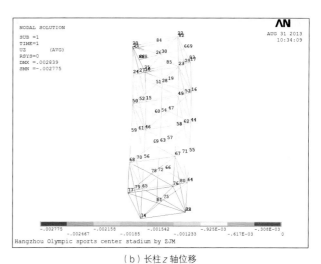

(b) 长柱 z 轴位移

图10-28　转换支撑平台压缩量计算结果

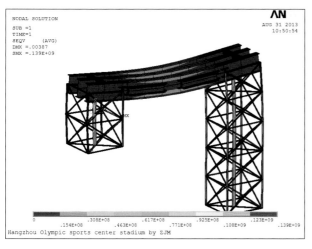

(a) 下部模型 Von.Mises stress 应力云图

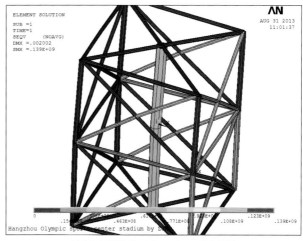

(b) 短柱模型 Von.Mises stress 应力云图

图10-29　转换支撑平台内力分析结果

3.3 支撑架细部构造设计

3.3.1 看台支撑架处理方法

为保护看台表面不被支撑架立柱冲切破坏以及看台结构的安全，支撑架底部需进行加固处理。拟采用点对点的加固方式，即支撑架支承在钢平台上，钢平台的立柱直接支承在看台混凝土柱顶，荷载通过钢平台直接传递到混凝土柱，由混凝土柱再传给下部基础。

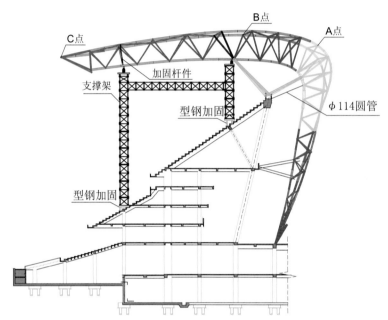

图10-30 看台支撑架设置示意图

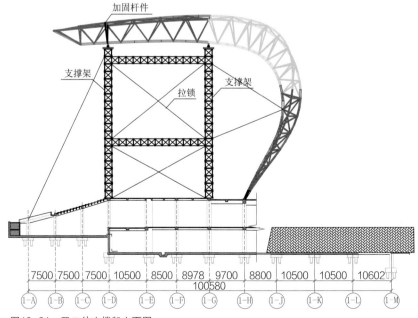

图10-31 开口处支撑架立面图

3.3.2　支撑架细部处理方法

开口处外侧支撑架支撑在主体育场外未施工区域，在地面上铺设路基箱后将支撑架支撑在路基箱上。

3.3.3　装配式格构承重支架的标准节

装配式格构承重支架的标准节（见图10-32），其基本单元（见图10-33）是由螺栓连接构成的框形骨架。基本单元由垂直承重钢管、连接钢管及节点（见图10-34）组成。

该承重支架具有以下优点：①不存在轴线偏心问题，克服了附加弯矩的影响；②传力方式为螺栓和焊缝传力，传力可靠，安全度高；③基本单元均在工厂采用模具定制，且下部设置万向自平衡可调支座，垂直度容易保证；④格构支撑架承载力较高，基本单元之间及标准节之间均为螺栓连接，且基本单元均为平面结构，在承受同样荷载的情况下，安装、拆卸及运输工作量小；⑤安装、拆卸及运输方便；⑥成本较低，使用成本只占传统支架的30%。

本工程临时支撑标准节规格2000mm×2000mm×1500mm，材质为Q235B，竖向承重圆钢管采用 $\phi89\times4$、连接钢管采用 $\phi60\times3.5$。

3.3.4　支撑架顶部平台构造设计

顶部平台设置H300×300×10×12型钢，与支撑架相连，材质采用Q235B。（图10-35）

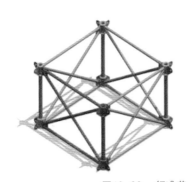

图10-32　标准节

图10-33　基本单元

图10-34　连接节点

图10-35　支撑架顶部构造图

第四节　拆撑卸载技术

大跨度空间结构折撑卸载行程控制方法主要采用液压千斤顶抽取垫片法，施工方法主要有分区循环卸载、同步等比、等距卸载等。临时支撑卸载模拟方法主要有3种：①支座强迫位移法。②等效刚度杆端强迫位移法。③温控千斤顶模拟法。

本工程采用Ansys有限元软件对支撑架拆撑卸载进行全过程模拟，采用了温控千斤顶模拟法，首次提出分区、分级、等距与等比相结合的卸载方法。在过程中采用了Ansys生死单元，用Link10单元模拟千斤顶，通过安装和卸载过程的施工力学进行卸载分析，最后通过过程监控，其方法是可行、高效的。

4.1　卸载原则

卸载过程既是拆除支撑架的过程，又是结构体系逐步转换过程，在卸载过程中，结构本身的杆件内力和临时支撑的受力均会产生变化。卸载时，既要确保安全、方便施工，又不能改变设计意图，对构件的力学性能产生较大的影响。为了保证卸载时相邻支撑架的受力不会产生过大的变化，同时保证结构体系的杆件内力不超出规定的容许应力，避免支撑架内力或结构体系的杆件内力过大而出现破坏现象。卸载方案必须遵循以下原则：

1. 确保结构自身安全和变形协调。

2. 确保支撑架安全。

3. 以理论计算为依据、以变形控制为核心、以测量监测为手段、以安全平稳为目标。

4. 便于现场施工组织和操作。

在卸载过程中，结构本身的杆件内力和临时支撑的受力均会产生变化，卸载步骤的不同会对结构本身和支撑架产生较大的影响，故必须进行严格的理论计算和对比分析，以确定卸载的先后顺序和卸载时的分级大小。计算时，将支撑架视为结构本身的一部分，并建立总体的计算模型，通过支座变位求出支座反力及结构本身的内力。

大跨度空间结构各部位的强度和刚度均不相同，卸载后的各部位变形也各不一样，卸载时的支座变位情况会对结构本身和支座产生较大的影响，故卸载时，必须以支座变位控制为核心，确保卸载过程中结构本身和支撑架的受力及结构最终的变形控制。

本工程的卸载过程是一个循序渐进的过程，卸载过程中，必须以测量控制为手段，进行严格的过程监测，以确保卸载按预定的步骤和目标进行，防止因操作失误或其他因素而出现局部部位变形过大，造成意外的发生。

由于卸载过程也是结构体系形成过程，不论采用哪种卸载工艺，其最终目标是保证结构体系可靠、稳步形成，所以，在卸载方案的选择上，必须以安全平稳为目标。

4.2　分区、分级、等比与等距相结合的卸载思路

由于本工程支撑架数量较多，卸载前支撑架数量达66个，相邻支撑架在卸载过程中会产生互相影响，支撑架不宜同时一起卸载，也不可能逐个进行拆除，必须分批、分级、同步进行。这样既可以避免大量的人力和物力需求，又便于组织协调。根据结构本身的受力情况、传力途径、变形情况、体系形成过程及支

撑架的实际情况，通过计算分析确定卸载总体思路为"分六大区域五次循环分级同步卸载"。

通过对支撑架卸载多种方案的研究比较，首次提出支撑架分区、分级、等比和等距相结合卸载技术。将整个体育场钢结构支撑架分为六大区。首先，先后同步一次性拆除外墙临时支撑架与径向悬挑桁架根部支撑架，然后对奥体中心的66个支撑架使用"六区域五循环"卸载，每次循环都为"分区1→分区2→分区3→分区4→分区5→分区6"，即由北向南两侧对称卸载。

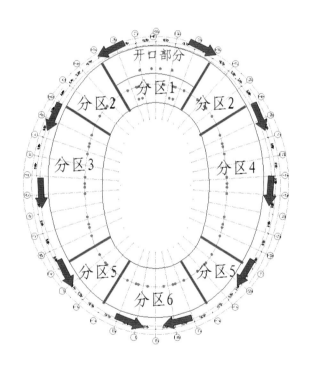

图10-36 卸载分区及循环方向图

利用施工过程监测技术对支撑架卸载全过程进行监测，监测结果与支撑架卸载的有限元数值模拟比较吻合，得到数据与结构设计的计算结果基本接近。这个过程中保证了卸载精度和减少了设备使用数量，同时做到协调管理更有效率。

4.3 支撑架卸载前后结构受力分析

主体结构安装完毕，所有临时支撑拆除前、后是两个终极状态，是结构由施工状态完全过渡到设计状态。这两个状态的一些参数是整个临时支撑卸载分析的控制参数，对这两个状态的分析给整个卸载分析提供依据、参数指标。

根据本工程结构特点，施工安装方案采用66个临时支撑点，支撑在悬挑桁架外部节点和开口花瓣桁架节点上。支撑架卸载采用同步等距和等比例相结合的方式卸载，卸载时采用千斤顶抽取垫片法进行，每个支撑点下由千斤顶和垫片支撑，垫片采用厚度为5mm、10mm、20mm、30mm钢板。卸载时根据理论计算通过千斤顶来抽取垫片。

基于ANSYS软件生死单元技术考虑路径效应影响的计算方法，求得卸载前、卸载过程中临时支撑的反力以及卸载阶段结构的内力和位移。

1. 内环支撑架反力为200～870kN，其中最大为870kN；开口处支撑架反力为100～1127kN，最大值为1127kN。

2. 临时支撑点竖向位移为 –22～–185mm，最大值为 –185mm，出现在开口处b轴支撑点位置。

3. 环向支撑点反力和变形值比较离散，南北处和东西向支撑点变形较大。

临时支撑点竖向位移较小，卸载过程参与到结构受力中的荷载少，以主体结构自重荷载为主，卸荷过程设立的支撑架给结构提供有利的支撑，减少施工过程中结构的挠度。所以在卸载过程中，结构内力不起控制作用，在以后的分析中就不一一列出每个工况下的结构内力变化。

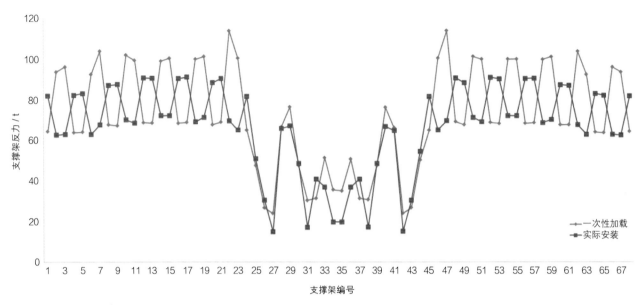

图10-37 支撑架反力图

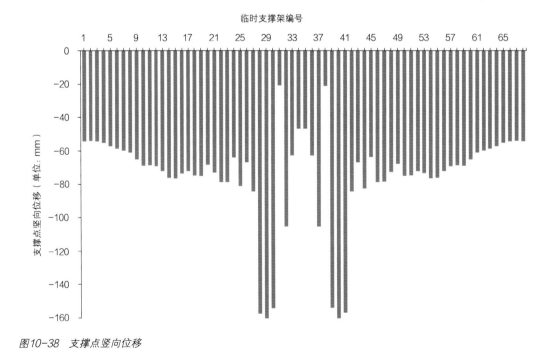

图10-38 支撑点竖向位移

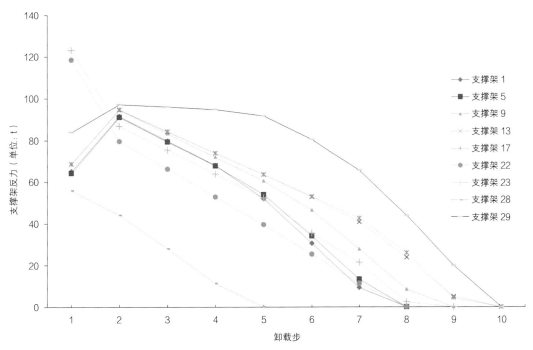

图10-39　卸载过程支撑架反力变化图

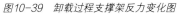

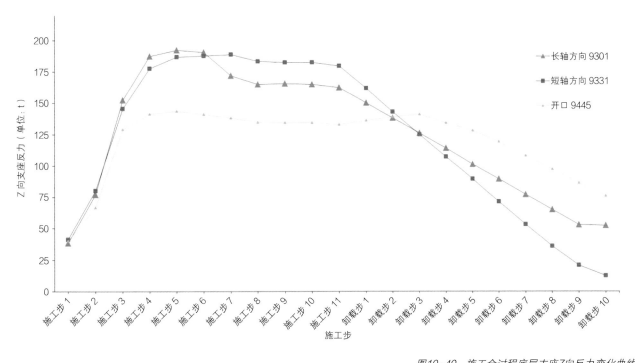

图10-40　施工全过程底层支座Z向反力变化曲线

4.4　支撑体系卸载技术研究

支撑架卸载前顶部支撑系统置换如下（图 10-41）:

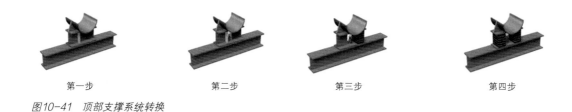

第一步　　　　　　第二步　　　　　　第三步　　　　　　第四步

图10-41　顶部支撑系统转换

4.4.1　第一次循环（图 10-42）

第一次循环主要对开口处的支撑架卸载，即支撑点 K61、K62、K63、K64、K65、K66。第一次循环分三个工况:

工况 1 将支撑点 K62、K63、K65、K66 卸载行程 10mm，K61、K64 卸载完毕，退出工作，同时将分区一支撑点 11、129 卸载行程 5mm;

工况 2 将支撑点 K62、K63、K65、K66 卸载完毕，退出工作;

工况 3 对其他 6 个区域部分支撑点进行 5mm 卸载，主要是分区与分区之间相邻支撑点，有 14、132、28、236、39、320、437、448、524、552、625、653 12 个支撑点，卸载行程 5mm。

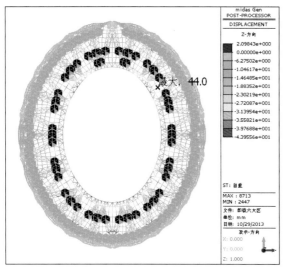

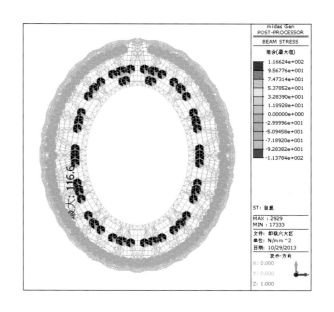

图10-42　第一次循环后结构位移和应力图

最大竖向位移 44mm，最大应力 116.6N/mm²，满足要求 *

4.4.2　第二次循环（图 10-43）

第二次循环主要是分区 1 至分区 6 的循环卸载，开口处的 6 个支撑点已经卸载完毕退出工作。第二次循环分 6 个工况，6 个工况之后部分支撑点卸载完毕退出工作。

分区	最大卸载行程量	退出工作支撑点
分区 1	25mm	12、13、130、131
分区 2	20mm	/
分区 3	20mm	/
分区 4	20mm	/
分区 5	20mm	/
分区 6	20mm	/

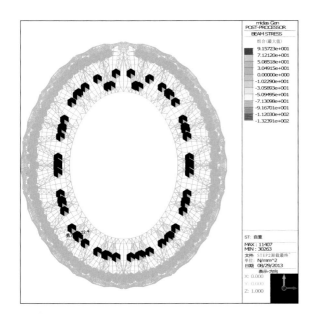 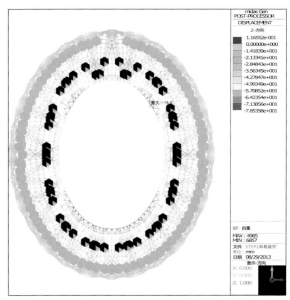

图10-43　第二次循环后结构位移和应力图

最大位移 78.5mm，最大应力 132.4N/mm^2。

4.4.3　第三次循环（图 10-44）

第三次循环主要是分区 1 至分区 6 的循环卸载。

第三次循环分 6 个工况，6 个工况之后部分支撑点卸载完毕退出工作。

分区	最大卸载行程量	退出工作支撑点
分区 1	25mm	14、132
分区 2	20mm	/
分区 3	30mm	/
分区 4	30mm	/
分区 5	20mm	/
分区 6	20mm	/

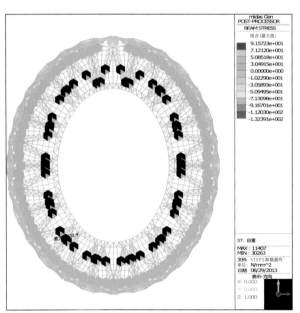
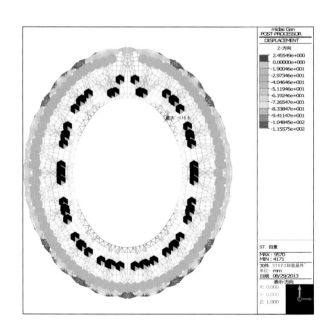

图10-44　第三次循环后结构位移和应力图

最大位移 115.6mm，最大应力 129.8N/mm²，满足要求。

4.4.4 第四次循环（图10-45）

第四次循环主要是分区1至分区6的循环卸载。

第四次循环分6个工况，6个工况之后部分支撑点卸载完毕退出工作。

分区	最大卸载行程量	退出工作支撑点
分区1	35mm	/
分区2	30mm	25、26、27、233、234、235
分区3	30mm	/
分区4	30mm	/
分区5	/	全部退出工作
分区6	/	全部退出工作

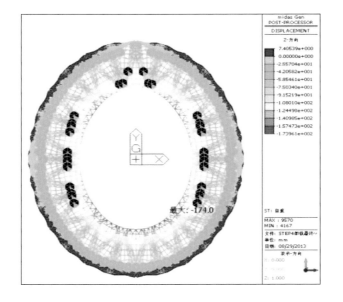 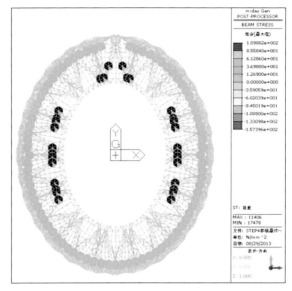

图10-45 第四次循环后结构位移和应力图

最大位移174mm，最大应力157.3N/mm2，满足要求。

4.4.5　第五次循环

第五次循环之后所有支撑架全部退出工作，完成卸载。

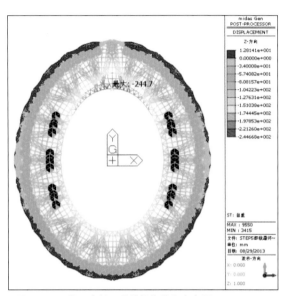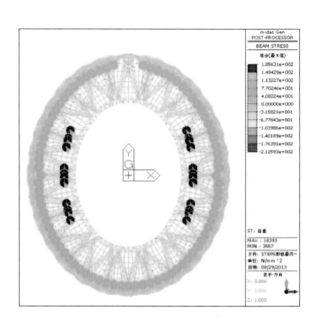

图10-46　第五次循环后结构位移和应力图

最大位移244.7mm，最大应力212.6N/mm²，满足要求。

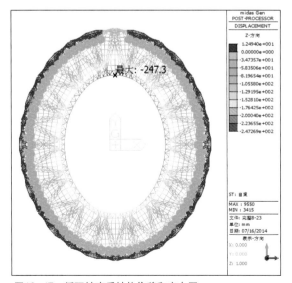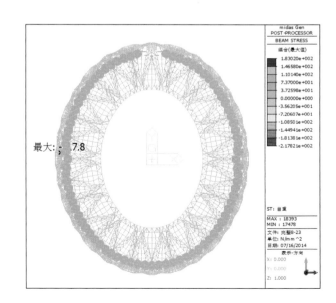

图10-47　循环结束后结构位移和应力图

最大位移247.3mm最大应力217.8N/mm²，满足要求。

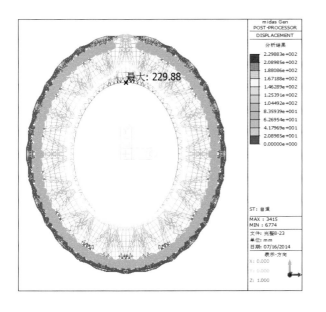

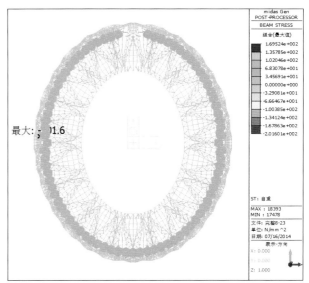

图10-48 基于一次性加载法结构的最大位移和应力图

在钢结构自重作用下，一次性加载后最大位移229.8mm，最大应力206.0N/mm²。循环卸载后的结构应力、最大位移与一次性加载法接近，因此卸载过程对结构位移与应力的影响满足相关规定的要求。

4.4.6 卸载过程示意图

示意图	
第一步： 支撑板两侧各加一块80mm宽的加强板，厚度等同支撑板	第二步： 支撑板中间开宽度160mm的孔洞，并设置好卸载专用千斤顶
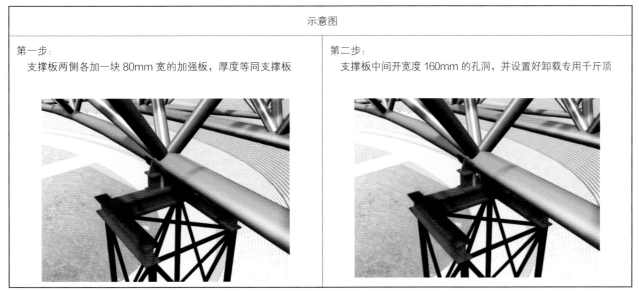	

图10-49 卸载过程示意图（一）

示意图	
第三步： 将支撑板一侧切割掉，用 10mm 厚钢板填满，钢板规格尺寸 300mm×200mm 	第四步： 同样的方法将另一侧支撑板置换成垫板 
第五步： 开始卸载，先将垫板按照卸载方案计算结果抽出一定高度 	第六步： 慢慢匀速地下降千斤顶 
第七步： 再按照卸载方案计算结果抽出一定高度垫板 	第八步： 慢慢匀速地下降千斤顶 

图10-49 卸载过程示意图（二）

示意图

第九步：

 按照上述的步骤依次先抽掉一定高度的垫板再落回千斤顶，完成卸载过程

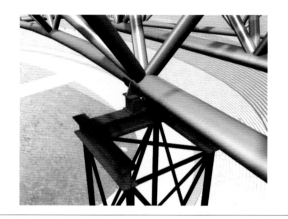

第十步：

 按照上述的步骤依次先抽掉一定高度的垫板再落回千斤顶，完成卸载过程

第十一步：

 完成卸载过程

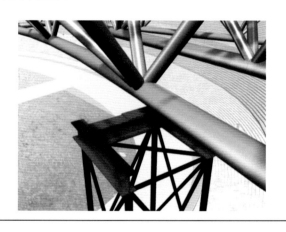

图10-49 卸载过程示意图（三）

4.5 卸载技术措施

 支撑架卸载过程既是释放支撑架中的内力和拆除支撑架的过程，是杆件内力重分布的过程，也是钢结构产生变形和结构体系稳步成型的过程。在此过程中，支撑架和结构体系中的受力十分复杂。为防止发生意外，确保卸载的顺利进行，应采取特殊的技术措施。

 1. 卸载方案不仅要考虑主体结构对卸载步骤和顺序的影响，同时也要考虑临时支撑系统刚度的影响。

2. 卸载操作过程是以调整千斤顶的行程为主，这一行程已包括了支撑系统的反弹效应。而对于主体结构和临时支撑在卸载过程中的安全度是通过力的控制来达到。

3. 在正式卸载前，要进行模拟试验。

4. 虽采用整体液压同步卸载，但为确保结构体系的安全，每卸载完一步后应稍作停顿进行检查。

5. 根据理论计算的结果，在整个卸载过程中，每个卸载点除了竖向位移外，均存在水平方向位移，水平位移的出现势必对卸载千斤顶顶部出现非常不利的水平推力，使得千斤顶出现倾覆，导致卸载点的失效。为确保安全，避免千斤顶破坏，在主结构下弦下表面设置水平支顶托座，千斤顶上端设置鞍座（可转向）和支托，支托与托座之间放置两块镜面不锈钢钢板，以减少水平位移对液压千斤顶的影响。

6. 卸载指令直接由总指挥通过口令形式传递到卸载系统操作中心指挥，再由操作中心指挥通过对讲机下达到液压卸载系统区域控制器和作业班组。液压系统区域控制器和作业班组的信息则通过操作指挥传递到信息处理中心，同时结构健康安全监视、温度监测、支撑变形及应力监测、质量安全检查、记录等人员要对卸载全过程跟踪和协调，及时将信息数据传递到信息处理中心，信息处理中心对信息数据进行分析后，向总指挥提供决策依据。

7. 选择受力较大的支撑架，在对称的部位上，利用振弦式应变传感器对卸载过程中支撑架的应力应变进行实时监测。

8. 卸载前对参加卸载施工的所有作业人员进行安全技术交底。

9. 卸载行程测量采用全站仪加刻度标尺的方式双重测量，确保卸载行程量的控制。

图10-50　卸载行程测量图

第五节　工程获奖

通过技术创新，本工程荣获多项科技奖项及工程

奖项，详见表10-6。

科技奖项及工程奖项表

表 10-6

		科技奖项		
序号	获奖名称	获奖项目名称	等级	获奖时间
1	浙江省科学技术进步奖	大型体育场馆钢结构智能化建造关键技术研究及实践	二等奖	2015 年
2	浙江省省级工法	大悬挑空间弯曲钢管桁架施工工法		2013 年

	工程奖项	
序号	获奖名称	获奖时间
1	浙江省金刚奖	2014 年
2	中国钢结构协会工程大奖	2015 年
3	第十一届（2013-2014 年度）第二批中国钢结构金奖	2015 年
4	第九届空间结构奖（施工金奖）	2015 年

第十一章 屋盖金属屋面施工

第一节 金属屋面深化设计

建筑师将主体育场花瓣造型的外表皮分解成一系列相互联系但又不尽相似的部分，在提供自然通风的同时，寻求一种文脉上的呼应。在技术手段上，建筑师和结构工程师采用开孔金属板结合纤细钢杆件的建构体系，让建筑体态更为轻柔，以求达到"莲之出淤泥而不染，濯清涟而不妖"的奇而不怪、艳而不俗的效果。

主体育场屋盖是墙面、屋面连体设计，由 28 片大花瓣、27 片小花瓣组成，花瓣之间空隙相嵌透明的聚碳酸酯板（阳光板），组成一朵似花非花、如梦如幻，卓尔不群傲然挺立在钱塘江畔的"莲花"。

在屋面板布板设计中既要充分考虑到"扭曲"屋面的合理布板以实现加工、安装的可行性，同时又需要照顾到墙面可见部分的视觉效果，充分实现设计师的意图。

主体育场屋盖面积巨大，造型复杂，共有 95000m²。每片"大花瓣"墙面高达 53.5m，最宽处 68m，屋面长达 70m，整体表现为不规则、又弯

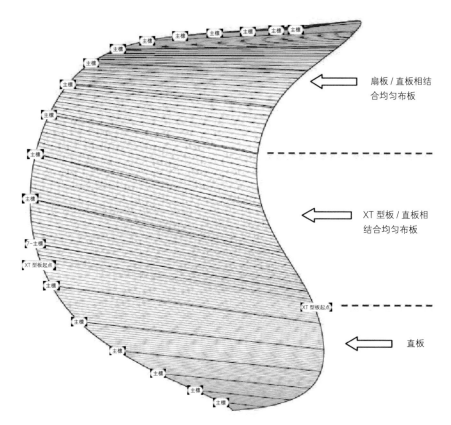

图11-1 屋面（墙面）布板设计

又扭，呈复杂三维曲面，表面积达 2300 余 m²，对深化设计、面板加工及施工安装均存在较大的挑战。

1.1　花瓣造型设计

屋面花瓣采用不穿孔直立锁边铝镁锰合金板，墙面部分采用穿孔板，从低到高开孔率由 30%~5% 逐渐变化，标准面板宽度为 400mm。根据钢结构造型进行排版设计，主体育场屋盖除标准直板外还穿插使用扇型板和 XT 型板（腰形板），以实现其复杂造型要求，通过各种板型的组合使用从而实现外部屋盖的花瓣造型。屋面板生产过程中，除需要用到 65-400 直立锁边板压型机、扇型板压型机外，还需调用进口的 XT 型板压型机生产特种板型。在安装过程中，保证放线质量、测量精度，实现板与板的无缝连接，从而完美体现出花瓣的肌理，保证视觉上的美感。

铝合金 XT 型板

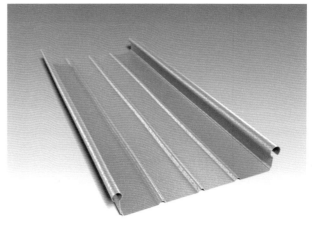

铝合金标准直板

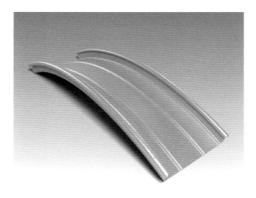

铝合金预弯板

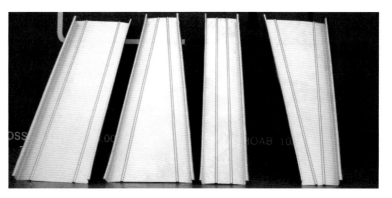

铝合金扇型板

图11-2　屋面（墙面）板型

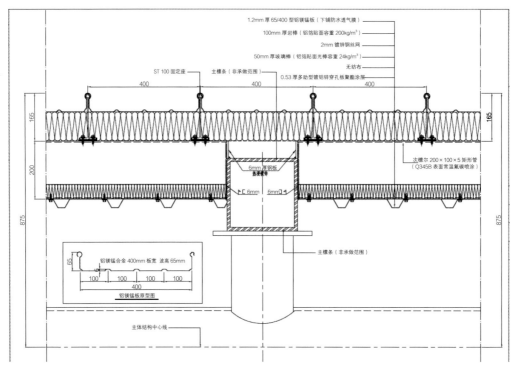

图11-3　屋面构造图

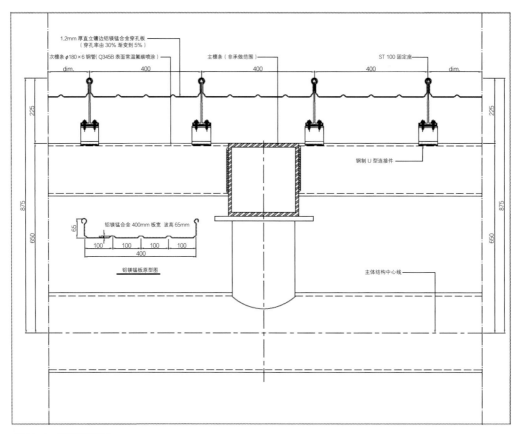

图11-4　墙面构造图

1.2 开孔 XT 型板的加工工艺研究

主体育场屋盖造型新颖,作为直立锁边屋面系统供应商并没有穿孔 XT 型板的生产经验,如何使机器正确识别并处理冲孔的铝卷以及如何保证冲孔的部位处于正确的位置成为首先需要解决的技术难题。经供应商驻现场技术人员与设计单位反复讨论后,决定采用一边直边一边曲边的加工方案,在安装过程中再将屋(墙)面板侧向推弯形成两边均为曲边,这样就可以很好地保证冲孔位置,确保建筑效果。且在生产过程中加覆保护膜,保证压型机能正确识别铝卷。

经过现场生产测试后,成功解决了冲孔 XT 型板(收腰板)的生产难题,效果显著。

1.3 屋面排水设计研究

主体育场钢结构屋盖造型特色为花瓣形,采用 65-400 型直立锁边铝镁锰板横铺。屋面排水特点为屋面扭曲后延伸形成墙面(屋面、墙面一体化)。雨水随着屋面的扭转向下滴落,由于屋面排水方向与布板方向成一个角度,容易产生"返水"渗漏情况。

图11-5 XT压型机操作界面

图11-6　XT压型机生产过程

图11-7 XT压型机可生产的板型

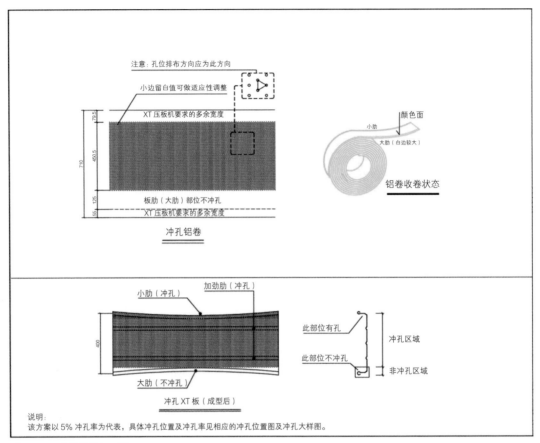

图11-8 冲孔铝卷加工图

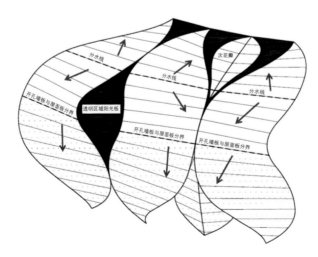

图11-9 屋面排水示意图

遭遇较大降水的形，坡度变化较大的横铺布板屋面易形成积水，当积水高出 65mm 高度时即产生渗漏。

为了避免雨水从屋面板接口缝隙处渗入室内，安装时应使屋面板的大肋设在迎水面，形成顺水搭接构造，并在屋脊高点采用"双大肋"特殊结构处理，从而在屋脊两边形成顺水搭接。

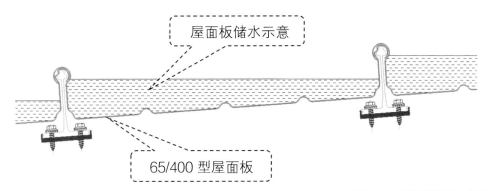

图11-10　屋面板积水示意图

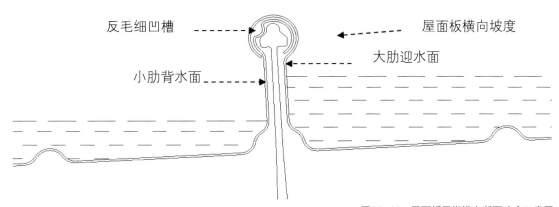

图11-11　屋面板屋脊横向断面咬合示意图

1.4　屋面抗风掀设计研究

近年来，国内部分大型公建项目轻钢屋面被风荷载损坏的案例较多。杭州奥体主体育场地处钱塘江南岸，在台风影响区域内，更应重视屋面抗风掀能力。除根据风洞试验数据要求屋面系统进行抗风掀试验外，我们根据以往项目施工的经验，作了进一步的分析。

1.4.1 直立锁边金属屋面风掀的原因

1. 屋面板间因热胀冷缩等因素，板间连接处产生一定空隙，降低了屋面板的咬合力。

2. 屋面板生产精度低，与固定座之间吻合度低，从而导致较低的抗风掀能力。

3. 檐口和屋脊等部位局部风压过大，屋面板破坏的部位一般都从檐口天沟处开始。

4. 用于收口的固定件质量低劣或与屋面板不配套，在强风作用下，屋面从这些薄弱点处被撕裂打开。

1.4.2 屋面抗风掀措施

1. 按照设计提供的风洞试验数据进行抗风掀试验，并依据试验结果设计合理加密风荷载较大部位的次檩条，增加屋面板固定支座，增强屋面抗风掀能力，满足设计要求。

2. 檐口增加暗扣式不锈钢抗台风支架。

3. 合理设计屋面节点，选用成熟可靠节点，如檐口设置通长滴水片，将屋面板连成整体，增强檐口的抗风性能。屋脊处设置固定点，防止屋面板从此处脱扣。

4. 选成合格系统供应商，从源头上把控屋面系统质量，强调材料性能与屋面系统匹配，如固定座选用 6061-T6 硬质铝合金加工而成，确保关键部件性能稳定可靠。

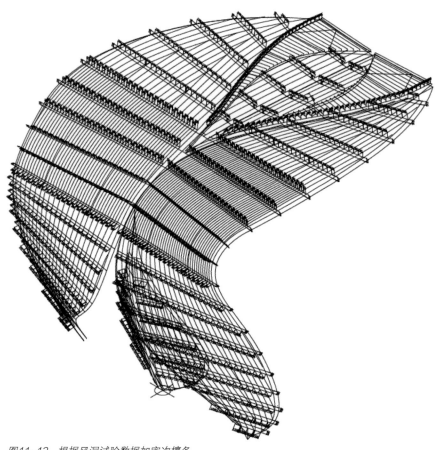

图11-12 根据风洞试验数据加密次檩条

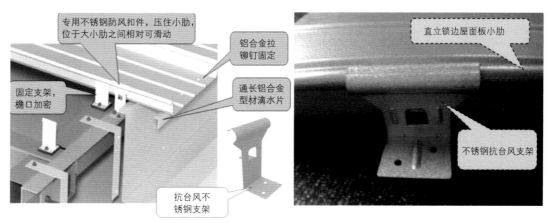

图11-13 暗扣式不锈钢抗台风支架

1.5 屋面防坠落系统设计

主体育场屋盖屋面面积达62000m²，后期维护的屋面部分面积巨大，且屋面与墙面一体化设计，顺接光滑，屋面周边无防护栏杆，因此对屋面维护检修人员的安全保护十分重要，设计时即考虑了屋面上工作人员的安全保护系统。按照德国标准BS/EN795：1997的第三级设备装置要求设计的屋面专用防坠落系统，采用专用夹具连接防坠系统支架与屋面板，具有安全、可靠的特点，极其方便在现场装拆。

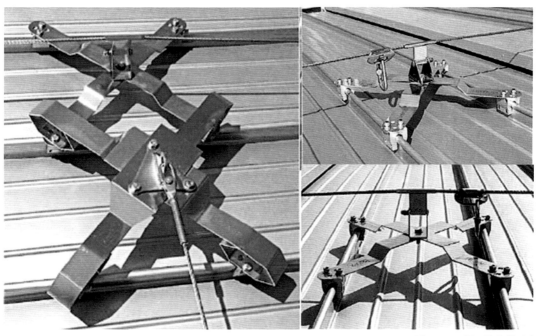

图11-14 屋面防坠落系统

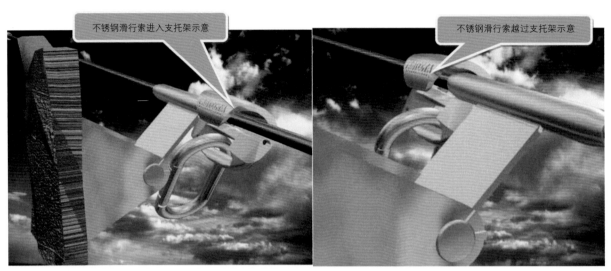

不锈钢滑行索进入支托架示意

不锈钢滑行索越过支托架示意

图11-15　专用滑块

屋面专用防坠落系统采用专用滑块，该滑块可以沿着不锈钢索穿越中间基座支托架滑动，无须使用者动手操作，在提升工作效率的同时更加安全。

第二节　次檩条施工

2.1　次檩条制造

主体育场屋盖总面积达 95000m²（含墙面 33000m²），整体造型呈复杂三维曲面。为适应复杂曲面的造型要求，次檩条的加工制造面临从未遇到过的严峻挑战，既要保证空间弯曲檩条的精准度，也要保持必要的产能，符合工程进度要求。为了适应屋面空间造型要求，次檩条系统由曲率各不相同的 16158 根（2300t）圆管 / 方管组成，次檩条规格、型号众多。在加工次檩条时，按照施工图所示的规格和三维模型及现场主檩条已安装的现状，测量出的曲率、长度，对圆管 / 方管次檩条进行弯弧加工，使其曲率符合三维模型要求，并确保加工精度在容差范围以内。此外，由于次檩条规格、型号众多，引入檩条编号系统，确保每一根檩条安装到正确的位置。

2.2　次檩条安装

2.2.1　施工准备

1. 现场临时用电满足施工要求。

2. 施工区域内生命线、安全网搭设完毕。

3. 上料平台搭设完毕。

4. 次檩条、焊条、焊机、两台履带式 100t 吊车等进入现场。

2.2.2　次檩条安装方法与放线要求

1. 定位测量

对应屋面板的一个区域内次檩条在安装完成后形成一个单曲面（即区域内各檩条端头能连成一条直线，中点也能连成一条直线）。具体到次檩条测量定位及安装施工上，首先应按照设计施工图次檩条节点要求及三维模型上檩条编号安装区域内第一根和最后一根檩条，其次在安装的檩条两端及中点用细钢丝拉直线作为定位线，最后按照三维模型檩条编号依次安装中间的各檩条，并在安装过程中对施工质量进行控制，确保各次檩条与钢丝线的误差在5mm以内（包含端点及中点）。此外在圆管檩条上需加装钢支托用于安装固定面板的铝固定座，在安装过程中同样要在两端拉钢丝线用于控制安装误差（<5mm），并改变钢支托的高度调节檩条安装出现的误差。

2. 施工工艺

按照设计人员给出的三维模型檩条编号，将对应编号的次檩条搬运到待安装区域，两个人把檩条抬高到与细钢绞线齐平、紧靠一边耳板的位置，扶稳保持。另外两个人在端头把耳板跟檩条焊接，先点焊固定，检查檩条上表面的安装位置是否与细钢绞线定的位置吻合。检查校准完毕后，再焊上另一边的耳板，最终对所有身板进行满焊。

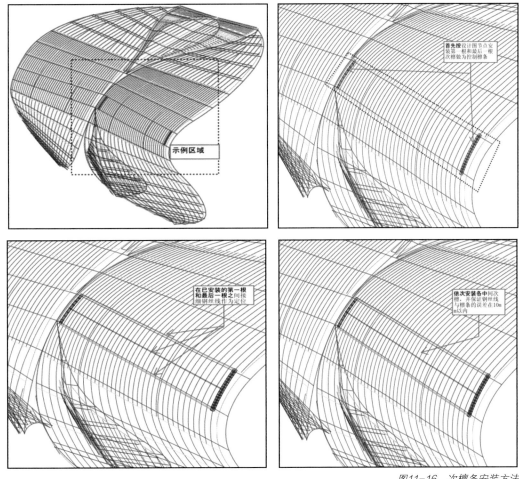

图11-16　次檩条安装方法

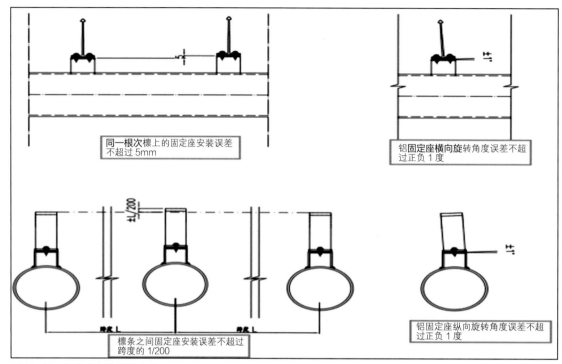

图11-17 固定座安装质量要求

第三节 屋面板样板施工

3.1 花瓣样板施工

由于屋盖造型十分复杂，立面高53.5m，且立面造型上部外凸，下部内收，单个花瓣最宽68m，因此外立面1.2mm厚的直立锁边铝镁锰板无法采用机械、吊篮等常规工艺施工，为评估直立锁边板的安装效果和取得工程安装经验，决定采取一个大花瓣作为样板先进行屋面板的试安装。

一个大花瓣有2249个U形T码，测量、放线、定位工作量比次檩条测量、放线还要大。内收的墙面大大增加了安装难度，在最初的样板实施过程中，

施工单位分别采用了脚手架安装方案、高空车安装方案，但均存在不同程度的不足，施工安全隐患多，危险性大导致工程进度缓慢，经多次改进施工工艺，采用钢筋吊笼、跳板、脚手架等多种措施，多次实践后慢慢摸索出一套施工方案。

在最初的方案设计中，要求屋面板与每一根主檩条平行，达到简约的视觉效果。而事实上复杂曲面的花瓣造型，每一块主檩之间区域边长均不相等。经测量后，每2个主檩间除采用400mm宽标准直板外，在最后三角形区域内，集中采用2~4块扇形板。在

图11-18　样板安装方法（搭设内脚手架人工上板）

实体样板区域安装到第 7 根主檩时，经设计院和相关专家到现场观察评估，一致认为集中布置的数块扇板在整个区域形成了"箭簇"的视觉效果，对整体立面的视觉效果有破坏作用，遂决定对设计布板进行修改。

3.2　屋面板排板设计修改

经多次讨论，悉地国际设计顾问（深圳）有限公司与美国 NBBJ 建筑设计事务所提出了 3 个修改方案：

一是以第 4 根主檩条为中心，以下采用标准板。

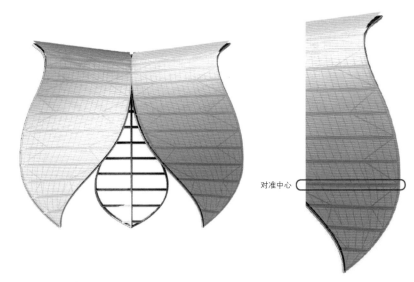

图11-19　修改方案一

二是以第 7 个主檩条为中心，以下采用标准板。

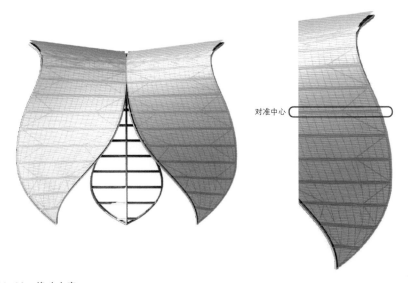

图11-20　修改方案二

三是以第 9 根主檩条为中心，以下采用标准板。

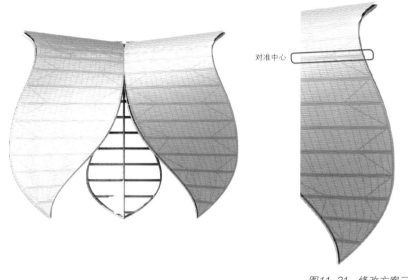

对准中心

图11-21　修改方案三

经专家会论证，采用以第 7 根主檩条为中心，以下采用标准板的方案。在样板右侧，根据设计修改方案深化后再次做样板，与最初方案比较视觉效果明显提升，完成后的立面效果满足设计要求。

图11-22　样板立面效果对比

3.3　屋面板排板定案

3.3.1　墙面布板施工

墙面穿孔面板排板以第 7 根主檩中心线作为标准线。考虑到第 7 根主檩条以下布标准直板仍存在收腰较多的情况（约 13mm），因此以第 7 根主檩中心线向下平移 6 片标准直板的位置作为标准直板的起始线，以上部分为 XT 板（腰形板）和直板相结合部分。

1. 从直板起始线开始，先按 410mm 放线，向下排布出 10 片直板（两端拉直线），再依次按 405mm 放线宽度向下排布出其他直板，直至"大花瓣"下

部尖端部位。同时应实测各面板中间部分放线宽度，如宽度小于 400mm，应适当调整两端放线宽度（最大可调至 412mm，如超出范围应上报现场技术人员以给出合理调整数值）。

2. 从直板起始线开始，先按 405mm 放线宽度向上"平移"出 2 片侧弯直板（非两端拉直线，应为 5 段线或利用模具从起始线平移，保证各个位置宽度均为 405mm），再按照两端 405mm 放线宽度排布出 1 片 XT 板（两端拉直线）。依此规律按 2 片侧弯直板 +1 片 XT 的方式向上均匀排布，共计 14 个小单元，XT 板结束于第 10 根主檩条附近。

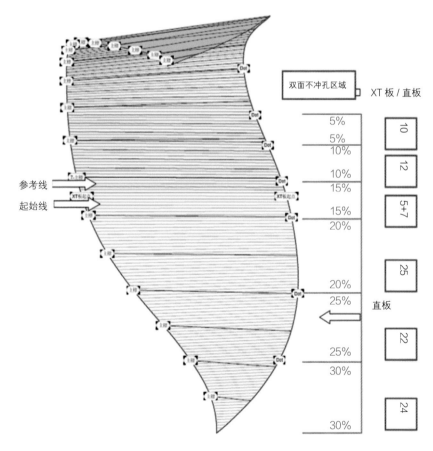

图11-23　墙面板排板图

3.3.2　屋面布板施工

以最后 1 片 XT 板作为屋面"扇型板 / 直板相结合部分"的起始线，按照 1 片直板 +1 片扇板原则交错布置。其中直板均按 405mm 放线，扇板小头按305mm 放线，大头按 405mm 放线（两端拉直线）。

3.3.3　墙面穿孔版的施工

按设计要求，墙面要求采用不同冲孔率的板，在

墙面板安装时，在不同穿孔率板的区域接头处做好标记，安装时核对。由于本项目墙面为倒悬状态，悬挑距离达 13m，且体型巨大，檐口标高达 60m，场地内也不具备搭设大型超高脚手架的条件，所以现场施工单位采取钢筋吊笼的施工方法，逐片安装屋面板，最终达到设计要求。

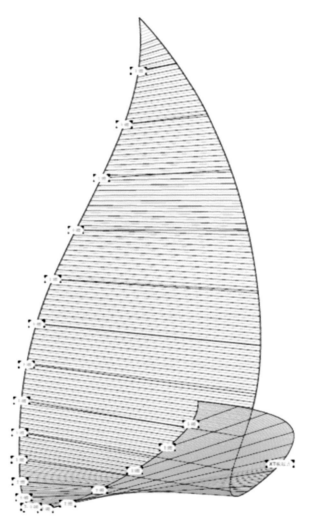

图11-24　屋面板排板图

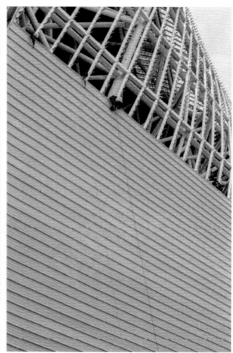

图11-25　墙面板安装过程

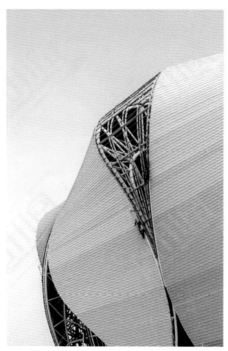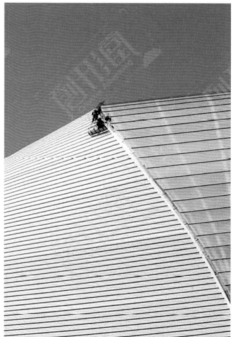

图11-26　墙面收边板安装过程

第四节 聚碳酸酯中空板深化设计、安装

4.1 深化设计

钢结构屋盖屋面花瓣空隙之间采用透明的聚碳酸酯中空板设计，将花瓣造型凸显于世。由于花瓣又弯又扭，且体型巨大，两个花瓣之间的空隙最大有18.4m，最小仅有0.3m。既要做到花型漂亮，又要屋面不漏水，还能抗风掀，深化设计时采取了以下措施：

1. 采用聚碳酸酯中空板防雨、抗风系统，板宽1000mm，厚20mm，板材两边各翻边15mm高，采用U形铝合金直立锁边。

2. 采用T形紧固件和铝制连接件的连接方式，板材在热胀冷缩时能在T形紧固件上自由滑动，且与板材连接牢固，保证板材热胀冷缩的自由膨胀和防水效果。

3. 聚碳酸酯板要求具有较好的透光度，又要具有优良的保温隔热性能和抗老化性能，采用板材的技术指标见表11-1。

聚碳酸酯中空板板材技术指标   表11-1

序号	名称	指标	单位
1	原材料	挤出级聚碳酸酯中空系统板 原材料为100%模克隆聚碳酸酯	—
2	系统板厚度	20	mm
3	颜色	透明	—
4	材料密度	≥3.19	kg/m^2
5	透光率		%
6	防火性能	B1（国标GB 8624）	—
7	聚碳酸酯实心板紫外线防护层厚度，生产工艺要求为在线共挤	≥50（在线共挤）	μm
8	吸水率	0.098	%
9	聚碳酸酯板保持物理性能稳定的使用温度范围	-50~120	℃
10	肖氏硬度（A）	82	—
11	拉伸断裂延伸率	115	%
		106	%
12	拉伸强度	67.1	MPa
		65.2	MPa
13	弹性模量	2.96	GPa
14	弯曲强度	87.2	MPa
15	热变型温度	120	（1.8MPa），℃

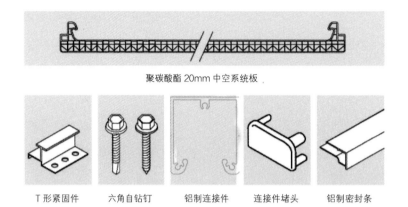

聚碳酸酯 20mm 中空系统板

T 形紧固件　　六角自钻钉　　铝制连接件　　连接件堵头　　铝制密封条

图11-27　聚碳酸酯中空板系统配件

4.2　聚碳酸酯中空板的安装

4.2.1　板材的连接

两张板材的直立锁边，根据风掀试验结果，设计方案调整为采用 U 形铝合金连接件固定在 T 形紧固件上，连接后用不锈钢螺栓锁紧 U 形连接件。在直立锁边中间插入铝方管，防止直立锁边受力变形从连接件中脱开。（图 11-28）

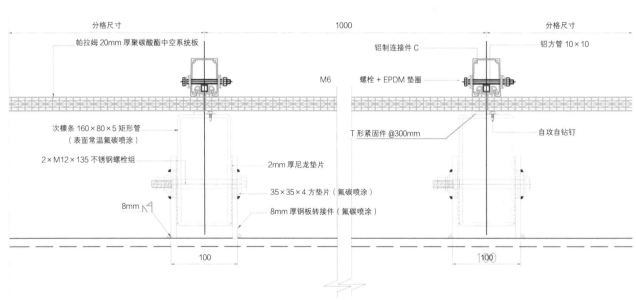

分格尺寸　　　　　　　　1000　　　　　　　分格尺寸

帕拉姆 20mm 厚聚碳酸酯中空系统板　　　　铝制连接件 C　　　　铝方管 10×10

M6　　螺栓 + EPDM 垫圈

次檩条 160×80×5 矩形管（表面常温氟碳喷涂）　　　T 形紧固件 @300mm　　　自攻自钻钉

2×M12×135 不锈钢螺栓组　　　2mm 厚尼龙垫片

35×35×4 方垫片（氟碳喷涂）

8mm　　8mm 厚钢板转接件（氟碳喷涂）

100　　　　　　　　　　　　100

图11-28　聚碳酸酯中空板连接剖面图

4.2.2 聚碳酸酯中空板与天沟的连接（图11-29）

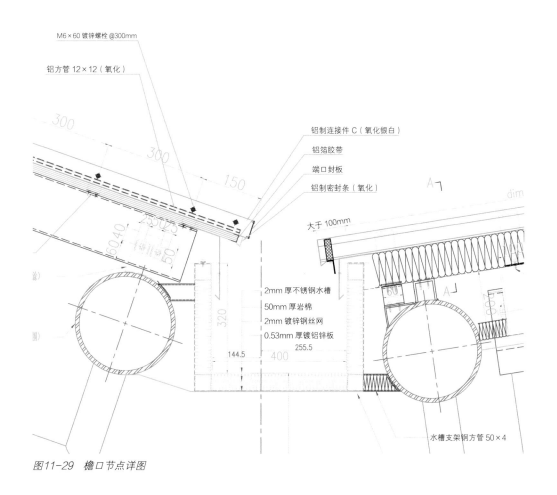

图11-29 檐口节点详图

4.2.3 聚碳酸酯中空板与铝镁锰板的连接（图11-30）

在次花瓣区域，采光板与铝镁锰板呈人字坡交接，采用金属屋脊的方式连接采光板和铝镁锰板，屋脊需盖住采光板200mm，连接件之间的缺口用铝制挡水板连接，挡水板与阳光板接触采用EPDM密封条。

4.2.4 聚碳酸酯中空板安装

1. 中空板板宽1000mm时，次檩条的间距每20根内累计误差不大于10mm。

2. 安装前把中空板四周的保护膜揭起30～

50mm，不要让型材夹住保护膜，保护膜不可揭起太多，以免因操作而损伤板面。

3. 采用扭矩自动控制的工具，自攻钉拧紧时用力要均匀。

第五节 单项验收工程质量评价

1. 2016年获浙江省优秀建筑装饰工程奖

2. 2017年获"金禹奖"金奖

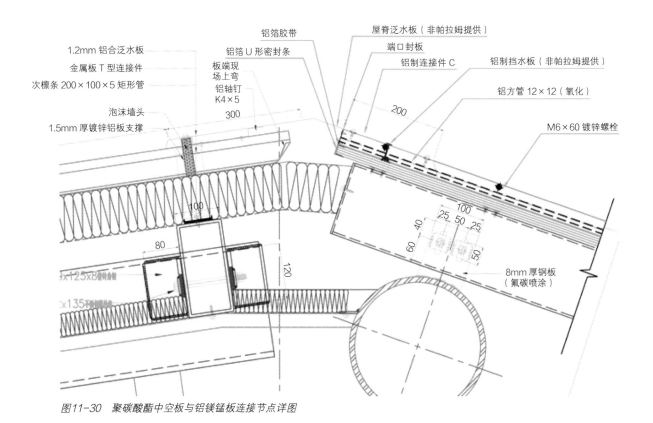

图11-30 聚碳酸酯中空板与铝镁锰板连接节点详图

图11-31 聚碳酸酯中空板屋脊、挡水板密封条

第十二章　屋盖钢结构健康监测

第一节　屋盖钢结构构成

1.1　屋盖钢结构概况

本工程混凝土看台区上覆由空间管桁架＋弦支单层网壳钢结构体系构成的悬挑屋盖，呈完整的环状花瓣造型。整个钢屋盖由 28 片主花瓣、14 片次花瓣形成的花瓣组构成。屋盖外边缘南北向长约 333m，东西向约 285m，屋盖最大宽度 68m，悬挑长度52.5m。屋盖建筑最高点标高 60.74m。屋盖由上部及下部支座支撑在钢筋混凝土看台顶环梁及二层平台上。

整个屋盖钢结构通过支座、支撑、主桁架、次连接杆件、预应力张弦梁、内环等承力节点进行连接，形成稳定的复杂的空间结构体系。

钢屋盖分为墙面、肩部、场内悬挑 3 个部分，共由 14 组形状相似的主次花瓣呈双轴对称分布构成，主体结构单元为 28 片主花瓣、14 片次花瓣和 14 片张弦结构构成。

图12-1　杭州奥体中心主体育场模型图

在结构的支座、主桁架相贯连接部位、桁架与支撑柱连接部位、主次花瓣连接节点等位置采用铸钢件节点，共 298 个，铸钢件节点单件最重约 45t，总重约 5000t，场内悬挑端部与环桁架连接采用直接相贯节点。

屋盖钢结构主要杆件截面为圆钢管，圆钢管选用无缝钢管或焊接直缝钢管；所有主桁架构件采用 Q345C，次杆件为 Q345B，杆件的最大直径为 $\Phi700 \times 35$。

1.2　预应力拉索概况

杭州奥体博览城主体育场屋盖为空间管桁架 + 弦支单层网壳钢结构体系构成的悬挑屋盖的结构体系，14 组主、次花瓣为管桁架结构。主花瓣与主花瓣间以及主桁架间为弦支单层网壳钢结构，整个屋盖共有 56 处预应力拉索。

预应力拉索位于屋盖的主花瓣支架以及主桁架间，主要以三角形形式存在，张弦结构的上弦杆为圆钢管，下弦为预应力拉索，在根部通过耳板与相贯形式将拉索与上弦杆、主桁架弦杆连接。

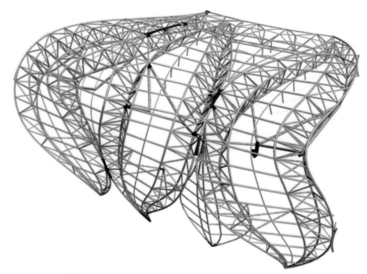

图12-2　标准结构单元节点分布图

图12-3　拉索单元细部详图1

图12-4　拉索单元细部详图2

本工程拉索均采用 $\Phi 5$ 高强钢丝组成的成品索，型号分别为 5×13、5×17，高强钢丝抗拔强度不小于 1670MPa。

张拉力共分 4 级，第一级张拉力为设计张拉力40%，余下各级均为20%。

第二节　屋盖钢结构健康监测

2.1　结构施工及运营阶段监测必要性

主体屋盖钢结构为花瓣造型，属于空间异型结构体系，空间定位难度大，施工过程复杂，结构施工的主要受力构件与一些关键部位的内力、位移等参数的变化情况以及结构运营期间的受力状态是否与初始设计相符，是否仍处于容许范围以内，成为一个不可忽视的问题。这就要求本工程在施工阶段和运营阶段对钢屋盖结构及预应力拉索进行监测。

2.1.1　结构施工监测的必要性

体育场钢结构固定屋盖施工采用地面预拼装成段，场内场外分段吊装，高空对接合拢，结构整体卸载的施工工艺，此施工方法的一个关键环节为临时支撑拆除过程中（此过程又称为"卸载"）主体结构的受力变化问题。支撑架卸载的过程也是固定屋盖受力和变形重新分布的过程。尽管利用先进的计算手段可对结构进行详细的计算分析，但由于钢结构在制作、安装阶段存在很多不确定性因素，为确保卸载过程的顺利，需要对钢结构关键构件在整个卸载过程中的应力以及整体结构的变形进行有效的监测，获得卸载过程中关键构件的实际受力状态，并与原设计对比。

2.1.2　结构运营监测的必要性

奥体中心体育场钢结构为空间异型结构体系，采用了大量的铸钢节点和高强度钢管，相比较于普通结构的静态受力特性，其应力集中现象更为显著，因此构件疲劳、关键位移、受力变化情况也更加复杂与明显。对结构的重要部位，重要参数实施长期监测，对于实时掌握屋盖受力状态，保障其正常运营有着重要的意义。

2.2　监测目的

对奥体博览城主体育场屋盖钢结构施工及运营期间的受力、变形进行长期监测，综合利用多项结构性能指标，对结构的功能性进行评价与预警；对施工、环境荷载的长期效益以及结构的病态进行综合性诊断；建立结构的健康档案，为工程正常施工与维护提供可靠依据，具体监测目的如下：

1. 提供对施工过程的结构受力、位移等参数的监控，基本掌握钢结构的施工状态。

2. 提供对工程竣工以后钢结构主要受力构件与关键部位的长期监测，把握结构日常运营期间在自然荷载作用下的结构响应。

3. 及时发现结构响应的异常、结构损伤或退化，确保传感器所在位置结构正常受力。

4. 因为研究大跨空间结构的环境作用、受力状态等提供直接的现场试验模型、试验系统和试验数据。

5. 取得一份完整的结构施工与运营监测数据资料。

2.3 监测内容

2.3.1 全过程分析

大型空间结构的施工拼装过程是一个从局部到整体、从不完整到完整的过程，施工过程中伴有结构形态的变化，不同施工阶段有不同的结构形态和不同的受力特性，而且每个施工阶段的边界条件和所受荷载也都是不同的。另一方面，结构在运营过程中，有着不同的结构形态和受力特性。因此需要对钢结构在施工和运营阶段进行静动力全过程分析，关注关键构件的应力应变、变形等关键参数的变化特性，结合实际现场监测结果的对比，从而对工程进行科学的评估，并作出相应的修正。

2.3.2 监测主要内容

空间结构跨度大，刚度分布不均匀，卸载操作不当有可能导致结构受力与变形产生突变，造成结构最终成型不均匀，局部受力偏大的情况。空间结构超静定次数高，在日照等因素的影响下，大跨空间结构温度场的分布在不同季节、不同时间存在较大差异，在复杂温度场作用下结构必将会产生不可忽视的应力响应。大跨空间结构的整体振动特性是否满足设计要求将影响结构使用的安全性、适用性。此外大面积屋面的风力特性也是空间结构重要的监测关注对象。

本监测工程项目主要对杭州奥体博览城主体育场钢结构屋盖，在施工阶段临时支撑拆除过程中主体结构关键部位的应力应变与变形进行监测；对运营阶段关键部位的应力应变、温度、振动频率、风速风向进行监测。

2.4 结构监测基本要求

1. 监测系统应具有"可视化"的人机交互界面，其面向对象主要为系统管理维护人员。中心数据库须具备完善的数据管理功能（如存储、打印、显示等）。

2. 实现本项目场地之内外的远程监控，系统所得数据及分析结果应能及时传输到总监控中心及其他有关部门（如业主、健康监测单位、设计单位、经业主授权的其他部门）。

3. 进行实时监控，实现结构响应状况连续稳定的监测。

4. 本健康监测系统，应与本项目钢结构总承包单位负责实施的施工阶段的监测系统相互独立，且应进行数据比较、综合分析。

5. 监测系统应尽量减少现场线路布置，不影响施工进度的正常进行。

6. 针对关键构件的应力应变、结构变形尽量采用统一的采集系统。

7. 对于应力应变监测、结构变形监测，应从卸载开始前一状态进行监测，以取得系统性的结果；运营阶段监测系统应与施工阶段监测系统无缝连接。

2.5 监测项目及监测重点

2.5.1 监测项目

施工阶段和运营阶段实施监测的项目为：整体结构动力响应及振动特性监测、风荷载（风速、风压）监测及结构使用过程中结构关键部位应力应变监测、结构变形监测。

2.5.2 监测重点

结构关键构件的应力、结构变形为本工程的监测重点。

1. 在施工阶段，监测重点为各关键构件的正确区分与准确定位、临时支撑拆除过程中主体结构关键部位的应变、变形等；

2. 在结构的运营阶段，结构的应力应变、变形为监测重点。

第三节 监测技术要求

3.1 结构应力应变及温度监测技术要求

3.1.1 测点要求

综合考虑经济性与有效性，对于测点的数量有所限制，因此需要准确区分与定位结构应力应变监测的关键构件。根据对结构的分析初步划分成6类关键构件与4类关键铸钢节点部位（监测单位在编制最终具体实施方案时，应与设计单位共同协商，适当调整应力应变测点的具体位置）：

对结构进行计算分析，根据分析结果，结构应力较大的位置包括屋面次花瓣张弦梁拉索及主花瓣主桁架间张弦梁拉索；内力较大的位置包括主花瓣主桁架肩部上下弦杆，主花瓣上支座撑杆，环桁架入口处上下弦杆也较为关键；位移最大的位置为主花瓣主桁架场内悬臂端。根据以上分析，现将结构杆件和节点进行初步分类。

主要关键构件分为6类：

1. 一级关键构件：主花瓣主桁架肩部上下弦杆，主花瓣上支座撑杆；

2. 二级关键构件：环桁架入口处上下弦杆；

3. 三级关键构件：屋面次花瓣张弦梁拉索及主花瓣主桁架间张弦梁拉索；

4. 四级关键构件：主花瓣主桁架场内悬臂端上下弦杆，下支座上下弦杆；

5. 五级关键构件：主花瓣主桁架其余上下弦杆及腹杆；

6. 六级关键构件：环桁架其余部分上下弦杆及腹杆，次花瓣连接杆件。

主要关键构件示意图如图12-5所示。

主要关键节点分为4类：

1. 一级关键节点：上支座撑杆与主桁架交界处铸钢节点；

2. 二级关键节点：相邻两对主花瓣交界处铸钢节点；

3. 三级关键节点：立面次花瓣和主花瓣交界处铸钢节点；

4. 四级关键节点：同一对主花瓣中的不同主桁架交界处铸钢节点。

主要关键节点示意图如图12-6所示。

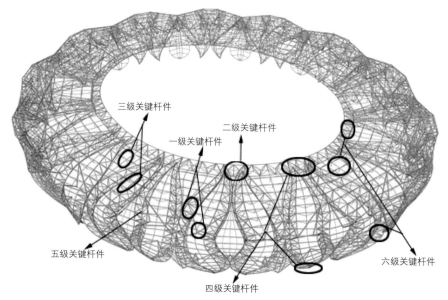

图12-5　主要关键构件示意图

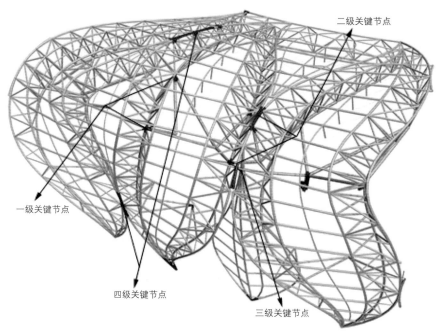

图12-6　主要关键节点示意图

在结构施工和运营阶段，利用应力应变传感器重点对一、二、三级关键构件及一、二级关键节点进行监测。其中建议一级关键构件的主花瓣主桁架肩部上下弦杆布置测点数不少于336个，主花瓣上支座撑杆布置测点数不少于112个；二级关键构件布置测点数不少于16个；三级关键构件布置测点数不少于100个；一、二级关键节点布置测点数不少于80个；应力应变测点数共计不少于644个。

3.1.2　应力应变监测技术指标要求

所选择的应变传感器的测量精度、量程应满足本项目构件应力应变幅度的实际要求，且测量精度应变不低于3με、温度不低于1℃，量程不小于3000με。

要求传感器及其监测系统现场线路布置少，尽量不影响施工与结构美观，系统工作性能稳定性、抗干扰强、耐久性好。

3.1.3　监测频率要求

结构施工及运营过程中，应连续监测，并定期对监测所选择构件的应变变化情况提交监测报告：

1. 结构施工过程中，每个主花瓣拼装完毕后对所选择的构件应变变化情况、温度效应情况进行监测，及时提交监测简报；

2. 结构施工过程中，需要监测"卸载"过程中所选择构件的应变变化情况，及时提交监测简报；

3. 结构运营使用过程中，定期对所选择构件的应变变化情况进行常规监测，并提交监测报告；

4. 针对业主提出要求的特殊情况，进行相关构件应变情况的监测，并提交监测报告；

5. 结构使用过程中极端条件下的监测，并提交监测报告；

6. 动力响应及振动特性监测，并提交监测报告；

7. 总体监测时间竣工后不少于3年。

3.2　结构变形监测技术要求

3.2.1　测点要求

需要监测结构变形内容为：主花瓣悬臂端与环桁架交界处，即结构檐口的挠度，在施工阶段主要由施工单位进行检测，在运营阶段采用监测的方法进行；

图12-7显示一个主花瓣的变形监测点示意图，在主花瓣悬臂端与环桁架交界处（檐口）均匀布置8个监测点。

3.2.2　变形监测技术指标要求

1. 结构施工过程选定测点的变形观测主要关注主花瓣悬臂端与环桁架交界处的竖向挠度的数据，进行定时检测。可采用高精度全站仪或其他满足监测要求的仪器进行观测。

2. 结构运营过程选定测点的变形观测，同样主要关注主花瓣悬臂端与环桁架交界处的竖向挠度的数据。对于主花瓣悬臂端与环桁架交界处挠度的长期监测改为采用激光测距仪，采样精度不低于3mm。

3.2.3　监测频率要求

1. 施工过程变形监测，要求监测结构"卸载"过程中选定观测点的位移变化情况，提交监测报告；主体结构分部工程验收前，再次提交变形监测报告。

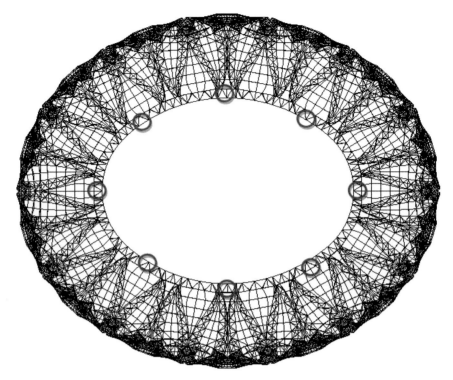

图12-7　变形监测点示意图

2. 运营使用过程中，监测所选择观测点的位移、挠度变化情况，定期提交监测报告；钢屋盖主体结构验收（且围护张拉膜马道等安装完毕）后，首年每季度监测报告提交不少于 1 次，1 年后每半年监测报告提交不少于 1 次；

针对业主提出要求的特殊情况，进行相关构件变形的监测，并提交监测报告。

3. 总体观测时间不少于 3 年。

第四节　监测仪器设备

根据《国家中长期科学和技术发展规划纲要（2006—2020 年）》中有关公共安全（防灾减灾）重点研究领域的要求。浙江大学空间结构研究中心以国家科技部 863 计划"复杂环境下大跨度空间结构故障预警技术"（编号：2007AA04Z411）为主要依托，针对目前土木工程监测领域中，现有监测设备与评估系统存在的弊病，结合无线通信技术，进行学科交叉，自主研制开发了目前土木工程监测领域最先进的无线传感新技术，同时结合工程自身特性，开发一系列针对性更强的专业安全评估及预警系统。本次监测方案采用的监测设备包括无线应力应变传感设备、无线温度传感设备、全自动激光全站仪、无线振动加速度传感设备、无线风速风向传感设备。

4.1　应力应变监测

本监测工程应力应变监测采用振弦式传感器（图12-8）。由于振弦传感器直接输出振弦的自振频率信号，因此，具有抗干扰能力强、受电参数影响小、零点飘移小、受温度影响小、性能稳定可靠、耐震动、寿命长等特点。

根据大跨空间结构现场实测的需求，采用课题组自主研发的无线传感远程监测系统对数据进行采集、传输。应力应变传感器感应到的模拟信号由测点采集，通过模数转换后，经由接力点，通过无线信号，传输至现场信号基站。基站与计算机相连，可通过相应计算机软件解析监测数据，得到应力应变结果。将计算机接入互联网，监测数据即可通过互联网传输至远端的数据接收与控制计算机，由此实现远程无线监测。如此一来，监控人员无需在现场计算机前进行数据分析与控制，而可在任何接入互联网的终端实时在线获得监测结果，并做出相应判断与管理，或发出操作指令，而现场的计算机亦可小型化为工控机。整个无线传感远程监测系统架构如图12-9所示。

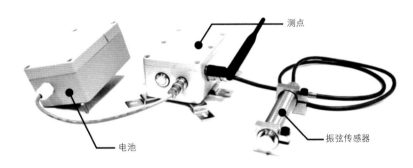

图12-8　应力应变传感采集装置

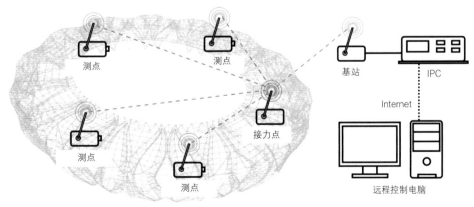

图12-9　无线传感远程监测系统

4.2 振动加速度监测

本文振动加速度的测量采用无线振动加速度测量系统。991B 型振动传感器（图 12-10）是一种用于超低频或低频振动测量的多功能仪器，适合多种场合的振动测量。其主要技术参数见表 12-1。

放大和数据采集功能集成至 JM3870 无线振动节点（图 12-11）。JM3870 无线振动节点有无线、有线、离线 3 种测试方法适合用各种复杂环境；可扩充 3 路外接拾振器（或电压）输入，电压和内置传感器可选择输入；每通道内置可选择的积分网络可以把测得的速度积分得到位移；电压输入最大 5V，每通道独立可程控的 1~3000 倍增益。三路独立 24bitsADC，并行同步采集，最高 1024Hz 采样，

图12-10 振动加速度传感器

991B 型拾振器主要技术指标　　　　　　　　　　　　　　　　　　　　　　　　　表 12-1

参数		档位	1	2	3	4
			加速度	小速度	中速度	大速度
灵敏度 （V·s²/m 或 v·s/m）			0.3	38	2.6	0.5
最大量程	加速度（m/s²，o-p）		15			
	速度（m/s，o-p）			0.2	0.4	0.7
	位移（mm，o-p）			30	300	1500
通频带（Hz，dB）			0.125 ~ 80	1 ~ 100	0.2 ~ 100	0.07 ~ 100
输出负荷电阻（kΩ）			1000	1000	1000	1000
分辨率	加速度（m/s²）		5×10^{-6}			
	速度（m/s）			4×10^{-8}	4×10^{-7}	2×10^{-6}
	位移（m）			4×10^{-8}	4×10^{-7}	2×10^{-6}
尺寸，重量			72.5×72.5×88（mm），1.75kg			

多档采样率可设置。支持 USB、总线组网、无线组网测试方式，为 IEEE802.15.4/ZIGBEE 通信协议，自组织、自恢复多跳网络，支持多种网络拓扑结构，无线传输视距极限 500m。配套专业的测试分析软件配套专业的振动及模态分析软件（图 12-12）。

4.3　位移挠度监测

结构位移、挠度的测量采用带有超远距离自动学习目标棱镜（图 12-13）功能的全自动激光全站仪（图 12-14）。全站仪将自动照准、锁定跟踪、自动测量、联机控制等多功能融为一体。全自动激光全站仪的优势在于可以自动识别棱镜，自动完成精确照准，使操作更简单，减少人工操作误差，同时保证观测的高精度。如果利用跟踪测量模式，还可以连续跟踪采样，进行实时、快速、动态的测量。即通过设置对位移、挠度测点的测量路径，可以自动测量全部测点的空间位置坐标，进而得到结构测点位置的位移、挠度变化。

图12-11　无线振动节点

图12-12　数据采集与分析系统

图12-13　反射棱镜

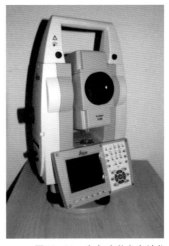

图12-14　全自动激光全站仪

4.4 风速风向监测

无线传感风荷载实测要求所用传感器耐久性好且低功耗，因此在风速风向传感器的选择上，尽管超声波传感器耐久性较好且可以同时测到水平和竖向的风速时程，但考虑到超声波传感器的功耗和雨水稳定性问题，现阶段机械式风速风向传感器仍是更佳的选择。因此在考虑安装便捷程度、稳定性和经济成本等因素后，风杯式风速风向传感器成为了最终选择。风速风向传感器的照片如图 12-15 所示，传感器外壳采用铝合金以增加耐久性，风杯和风向标位于传感

器支座的上方，传感器支座通过螺栓与下部结构相连，传感器具体参数如表 12-2 所示。

数据采集软件采用自主开发的风速风压采集与分析软件 WMST®，该软件可实现自动采集、定时采集、多点采集等功能；可自由指定采样时长、采样频率、采集次数等参数；可以针对不同工程采用不同的组网方式；可以对实测的数据进行显示和数据分析。实际监测时依次让每个测点进行多次定时自动采集即可。

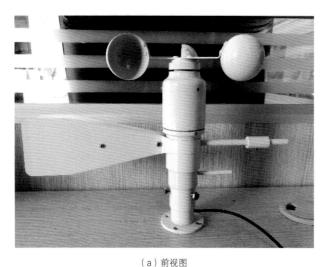
（a）前视图

（b）俯视图

图12-15　风速风向传感器

风速风向传感器参数		表 12-2
参数名称	风速参数	风向参数
量程	0 ~ 40m/s	0° ~ 360°
精度	±5%	±5°
分辨率	0.1m/s	5°
工作温度	−30 ~ 60℃	

第五节　测点布置与通信组网

5.1　应力应变测点布置

5.1.1　悬挑段测点布置

1.布置测点的杆件位置

在结构的悬挑桁架、环桁架、支座撑杆等不同部位，选取了 114 个综合重要构件、78 个温度敏感构件、84 个卸载敏感构件、26 个初选重要构件。如图 12-16 所示。

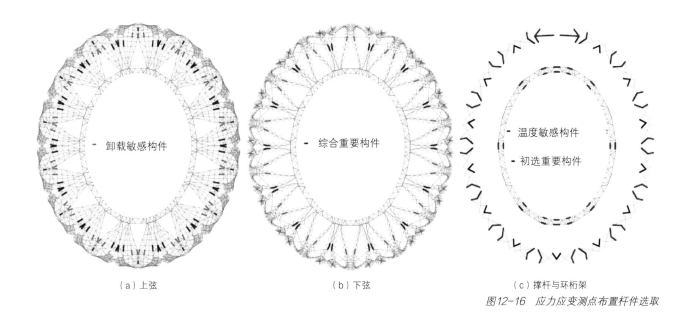

（a）上弦　　　　　　　　　（b）下弦　　　　　　　　　（c）撑杆与环桁架

图12-16　应力应变测点布置杆件选取

2.布置测点杆件的截面选取原则

（1）所有撑杆测点布置在距支座撑杆与支座节点焊缝（2m）截面处；

（2）所有弦杆测点布置在该杆的中部截面处。

3.测点布置截面上传感器布置原则

（1）传感器轴线与杆件轴线平行；

（2）撑杆及弦杆测点布置时按照竖直与水平方向确定上下左右；

（3）四测点与两测点布置构件应在测点布置截面对称布置，如图 12-17 所示。

4.传感器布置数量的确定原则

（1）在纵横两轴两侧的共 8 个主花瓣的弦杆及支座撑杆上，所有测点位置截面全部布置上下左右 4 个传感器；

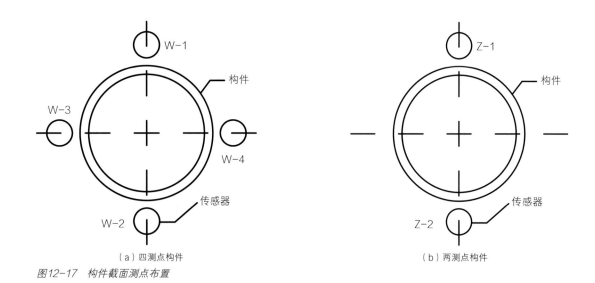

图12-17　构件截面测点布置

（2）其余 20 个主花瓣的弦杆及支座撑杆上，所有测点布置位置上只布置左右 2 个传感器（表 12-3）。

每瓣花瓣测点布置数量表 表 12-3

主花瓣	上弦杆	下弦杆	撑杆	每杆测点数	测点总数
对称轴两侧（8 瓣）	4 根	2 根	2 根	4 个	32
其他花瓣（20 瓣）	4 根	2 根	2 根	2 个	16
总计			576		

（3）洞口处有一下弦杆及两处长撑杆需另外各布置 4 个传感器（表 12-4）；

洞口处测点布置数量表 表 12-4

部位	根数	每杆测点数	测点总数
下弦杆	1 根	4 个	4
长撑杆	2	4 个	8
总计		ZZ12	

（4）花瓣肩部在轴线上或轴线两侧的6个测点位
置布置4个传感器，其他8个位置布置2个传感器
（表12-5）；

花瓣间肩部测点布置数量表　　　　表12-5

每部位测点个数	部位数	总计
4	6	40
2	8	

（5）环桁架的测点布置位置的弦杆也布置4个
传感器（表12-6）；

环桁架测点布置数量表　　　　表12-6

每弦杆测点数	每部位弦杆数	部位数	总计
4	3	4	48

（6）所有温度测点布置位置只布2个传感器（表
12-7）。

温度效应测点布置数量表　　　　表12-7

部位	每杆测点数	每部位杆件数	部位数	总计
支座撑杆	2	1	28	56
环桁架	2	3	8	48
合计	104			

共计780个点

5.1.2　立面段测点布置

为了准确掌握吊装中和竣工后桁架下部的受力情况，在 48-53 轴 4a 管桁架下部增加测点。立面补充测点所布置的桁架位于轴线 1-48 至 1-53 间的两瓣花瓣的 4 榀桁架，如图 12-18 所示，详图见图 12-19。

图12-18　立面测点布置桁架位置示意

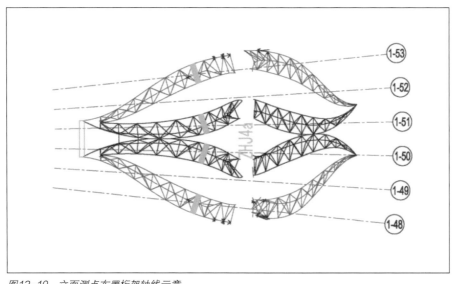

图12-19　立面测点布置桁架轴线示意

1. 测点位于连接立面桁架的中部支座撑杆, 如图 12-20, 共 16 根杆件;

2. 测点位于立面桁架连接下部支座处的 8 根弦杆, 如图 12-21 所示。

3. 立面测点的编号与杆件位置对应关系见图 12-22。

所有测点布置杆件上均布置 2 个传感器, 共计 48 个传感器。

综上本监测项目总计共安装 828 个应力应变测点。

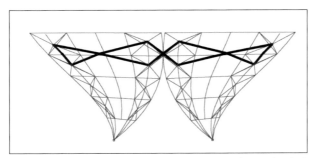

图12-20　中部支座撑杆测点布置构件

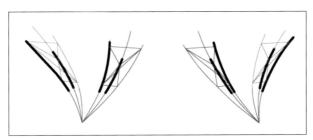

图12-21　下部支座测点布置构件

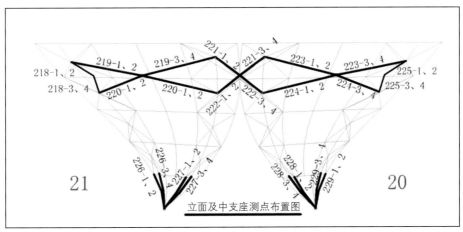

图12-22　立面测点的编号

5.2 位移测点布置

在钢结构屋盖挠度最大的悬挑端环桁架最靠近边缘的弦杆上，布置了如图 12-23 所示的 14 个位移测点。

5.3 加速度测点布置

为了测量结构的振动频率，需要在结构上布置加速度测点。混凝土看台中断处上方的钢结构存在径向和环向双向悬挑，振动幅度较大，在该处钢结构悬挑端环桁架上布置了振动加速度测点，如图 12-24 所示。

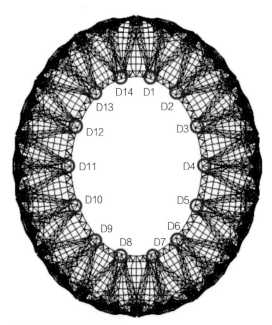

图12-23 位移测点布置

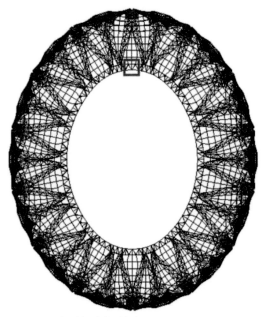

图12-24 振动加速度测点布置

5.4 风速风向测点布置

风速风向传感器底部可用螺栓与下部结构相连，亦可以通过强力磁铁吸附于下部金属结构上。杭州奥体风荷载现场监测中，共布置 6 个风速风向测点，其中 2 个位于结构洞口下方的二层平台处，4 个位于靠近檐口内圈马道的 4 个顶点处。二层平台处的传感器使用强力磁铁吸附于栏杆上，檐口附近的风速风向传感器直接放置于马道上方。风速风向传感器的正北均指向结构东北方向的开口处。檐口附近的风速风向传感器安装如图 12-25 所示，风速风向测点布置如图 12-26 所示。

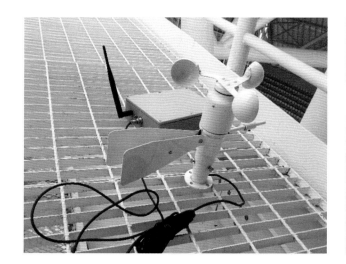

图12-25　风速风向传感器安装图

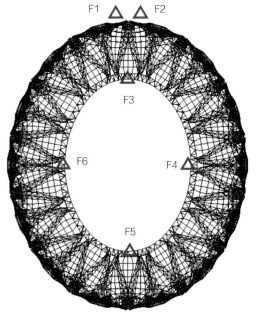

图12-26　风速风向测点布置

5.5 通信组网

杭州奥体钢结构应力应变监测的测点较多，且覆盖整个结构平面，为了缩短一次采集的时间，同时降低设备出现故障时数据的损失率，共设计了4条链状通信网络。现场共设置了2个基站，每个基站控制2条通信线路，每条线路共设置3个接力点

（图12-27）。因此，每个基站控制一半的测点，每条线路覆盖1/4的测点即207个，每个接力点覆盖60~80个测点。采集时4条线路同时进行，可将时间缩短为一条线路传输用时的1/4，且当某个接力点甚至基站出现故障时，在故障排除前仍可保证有足够多的数据可以正常采集与传输。

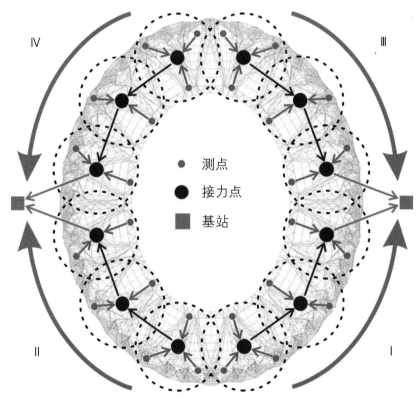

图12-27 无线通信组网

第六节 屋盖钢结构健康状态评价 （2013年8月~2017年5月）

6.1 施工阶段屋盖钢结构卸载应力

钢结构屋盖悬挑段撑杆、桁架的上弦杆、下弦杆测点部位的平均卸载应力变化分布如下：

从结构整体成型状态的角度分析：各部位测点应力变化大致符合从A区向E区逐渐减小，结构受力理论上沿纵轴对称的规律。但是，不同部位的测点应力分布又有所不同，撑杆测点A区应力变化显著大于其他区域，而弦杆测点的应力变化峰值却出现在与A区相邻的B、H区。此外，应力变化的分布

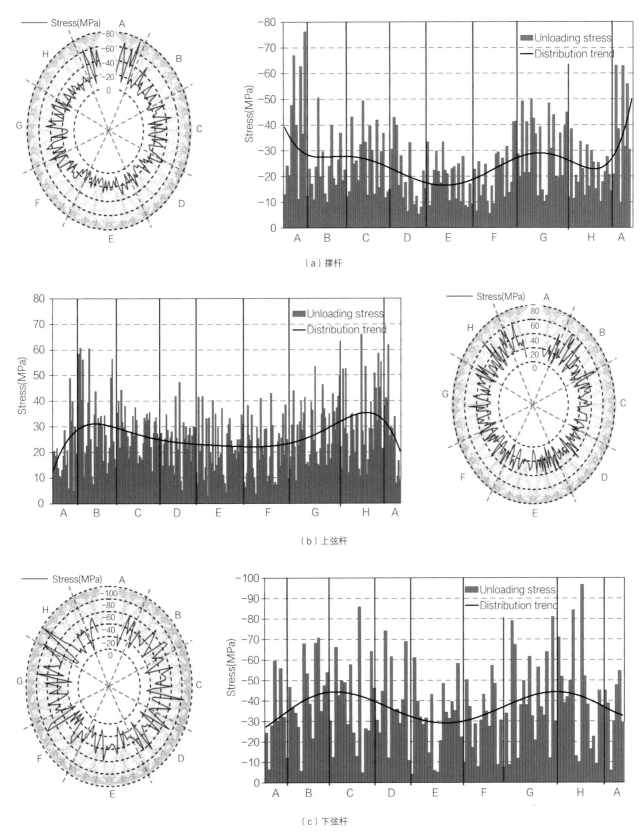

（a）撑杆

（b）上弦杆

（c）下弦杆

图12-28　悬挑段平均卸载应力变化分布

不完全均匀对称，如 H 区的撑杆应力变化明显小于 G 区，也小于与其对称的 B 区，这是由于卸载过程不完全均匀平缓导致的应力向 G 区集中的现象。（图 12-28）

6.2　温度效应分析

杭州奥体中心体育场钢结构为高次超静定结构，在温度变化时结构内力会产生相应变化。此外在日照等因素的影响下，大跨空间结构温度场的分布在不同季节、不同时间存在较大差异。图 6.2 所示为杭州奥体分别在 2014 年夏季 7 月 20 日和冬季 1 月 25 日结构上弦日间和夜间的温度场云图。根据对所有测点数据的分析，表 12-9 分别统计了结构内夏、冬季，日、夜间的最高温、最低温、平均温、最大温差，以及该日结构日夜间拉、压应力变化最大值与平均值。

由图 12-29 及表 12-8 分析可知，日照作用的影响非常显著，结构温度场分布总体冬季比夏季均匀，夜间比日间均匀，相应的结构夏季的应力响应较冬季更为显著。日照最为强烈的夏季日间温度场空间分布最不均匀，温差达到近 20℃；昼夜温差更大，达到 25℃以上，在此温差作用下，结构昼夜应力变化达到不可忽视的近 40MPa。事实上长期应力监测数据分析显示，结构在温度作用下应力变化最大的测点，其变化幅值可达 50MPa 以上。

结构不同部位对温度作用的敏感性不同，杭州奥体监测有专门针对温度敏感部位的测点。如图 12-30 所示，为温度变化幅度接近的情况下，温度敏感部位与非敏感部位的应力响应曲线。由图可

温度分布和应力响应统计　　　　　　　　　　表 12-8

季节	时间	温度（℃）				应力变化（MPa）			
						拉应力		压应力	
		最大值	最小值	平均值	最大温差	最大值	平均值	最大值	平均值
夏季	日间	55.3	35.4	40.5	19.9	32.4	6.6	-36.4	-8.2
	夜间	30.3	27.0	28.6	2.7				
冬季	日间	24.8	15.3	18.8	9.5	24.3	5.2	-25.1	-5.5
	夜间	12.0	9.0	10.4	3.0				

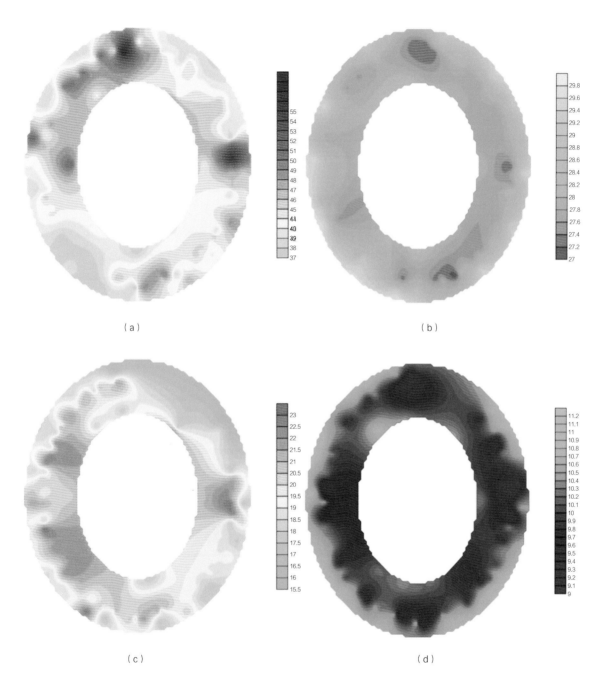

图12-29 结构温度场

（a）夏季日间；（b）夏季夜间；（c）冬季日间；（d）冬季夜间

知，两部位测点在同一段时间监测到的结构温度变化趋势基本一致，最大温差幅度均为 25℃左右，温度敏感构件的应力响应变化幅度达到 40MPa，而温度非敏感构件的应力响应变化幅度仅为不到 10MPa。

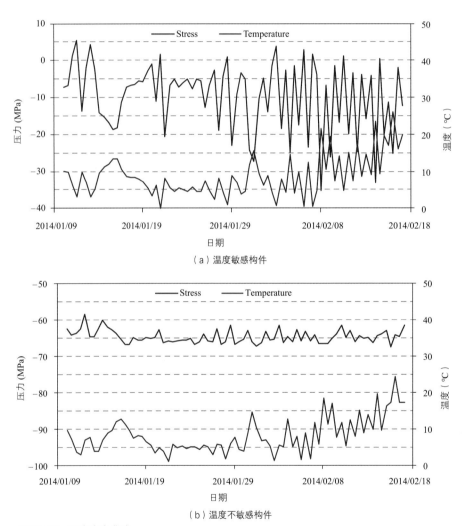

（a）温度敏感构件

（b）温度不敏感构件

图12-30 温度应力曲线

6.3　结构健康状态评价

6.3.1　构件评价指标计算

根据长期应力监测结果，对杭州奥体中心主体育场钢结构构件的强度与稳定性进行等级评价，并对构件系统进行健康状态综合评价。

根据公式 6.1、6.2 计算构件的综合重要度：

$$I_{Gi} = \frac{R_i}{R_{max}} \qquad (6-1)$$

$$R_i = |\sigma_i(q)| \qquad (6-2)$$

式中：I_{Gi}——第 i 个构件的综合重要度；

R_i——第 i 个构件在最不利工况下的响应；

R_{max}——所有 R_i 中的最大值；

σ_i——第 i 个构件的应力响应；

q——第 i 个构件对应的最不利组合荷载作用。

根据公式 6.3 计算构件综合评价的权重系数：

$$\omega_i = \frac{I_{Gi}}{\sum_{i=1}^{m} I_{Gi}} \qquad (6-3)$$

式中：ω_i——第 i 个构件的权重系数；

I_{Gi}——第 i 个构件的综合重要度；

m——所有参与评价的构件数量。

根据公式 6.4 计算轴向受力构件强度指标：

$$I_{cs,ba} = \left| \frac{A_n f}{A\gamma_0 \gamma_R \sigma} \right| \qquad (6-4)$$

式中：σ——测得的构件内应力；

f——构件材料设计强度；

A_n——构件净截面面积；

A——构件毛截面面积；

γ_0——结构重要性系数；

γ_R——结构构件抗力分项系数，轴向受力构件取 1.15。

根据公式 6.5 计算受弯构件强度指标：

$$I_{cs,be} = \left| \frac{f}{\gamma_0 \gamma_R \sigma_{be}} \right| \qquad (6-5)$$

式中：σ_{be}——由测得的截面应力计算的折合应力；

f——构件材料设计强度；

γ_0——结构重要性系数，应按照规范规定的结构安全等级确定系数的取值；

γ_R——结构构件抗力分项系数，受弯构件取 1.11。

根据公式 6.6 计算轴向受压构件稳定指标：

$$I_{cb,ba} = \left| \frac{\psi f}{\gamma_0 \gamma_R \sigma} \right| \qquad (6-6)$$

式中：σ——测得的构件内应力；

f——构件材料设计强度；

ψ——构件稳定系数；

γ_0——结构重要性系数，应按照规范规定的结构安全等级确定系数的取值；

γ_R——结构构件抗力分项系数，轴向受力构件取 1.15。

根据公式 6.7 计算压弯构件稳定指标：

$$I_{cb,ba} = \left| \frac{f}{\gamma_0 \gamma_R \sigma_{be}} \right| \qquad (6-7)$$

式中：σ_{be}——由测得的截面应力计算的折合应力；

f——构件材料设计强度；

γ_0——结构重要性系数，应按照规范规定的结构安全等级确定系数的取值；

γ_R——结构构件抗力分项系数，受弯构件取1.11。

根据指标的计算结果，对构件性能的评价标准与等级划分如表12-9所示：

构件性能评价标准与等级划分　　　　表12-9

构件类别	$I_{cs,ba}$　$I_{cs,be}$　$I_{cb,ba}$　$I_{cb,be}$			
	a级	b级	c级	d级
主要构件	≥1.00	<1.00，≥0.95	<0.95，≥0.90	<0.90
一般构件	≥1.00	<1.00，≥0.90	<0.90，≥0.85	<0.85

注：a级：符合规范规定的相应性能要求，不必采取措施；
　　b级：略低于规范规定的相应性能要求，仍能满足下限水平要求，可不必采取措施；
　　c级：不符合规范规定的相应性能要求，应采取措施；
　　d级：极不符合规范规定的相应性能要求，必须及时或立即应采取措施。

根据上述公式与应力监测结果计算构件综合重要度、权重系数、强度指标与稳定指标、评价等级如表12-10、表12-11所示。

构件强度评价指标与等级　　　　表12-10

杆件编号	测点编号	位置	综合重要度	权重系数×10⁻³	评价指标	等级
1	155-1234	撑杆	0.85	4.16	2.81	a
2	213-1234	上弦	0.53	2.62	2.00	a
3	161-1234	环桁架	0.19	0.92	5.41	a
4	160-1234	环桁架	0.50	2.45	6.69	a
5	159-1234	环桁架	0.45	2.19	4.78	a
6	158-12	环桁架	0.17	0.84	13.09	a
7	157-34	环桁架	0.36	1.79	4.87	a
8	157-12	环桁架	0.16	0.78	6.55	a
9	154-1234	下弦	1.00	4.92	3.15	a

杆件编号	测点编号	位置	综合重要度	权重系数 $\times 10^{-3}$	评价指标	等级
10	153-1234	上弦	0.77	3.78	9.15	a
11	152-1234	上弦	0.57	2.79	9.15	a
12	151-12	撑杆	0.43	2.10	1.93	a
13	150-1234	撑杆	0.50	2.46	2.44	a
14	149-1234	下弦	0.81	4.00	3.48	a
15	148-1234	上弦	0.77	3.77	6.41	a
16	147-1234	上弦	0.79	3.89	3.47	a
17	146-12	撑杆	0.55	2.72	1.39	a
18	145-34	撑杆	0.60	2.94	8.50	a
19	145-12	下弦	0.43	2.12	5.79	a
20	144-34	上弦	0.70	3.45	6.16	a
21	144-12	上弦	0.36	1.78	7.32	a
22	143-34	撑杆	0.43	2.10	7.30	a
23	143-12	下弦	0.97	4.77	2.22	a
24	142-34	上弦	0.84	4.13	2.87	a
25	142-12	上弦	0.74	3.66	3.03	a
26	141-12	上弦	0.95	4.65	3.95	a
27	140-34	撑杆	0.43	2.13	1.45	a
28	140-12	下弦	0.95	4.69	3.18	a
29	139-34	上弦	0.72	3.53	5.17	a
30	139-12	上弦	0.84	4.13	6.11	a
31	138-12	撑杆	0.51	2.49	2.33	a

续表

杆件编号	测点编号	位置	综合重要度	权重系数 $\times 10^{-3}$	评价指标	等级
32	137-34	撑杆	0.57	2.80	4.63	*a*
33	137-12	下弦	0.96	4.73	2.64	*a*
34	136-34	上弦	0.38	1.86	8.95	*a*
35	136-12	上弦	0.86	4.25	2.99	*a*
36	135-12	环桁架	0.07	0.32	1.92	*a*
37	134-34	环桁架	0.25	1.21	9.74	*a*
38	134-12	环桁架	0.11	0.54	14.45	*a*
39	133-12	撑杆	0.51	2.53	1.30	*a*
40	132-34	撑杆	0.58	2.87	4.84	*a*
41	132-12	下弦	0.97	4.79	2.45	*a*
42	131-34	上弦	0.88	4.31	3.18	*a*
43	131-12	上弦	0.37	1.83	10.63	*a*
44	130-34	撑杆	0.48	2.35	2.67	*a*
45	130-12	下弦	0.96	4.72	2.75	*a*
46	129-34	上弦	0.87	4.28	4.49	*a*
47	129-12	上弦	0.75	3.68	5.22	*a*
48	128-12	上弦	0.95	4.70	4.74	*a*
49	127-34	撑杆	0.49	2.40	4.67	*a*
50	127-12	下弦	0.97	4.78	2.42	*a*
51	126-34	上弦	0.73	3.58	4.66	*a*
52	126-12	上弦	0.86	4.21	4.82	*a*
53	125-12	撑杆	0.74	3.66	3.41	*a*

续表

杆件编号	测点编号	位置	综合重要度	权重系数 ×10⁻³	评价指标	等级
54	124–34	撑杆	0.71	3.50	4.68	*a*
55	124–12	下弦	0.96	4.71	2.04	*a*
56	123–34	上弦	0.37	1.83	8.31	*a*
57	123–12	上弦	0.89	4.39	3.14	*a*
58	122–12	撑杆	0.87	4.29	2.10	*a*
59	121–34	撑杆	0.76	3.73	3.03	*a*
60	121–12	下弦	0.96	4.74	2.54	*a*
61	120–34	上弦	0.88	4.35	3.13	*a*
62	120–12	上弦	0.48	2.37	8.77	*a*
63	119–34	撑杆	0.80	3.94	2.44	*a*
64	119–12	下弦	0.89	4.37	2.71	*a*
65	118–34	上弦	0.83	4.06	4.20	*a*
66	118–12	上弦	0.71	3.52	2.09	*a*
67	117–1234	上弦	0.97	4.79	3.41	*a*
68	116–1234	撑杆	0.85	4.16	3.12	*a*
69	115–1234	下弦	0.87	4.26	2.89	*a*
70	114–1234	上弦	0.68	3.33	4.94	*a*
71	113–1234	上弦	0.80	3.95	2.08	*a*
72	112–12	撑杆	0.90	4.41	3.24	*a*
73	111–1234	撑杆	0.91	4.46	2.79	*a*
74	110–1234	下弦	0.89	4.39	1.70	*a*
75	109–1234	上弦	0.44	2.18	4.50	*a*

杆件编号	测点编号	位置	综合重要度	权重系数 $\times 10^{-3}$	评价指标	等级
76	108-1234	上弦	0.86	4.23	4.49	a
77	1-1234	上弦	0.86	4.24	4.93	a
78	2-1234	上弦	0.44	2.19	6.69	a
79	3-1234	下弦	0.89	4.40	1.97	a
80	4-1234	撑杆	0.91	4.46	2.79	a
81	5-12	撑杆	0.89	4.40	3.37	a
82	6-1234	上弦	0.86	4.23	4.34	a
83	7-1234	上弦	0.69	3.39	5.93	a
84	8-1234	下弦	0.86	4.26	2.36	a
85	9-1234	撑杆	0.84	4.16	2.67	a
86	10-1234	上弦	0.97	4.75	2.66	a
87	11-12	上弦	0.70	3.43	6.11	a
88	11-34	上弦	0.81	4.01	6.02	a
89	12-12	下弦	0.89	4.37	2.98	a
90	12-34	撑杆	0.79	3.90	3.48	a
91	13-12	上弦	0.47	2.32	8.28	a
92	13-34	上弦	0.87	4.29	3.62	a
93	14-12	下弦	0.95	4.70	2.37	a
94	14-34	撑杆	0.75	3.70	6.95	a
95	15-12	撑杆	0.86	4.26	2.61	a
96	16-1234	环桁架	0.11	0.55	2.99	a
97	17-1234	环桁架	0.31	1.54	4.38	a

杆件编号	测点编号	位置	综合重要度	权重系数 ×10⁻³	评价指标	等级
98	18-1234	环桁架	0.11	0.52	2.12	*a*
99	19-12	上弦	0.88	4.33	3.32	*a*
100	16-6	上弦	0.37	1.83	13.43	*a*
101	20-12	下弦	0.95	4.68	3.11	*a*
102	20-34	撑杆	0.70	3.46	3.65	*a*
103	21-12	撑杆	0.74	3.63	2.56	*a*
104	22-12	上弦	0.85	4.19	5.30	*a*
105	22-34	上弦	0.74	3.65	3.71	*a*
106	23-12	下弦	0.96	4.74	3.26	*a*
107	23-34	撑杆	0.48	2.36	6.63	*a*
108	24-12	上弦	0.93	4.58	5.59	*a*
109	25-12	上弦	0.71	3.51	5.08	*a*
110	25-34	上弦	0.85	4.18	5.47	*a*
111	26-12	下弦	0.96	4.71	3.71	*a*
112	26-34	撑杆	0.47	2.32	3.08	*a*
113	27-12	上弦	0.36	1.77	8.84	*a*
114	27-34	上弦	0.86	4.24	3.91	*a*
115	28-12	下弦	0.95	4.70	2.31	*a*
116	28-34	撑杆	0.57	2.82	4.38	*a*
117	29-12	撑杆	0.51	2.50	3.63	*a*
118	30-12	环桁架	0.14	0.69	4.42	*a*
119	30-34	环桁架	0.42	2.07	3.62	*a*

续表

杆件编号	测点编号	位置	综合重要度	权重系数 ×10⁻³	评价指标	等级
120	31-12	环桁架	0.10	0.51	3.05	a
121	32-12	上弦	0.84	4.15	3.84	a
122	32-34	上弦	0.39	1.91	11.26	a
123	33-12	下弦	0.95	4.67	2.74	a
124	33-34	撑杆	0.56	2.74	7.92	a
125	34-12	撑杆	0.49	2.43	5.00	a
126	35-12	上弦	0.83	4.08	4.99	a
127	35-34	上弦	0.74	3.64	6.11	a
128	36-12	下弦	0.95	4.68	3.81	a
129	36-34	撑杆	0.42	2.07	4.40	a
130	37-12	上弦	0.90	4.45	3.75	a
131	38-12	上弦	0.68	3.36	5.44	a
132	38-34	上弦	0.80	3.95	8.25	a
133	39-12	下弦	0.94	4.63	4.16	a
134	39-34	撑杆	0.43	2.09	3.80	a
135	40-12	上弦	0.38	1.85	14.65	a
136	40-34	上弦	0.84	4.15	4.69	a
137	41-12	下弦	0.90	4.42	5.92	a
138	41-34	撑杆	0.55	2.69	8.29	a
139	42-12	撑杆	0.54	2.67	3.02	a
140	43-1234	上弦	0.84	4.15	4.28	a
141	44-1234	上弦	0.38	1.88	14.06	a

续表

杆件编号	测点编号	位置	综合重要度	权重系数 ×10⁻³	评价指标	等级
142	45-1234	下弦	0.90	4.43	3.14	*a*
143	46-1234	撑杆	0.55	2.69	5.48	*a*
144	47-12	撑杆	0.48	2.37	3.17	*a*
145	48-1234	上弦	0.81	3.98	4.99	*a*
146	49-1234	上弦	0.71	3.47	4.91	*a*
147	50-1234	下弦	0.94	4.64	2.71	*a*
148	51-1234	撑杆	0.42	2.08	1.70	*a*
149	52-1234	上弦	0.89	4.38	3.36	*a*
150	53-12	环桁架	0.16	0.80	5.90	*a*
151	53-34	环桁架	0.36	1.79	4.64	*a*
152	54-12	环桁架	0.12	0.58	2.72	*a*
153	105-1234	环桁架	0.16	0.77	5.01	*a*
154	106-1234	环桁架	0.45	2.21	6.04	*a*
155	107-1234	环桁架	0.12	0.61	4.02	*a*
156	104-12	环桁架	0.12	0.58	1.70	*a*
157	103-34	环桁架	0.36	1.79	8.88	*a*
158	103-12	环桁架	0.16	0.80	4.55	*a*
159	102-1234	撑杆	0.42	2.08	6.83	*a*
160	101-1234	下弦	0.94	4.64	2.40	*a*
161	100-1234	上弦	0.71	3.47	5.02	*a*
162	99-1234	上弦	0.81	3.98	3.56	*a*
163	98-12	撑杆	0.48	2.37	2.83	*a*

续表

杆件编号	测点编号	位置	综合重要度	权重系数 ×10⁻³	评价指标	等级
164	97-1234	撑杆	0.55	2.69	4.89	a
165	96-1234	下弦	0.90	4.43	3.59	a
166	95-1234	上弦	0.38	1.88	10.74	a
167	94-1234	上弦	0.84	4.15	3.89	a
168	93-12	撑杆	0.54	2.67	6.02	a
169	92-34	撑杆	0.55	2.69	7.33	a
170	92-12	下弦	0.90	4.42	3.55	a
171	91-34	上弦	0.84	4.15	5.34	a
172	91-12	上弦	0.38	1.85	15.18	a
173	90-34	撑杆	0.43	2.09	5.05	a
174	90-12	下弦	0.94	4.63	4.63	a
175	89-34	上弦	0.80	3.95	5.90	a
176	89-12	上弦	0.68	3.36	5.54	a
177	88-12	上弦	0.90	4.45	3.05	a
178	87-34	撑杆	0.42	2.07	4.40	a
179	87-12	下弦	0.95	4.68	3.77	a
180	86-34	上弦	0.74	3.64	6.49	a
181	86-12	上弦	0.83	4.08	4.48	a
182	85-12	撑杆	0.49	2.43	3.44	a
183	84-34	撑杆	0.56	2.74	4.87	a
184	84-12	下弦	0.95	4.67	3.15	a
185	83-34	上弦	0.39	1.91	9.61	a
186	83-12	上弦	0.84	4.15	3.77	a

杆件编号	测点编号	位置	综合重要度	权重系数 ×10⁻³	评价指标	等级
187	82-12	环桁架	0.10	0.51	2.60	*a*
188	81-34	环桁架	0.42	2.07	4.53	*a*
189	81-12	环桁架	0.14	0.69	4.83	*a*
190	80-12	撑杆	0.51	2.50	4.59	*a*
191	79-34	撑杆	0.57	2.82	4.54	*a*
192	79-12	下弦	0.95	4.70	3.65	*a*
193	78-34	上弦	0.86	4.24	5.82	*a*
194	78-12	上弦	0.36	1.77	10.42	*a*
195	77-34	撑杆	0.47	2.32	2.76	*a*
196	77-12	下弦	0.96	4.71	4.67	*a*
197	76-34	上弦	0.85	4.18	4.50	*a*
198	76-12	上弦	0.71	3.51	4.05	*a*
199	75-12	上弦	0.93	4.58	5.74	*a*
200	74-34	撑杆	0.48	2.36	5.34	*a*
201	74-12	下弦	0.96	4.74	1.68	*a*
202	73-34	上弦	0.74	3.65	3.83	*a*
203	73-12	上弦	0.85	4.19	2.98	*a*
204	72-12	撑杆	0.74	3.63	2.63	*a*
205	71-34	撑杆	0.70	3.46	2.90	*a*
206	71-12	下弦	0.95	4.68	2.21	*a*
207	70-34	上弦	0.37	1.83	6.96	*a*
208	70-12	上弦	0.88	4.33	6.00	*a*
209	179-1234	环桁架	0.11	0.52	4.71	*a*

续表

杆件编号	测点编号	位置	综合重要度	权重系数 ×10^{-3}	评价指标	等级
210	178-1234	环桁架	0.31	1.54	5.74	a
211	177-1234	环桁架	0.11	0.55	7.46	a
212	69-12	撑杆	0.86	4.26	3.23	a
213	68-34	撑杆	0.75	3.70	3.16	a
214	68-12	下弦	0.95	4.70	2.06	a
215	67-34	上弦	0.87	4.29	4.44	a
216	67-12	上弦	0.47	2.32	8.03	a
217	66-34	撑杆	0.79	3.90	4.14	a
218	66-12	下弦	0.89	4.37	4.50	a
219	65-34	上弦	0.81	4.01	4.36	a
220	65-12	上弦	0.70	3.43	3.75	a
221	64-1234	上弦	0.97	4.75	3.46	a
222	63-1234	撑杆	0.84	4.16	6.48	a
223	62-1234	下弦	0.86	4.26	1.99	a
224	61-1234	上弦	0.69	3.39	4.74	a
225	60-1234	上弦	0.86	4.23	3.90	a
226	59-12	撑杆	0.89	4.40	2.61	a
227	58-1234	撑杆	0.91	4.46	2.31	a
228	57-1234	下弦	0.89	4.40	2.26	a
229	56-1234	上弦	0.44	2.19	6.78	a
230	55-1234	上弦	0.86	4.24	3.69	a
231	162-1234	上弦	0.86	4.23	3.61	a
232	163-1234	上弦	0.44	2.18	7.67	a

续表

杆件编号	测点编号	位置	综合重要度	权重系数 $\times 10^{-3}$	评价指标	等级
233	164-1234	下弦	0.89	4.39	2.18	a
234	165-1234	撑杆	0.91	4.46	2.82	a
235	166-12	撑杆	0.90	4.41	2.40	a
236	167-1234	上弦	0.80	3.95	3.57	a
237	168-1234	上弦	0.68	3.33	3.73	a
238	169-1234	下弦	0.87	4.26	2.04	a
239	170-1234	撑杆	0.85	4.16	2.46	a
240	171-1234	上弦	0.97	4.79	1.25	a
241	172-12	上弦	0.71	3.52	4.30	a
242	172-34	上弦	0.83	4.06	2.64	a
243	173-12	下弦	0.89	4.37	2.75	a
244	173-34	撑杆	0.80	3.94	3.36	a
245	174-12	上弦	0.48	2.37	4.92	a
246	174-34	上弦	0.88	4.35	3.94	a
247	175-12	下弦	0.96	4.74	2.20	a
248	175-34	撑杆	0.76	3.73	3.15	a
249	176-12	撑杆	0.87	4.29	2.99	a
250	180-12	上弦	0.89	4.39	3.28	a
251	180-34	上弦	0.37	1.83	6.05	a
252	181-12	下弦	0.96	4.71	1.79	a
253	181-34	撑杆	0.71	3.50	3.25	a
254	182-12	撑杆	0.74	3.66	1.23	a
255	183-12	上弦	0.86	4.21	4.51	a

续表

杆件编号	测点编号	位置	综合重要度	权重系数 ×10⁻³	评价指标	等级
256	183-34	上弦	0.73	3.58	6.25	*a*
257	184-12	下弦	0.97	4.78	3.43	*a*
258	184-34	撑杆	0.49	2.40	5.46	*a*
259	185-12	上弦	0.95	4.70	4.36	*a*
260	186-12	上弦	0.75	3.68	5.80	*a*
261	186-34	上弦	0.87	4.28	4.61	*a*
262	187-12	下弦	0.96	4.72	6.35	*a*
263	187-34	撑杆	0.48	2.35	4.65	*a*
264	188-12	上弦	0.37	1.83	6.37	*a*
265	188-34	上弦	0.88	4.31	2.85	*a*
266	189-12	下弦	0.97	4.79	5.22	*a*
267	189-34	撑杆	0.58	2.87	2.85	*a*
268	190-12	撑杆	0.51	2.53	3.93	*a*
269	191-12	环桁架	0.11	0.54	10.17	*a*
270	191-34	环桁架	0.25	1.21	10.47	*a*
271	192-12	环桁架	0.07	0.32	5.62	*a*
272	193-12	上弦	0.86	4.25	3.38	*a*
273	193-34	上弦	0.38	1.86	9.15	*a*
274	194-12	下弦	0.96	4.73	1.72	*a*
275	194-34	撑杆	0.57	2.80	5.48	*a*
276	195-12	撑杆	0.51	2.49	4.10	*a*
277	196-12	上弦	0.84	4.13	3.42	*a*
278	196-34	上弦	0.72	3.53	4.98	*a*
279	197-12	下弦	0.95	4.69	2.98	*a*

杆件编号	测点编号	位置	综合重要度	权重系数 ×10⁻³	评价指标	等级
280	197-34	撑杆	0.43	2.13	5.32	*a*
281	198-12	上弦	0.95	4.65	2.81	*a*
282	199-12	上弦	0.74	3.66	2.90	*a*
283	199-34	上弦	0.84	4.13	3.64	*a*
284	200-12	下弦	0.97	4.77	2.08	*a*
285	200-34	撑杆	0.43	2.10	4.74	*a*
286	201-12	上弦	0.36	1.78	9.44	*a*
287	201-34	上弦	0.70	3.45	4.92	*a*
288	202-12	下弦	0.43	2.12	4.04	*a*
289	202-34	撑杆	0.60	2.94	7.90	*a*
290	203-12	撑杆	0.55	2.72	3.08	*a*
291	204-1234	上弦	0.79	3.89	2.41	*a*
292	205-1234	上弦	0.77	3.77	4.12	*a*
293	206-1234	下弦	0.81	4.00	3.30	*a*
294	207-1234	撑杆	0.50	2.46	2.45	*a*
295	208-12	撑杆	0.43	2.10	1.78	*a*
296	209-1234	上弦	0.57	2.79	5.92	*a*
297	210-1234	上弦	0.77	3.78	6.23	*a*
298	211-1234	下弦	1.00	4.92	3.00	*a*
299	214-12	环桁架	0.16	0.78	13.87	*a*
300	214-34	环桁架	0.36	1.79	6.14	*a*
301	215-12	环桁架	0.17	0.84	2.47	*a*
302	212-1234	撑杆	0.85	4.16	2.77	*a*

构件稳定评价指标与等级

表 12-11

杆件编号	测点编号	位置	综合重要度	权重系数 ×10^{-3}	评价指标	等级
1	155.1234	撑杆	0.85	7.76	1.95	a
3	161.1234	环桁架	0.19	1.72	4.60	a
5	159.1234	环桁架	0.45	4.09	4.07	a
8	157.12	环桁架	0.16	1.45	5.56	a
9	154.1234	下弦	1.00	9.18	2.68	a
12	151.12	撑杆	0.43	3.92	1.55	a
13	150.1234	撑杆	0.50	4.58	1.71	a
14	149.1234	下弦	0.81	7.46	2.96	a
17	146.12	撑杆	0.55	5.06	1.20	a
18	145.34	撑杆	0.60	5.48	5.72	a
19	145.12	下弦	0.43	3.96	4.92	a
22	143.34	撑杆	0.43	3.92	4.91	a
23	143.12	下弦	0.97	8.90	1.89	a
27	140.34	撑杆	0.43	3.98	1.01	a
28	140.12	下弦	0.95	8.75	2.71	a
31	138.12	撑杆	0.51	4.64	2.06	a
32	137.34	撑杆	0.57	5.22	3.11	a
33	137.12	下弦	0.96	8.82	2.24	a
37	134.34	环桁架	0.25	2.26	8.28	a
39	133.12	撑杆	0.51	4.72	1.16	a
40	132.34	撑杆	0.58	5.36	3.34	a
41	132.12	下弦	0.97	8.94	2.09	a
44	130.34	撑杆	0.48	4.39	1.81	a

续表

杆件编号	测点编号	位置	综合重要度	权重系数 ×10⁻³	评价指标	等级
45	130.12	下弦	0.96	8.80	2.33	*a*
49	127.34	撑杆	0.49	4.47	3.18	*a*
50	127.12	下弦	0.97	8.91	2.06	*a*
53	125.12	撑杆	0.74	6.83	3.00	*a*
54	124.34	撑杆	0.71	6.52	3.15	*a*
55	124.12	下弦	0.96	8.79	1.74	*a*
58	122.12	撑杆	0.87	7.99	1.76	*a*
59	121.34	撑杆	0.76	6.97	2.07	*a*
60	121.12	下弦	0.96	8.85	2.16	*a*
63	119.34	撑杆	0.80	7.35	1.74	*a*
64	119.12	下弦	0.89	8.16	2.30	*a*
68	116.1234	撑杆	0.85	7.77	2.13	*a*
69	115.1234	下弦	0.87	7.94	2.46	*a*
72	112.12	撑杆	0.90	8.22	2.79	*a*
73	111.1234	撑杆	0.91	8.32	2.01	*a*
74	110.1234	下弦	0.89	8.20	1.44	*a*
79	3.1234	下弦	0.89	8.20	1.67	*a*
80	4.1234	撑杆	0.91	8.31	1.92	*a*
81	5.12	撑杆	0.89	8.21	2.89	*a*
84	8.1234	下弦	0.86	7.94	2.01	*a*
85	9.1234	撑杆	0.84	7.75	1.86	*a*
89	12.12	下弦	0.89	8.15	2.53	*a*
90	12.34	撑杆	0.79	7.28	2.42	*a*

续表

杆件编号	测点编号	位置	综合重要度	权重系数 $\times 10^{-3}$	评价指标	等级
93	14.12	下弦	0.95	8.77	2.01	*a*
94	14.34	撑杆	0.75	6.90	4.64	*a*
95	15.12	撑杆	0.86	7.94	2.25	*a*
96	16.1234	环桁架	0.11	1.03	2.54	*a*
97	17.1234	环桁架	0.31	2.86	3.73	*a*
98	18.1234	环桁架	0.11	0.97	1.80	*a*
101	20.12	下弦	0.95	8.73	2.64	*a*
102	20.34	撑杆	0.70	6.45	2.60	*a*
103	21.12	撑杆	0.74	6.77	2.23	*a*
106	23.12	下弦	0.96	8.84	2.77	*a*
107	23.34	撑杆	0.48	4.40	4.93	*a*
111	26.12	下弦	0.96	8.78	3.16	*a*
112	26.34	撑杆	0.47	4.32	2.10	*a*
115	28.12	下弦	0.95	8.76	1.97	*a*
116	28.34	撑杆	0.57	5.27	3.04	*a*
117	29.12	撑杆	0.51	4.67	2.94	*a*
118	30.12	环桁架	0.14	1.28	3.76	*a*
119	30.34	环桁架	0.42	3.86	3.08	*a*
123	33.12	下弦	0.95	8.71	2.33	*a*
124	33.34	撑杆	0.56	5.11	5.39	*a*
125	34.12	撑杆	0.49	4.53	4.36	*a*
128	36.12	下弦	0.95	8.72	3.24	*a*
129	36.34	撑杆	0.42	3.87	3.14	*a*

续表

杆件编号	测点编号	位置	综合重要度	权重系数 ×10^{-3}	评价指标	等级
133	39.12	下弦	0.94	8.63	3.54	*a*
134	39.34	撑杆	0.43	3.90	2.76	*a*
137	41.12	下弦	0.90	8.24	5.03	*a*
138	41.34	撑杆	0.55	5.02	5.60	*a*
139	42.12	撑杆	0.54	4.99	2.53	*a*
142	45.1234	下弦	0.90	8.27	2.67	*a*
143	46.1234	撑杆	0.55	5.01	3.75	*a*
144	47.12	撑杆	0.48	4.41	2.52	*a*
147	50.1234	下弦	0.94	8.65	2.30	*a*
148	51.1234	撑杆	0.42	3.88	1.17	*a*
150	53.12	环桁架	0.16	1.49	5.02	*a*
151	53.34	环桁架	0.36	3.33	3.95	*a*
152	54.12	环桁架	0.12	1.08	2.31	*a*
153	105.1234	环桁架	0.16	1.44	4.26	*a*
155	107.1234	环桁架	0.12	1.13	3.42	*a*
156	104.12	环桁架	0.12	1.08	1.45	*a*
157	103.34	环桁架	0.36	3.33	7.55	*a*
158	103.12	环桁架	0.16	1.49	3.87	*a*
159	102.1234	撑杆	0.42	3.88	4.66	*a*
160	101.1234	下弦	0.94	8.65	2.04	*a*
163	98.12	撑杆	0.48	4.41	2.38	*a*
164	97.1234	撑杆	0.55	5.01	3.33	*a*
165	96.1234	下弦	0.90	8.27	3.05	*a*

续表

杆件编号	测点编号	位置	综合重要度	权重系数 $\times 10^{-3}$	评价指标	等级
168	93.12	撑杆	0.54	4.99	5.26	*a*
169	92.34	撑杆	0.55	5.02	5.01	*a*
170	92.12	下弦	0.90	8.24	3.02	*a*
173	90.34	撑杆	0.43	3.90	3.52	*a*
174	90.12	下弦	0.94	8.63	3.94	*a*
178	87.34	撑杆	0.42	3.87	3.01	*a*
179	87.12	下弦	0.95	8.72	3.20	*a*
182	85.12	撑杆	0.49	4.53	2.88	*a*
183	84.34	撑杆	0.56	5.11	3.37	*a*
184	84.12	下弦	0.95	8.71	2.67	*a*
188	81.34	环桁架	0.42	3.86	3.85	*a*
189	81.12	环桁架	0.14	1.28	4.10	*a*
190	80.12	撑杆	0.51	4.67	3.98	*a*
191	79.34	撑杆	0.57	5.27	3.09	*a*
192	79.12	下弦	0.95	8.76	3.10	*a*
195	77.34	撑杆	0.47	4.32	1.94	*a*
196	77.12	下弦	0.96	8.78	3.97	*a*
200	74.34	撑杆	0.48	4.40	3.83	*a*
201	74.12	下弦	0.96	8.84	1.43	*a*
204	72.12	撑杆	0.74	6.77	2.22	*a*
205	71.34	撑杆	0.70	6.45	2.03	*a*
206	71.12	下弦	0.95	8.73	1.88	*a*
209	179.1234	环桁架	0.11	0.97	4.00	*a*
210	178.1234	环桁架	0.31	2.86	4.88	*a*

续表

杆件编号	测点编号	位置	综合重要度	权重系数 ×10⁻³	评价指标	等级
211	177.1234	环桁架	0.11	1.03	6.34	*a*
212	69.12	撑杆	0.86	7.94	2.86	*a*
213	68.34	撑杆	0.75	6.90	2.21	*a*
214	68.12	下弦	0.95	8.77	1.75	*a*
217	66.34	撑杆	0.79	7.28	2.81	*a*
218	66.12	下弦	0.89	8.15	3.82	*a*
222	63.1234	撑杆	0.84	7.75	4.69	*a*
223	62.1234	下弦	0.86	7.94	1.69	*a*
226	59.12	撑杆	0.89	8.21	2.25	*a*
227	58.1234	撑杆	0.91	8.31	1.61	*a*
228	57.1234	下弦	0.89	8.20	1.92	*a*
233	164.1234	下弦	0.89	8.20	1.86	*a*
234	165.1234	撑杆	0.91	8.32	1.96	*a*
235	166.12	撑杆	0.90	8.22	2.07	*a*
238	169.1234	下弦	0.87	7.94	1.74	*a*
239	170.1234	撑杆	0.85	7.77	1.67	*a*
243	173.12	下弦	0.89	8.16	2.34	*a*
244	173.34	撑杆	0.80	7.35	2.30	*a*
247	175.12	下弦	0.96	8.85	1.87	*a*
248	175.34	撑杆	0.76	6.97	2.16	*a*
249	176.12	撑杆	0.87	7.99	2.60	*a*
252	181.12	下弦	0.96	8.79	1.52	*a*
253	181.34	撑杆	0.71	6.52	2.23	*a*
254	182.12	撑杆	0.74	6.83	1.03	*a*

续表

杆件编号	测点编号	位置	综合重要度	权重系数 ×10⁻³	评价指标	等级
257	184.12	下弦	0.97	8.91	2.92	*a*
258	184.34	撑杆	0.49	4.47	3.73	*a*
262	187.12	下弦	0.96	8.80	5.40	*a*
263	187.34	撑杆	0.48	4.39	3.12	*a*
266	189.12	下弦	0.97	8.94	4.44	*a*
267	189.34	撑杆	0.58	5.36	1.98	*a*
268	190.12	撑杆	0.51	4.72	3.44	*a*
269	191.12	环桁架	0.11	1.00	8.64	*a*
274	194.12	下弦	0.96	8.82	1.46	*a*
275	194.34	撑杆	0.57	5.22	3.78	*a*
276	195.12	撑杆	0.51	4.64	3.53	*a*
279	197.12	下弦	0.95	8.75	2.53	*a*
280	197.34	撑杆	0.43	3.98	3.57	*a*
284	200.12	下弦	0.97	8.90	1.76	*a*
285	200.34	撑杆	0.43	3.92	3.29	*a*
288	202.12	下弦	0.43	3.96	3.43	*a*
289	202.34	撑杆	0.60	5.48	5.37	*a*
290	203.12	撑杆	0.55	5.06	2.71	*a*
293	206.1234	下弦	0.81	7.46	2.81	*a*
294	207.1234	撑杆	0.50	4.58	1.74	*a*
295	208.12	撑杆	0.43	3.92	1.43	*a*
298	211.1234	下弦	1.00	9.18	2.55	*a*
302	212.1234	撑杆	0.85	7.76	1.86	*a*

6.3.2　构件系统健康综合评价

1. 构件系统静力性能指标

方法一：构件系统静力性能指标计算公式为

$$I_{cs} = W \times K_I = \sum_{i=1}^{m} w_i \cdot I_{csi} \qquad (6-8)$$

式中：W——所有构件的权重向量；

K_I——所有构件评价指标向量。

根据表 12-10 构件强度指标值与各构件权重系数，计算得到构件系统静力性能指标值为 $I_{cs}=4.17$，根据表 12-12 可得综合评价等级为 A 级。

方法二：根据式 6-9 分别计算构件强度指标评价属于 a、b、c、d 这 4 个等级的权重和如表 12-13 所示，根据表 12-14 可得构件系统静力性能评价等级为 A 级。

$$Q_j = \sum_{ij=1}^{mj} w_{ij} \qquad (6-9)$$

式中：j——构件的评价等级 a、b、c、d；

mj——评价等级处于 j 级的构件数量；

ij——j 级构件的编号；

w_{ij}——ij 号构件的权重。

构件性能指标的评价标准与等级划分　　　　　　　　　　表 12-12

序号	指标 I_{ci} 的取值范围	分级	状况定性描述
1	$1.00 \leq I_{ci}$	A 级	符合规范规定的相应性能要求，不必采取措施
2	$0.95 \leq I_{ci} < 1.00$	B 级	略低于规范规定的相应性能要求，仍能满足下限水平要求，可不必采取措施
3	$0.90 \leq I_{ci} < 0.95$	C 级	不符合规范规定的相应性能要求，应采取措施
4	$I_{ci} < 0.90$	D 级	极不符合规范规定的相应性能要求，必须及时或立即采取措施

强度评价各等级构件权重和　　　　　　　　　　表 12-13

等级	a	b	c	d
权重和 Q_j	1	0	0	0

基于权重总和的构件性能层指标等级评定　　　　　　　　　　表 12-14

序号	等级	评级标准
1	A 级	$Q_b \leq 0.25$，$Q_c = 0$，$Q_d = 0$
2	B 级	$Q_c \leq 0.15$，$Q_d = 0$
3	C 级	$Q_d < 0.05$
4	D 级	$Q_d \geq 0.05$

综合以上两种方法的结果，得到构件系统静力性能指标：

$$I_{CS} = 4.17 \qquad （6-10）$$

综合评价等级为 A 级。

2. 构件系统稳定性能指标

方法一：构件系统稳定性能指标计算公式为

$$I_{cb} = W \times K_I = \sum_{i=1}^{m} w_i \cdot I_{cbi} \qquad （6-11）$$

根据表 12-11 构件稳定指标值与各构件权重系数，计算得到构件系统稳定性能指标值为 $I_{cb} = 2.75$，根据表 12-12 可得综合评价等级为 A 级。

方法二：根据式 6-9 分别计算构件稳定指标评价属于 a、b、c、d4 个等级的权重和如表 12-15 所示，根据表 12-13 可得构件系统稳定性能评价等级为 A 级。

综合以上两种方法的结果，得到构件系统稳定性能指标：

$$I_{cb} = 2.75 \qquad （6-12）$$

综合评价等级为 A 级。

3. 健康状态综合评价

基于杭州奥体钢结构构件静力性能指标和稳定性能指标同样重要的评断，得到构件系统静力性能指标和稳定性能指标的权重向量为：

$$W_{Ic} = \{0.5，0.5\} \qquad （6-13）$$

加权计算构件系统健康状态综合评价指标：

$$I_c = W_{Ic} \cdot I_{ci} = 3.46 \qquad （6-14）$$

根据表 12-16 可知杭州奥体钢结构构件系统综合评价等级为"健康"。

稳定评价各等级构件权重和　　　　　　　　　　表 12-15

等级	a	b	c	d
权重和 Q_j	1	0	0	0

构件系统综合评价标准与等级划分　　　　　　　　　表 12-16

序号	指标 I_c 的取值范围	分级	状况定性描述
1	$1.00 \leq I_c$	健康	结构或系统的健康状况非常好，不必采取措施
2	$0.95 \leq I_c < 1.00$	亚健康	结构或系统的健康状况良好，仍能满足下限水平要求，可不必采取措施
3	$0.90 \leq I_c < 0.95$	不健康	结构或系统出现异常征兆，不宜长期服役，应采取措施
4	$I_c < 0.90$	病态	结构或系统出现危险征兆，必须及时或立即采取措施

6.3.3 结论

1. 杭州奥体中心体育场钢结构 2014 年 1 月 4 日换撑及 6 日卸载，结构中各部位测点应力发生不同程度变化。各部位杆件应力增幅最大的测点分别为：上撑杆测点 138-2 压应力增大 82.3MPa；上弦杆测点 25-2 拉应力增大 68.3MPa；下弦杆测点 181-2 压应力增大 102.5MPa；下撑杆测点 225-4 压应力增大 17.0MPa；环桁架测点 18-3 压应力增大 9.5MPa。

2. 结构卸载整体成型，各部位测点应力变化大致符合随远离洞口区域逐渐减小，结构受力沿纵轴对称的规律。但不同部位的测点应力分布又有所差异，卸载过程的不完全均匀平缓导致应力变化的分布不完全均匀对称。

3. 长期监测曲线显示大部分测点在卸载完成后应力趋于稳定，但部分测点应力有所增加，并在 2014 年 9 月后逐渐趋于稳定，之后在温度作用下波动。各部位测点的应力峰值为：上撑杆压测点 182-1 的 -182.5MPa；上弦杆测点 118-1 的 100.3MPa；下弦杆测点 110-3 的 -124.6MPa；下撑杆及立面弦杆测点 221-3 的 131.8MPa，；环桁架测点 54-1 的 -84.9MPa。

4. 结构温度场分布总体冬季比夏季均匀，夜间比日间均匀，结构夏季的应力响应较冬季更为显著。夏季日间温度场空间分布最不均匀，温差达到近 20℃，昼夜温差达到 25℃以上，在此温差作用下，应力变化最大的测点，其变化幅值可达 50MPa 以上。

5. 杭州奥体钢结构的第一阶自振频率为 1.125Hz。

6. 在风力较小时，洞口处的风速显著大于檐口附近马道处的风速，后者接近于零，洞口风向主要集中于东北偏北和正南方向。

7. 杭州奥体中心体育场钢结构所有监测构件的静力性能强度指标和稳定性能指标评级均为 A 级。结构构件系统健康状态综合评价等级为"健康"。

The lotus beside the qiantang river

钱塘
莲花

第二篇

管理篇

About
management

第十三章 杭州滨江奥体中心建设管理模式实践探讨

杭州滨江奥体场馆建设用地占 971 亩，建有 2022 年亚运会主要场馆——奥体八万人主体育场，2018 年第 14 届世界游泳锦标赛（25m）场馆及可满足"大满贯"标准场馆——网球中心，以及相关基础配套。项目总建筑面积 78 万 m²，计划总投资 115 亿元，其中场馆建设投资 55 亿元，配套基础设施投资 15 亿元，征迁费用 30 亿元，财务及其他费用 15 亿元。作为杭州从"西湖时代"迈向"钱塘江时代"以及落实"拥江发展"战略的"标志性工程"，其标准要求之高、技术难度之大、协调管理之复杂均在政府投资项目中罕见。为统筹管理好杭州滨江奥体项目，我们探索建立起"打造专业化团队、塑造集约化流程"的目标化管理模式，项目管理工作自实施市对区考核以来，连年被评为优秀；奥体滨江建设指挥部在 2016 年服务保障 G20 杭州峰会中还被评为了浙江省先进集体。本文尝试探讨梳理和总结杭州滨江奥体建设管理模式能够取得一定阶段性成果的原因，以资有关方面借鉴。

第一节 创新融合法人制和代建制

杭州奥体在上层管理中实施了市级奥体业主单位"统一规划、统一协调、统一配套"，区级奥体业主单位"分别筹资、分别建设、分别运营"的管理模式。由市级层面统一规划设计，保障了区域建筑群的统一性和地标性；由区级层面分别筹建，一定程度上取得竞争效应，激发了地方积极性和主动性。在此大背景下，杭州滨江奥体以项目法人制为基础，进一步融合

代建制，探索建立了全新的管理模式，避免了职责不清，责任不明，人员进出变化大等传统政府投资项目管理的不利因素。

2009 年 1 月，杭州奥体博览中心滨江建设投资有限公司组建成立，2009 年 2 月取得企业法人营业执照，为独立法人。另一方面，奥体滨江公司以专业化项目代建单位杭州高新技术产业开发总公司为班底，整合和充分利用高新总公司的项目建设经验以及在人才、技术和管理力量等方面的资源和优势，按照"精干高效、优势互补"的原则，形成了"点线结合、四统一、一独立、一侧重"的一整套项目建设管理模式。对项目建设管理实施《杭州市人民政府办公厅转发市发改委关于杭州市政府投资项目代建制管理暂行办法的通知》（杭政办函【2009】33 号），突显了市场竞争计价，激发了干事热情。

2015 年，奥体滨江公司管理模式进行了一次全面改革提升，进一步强化了市场竞争的目标化管理。每年由政府相关部门与奥体滨江公司签订年度经营业绩考核目标，明确公司管理层面薪酬与年度经营业绩目标完成情况直接挂钩。

1.1 强化责任担当

对照总体经营业绩考核目标，公司层面与部门、项目部进一步签订年度目标责任书，做到项目建设目标化、目标管理责任化、责任考核定量化、定量结果货币化。该目标责任书明确每一名公司正式职工均为国家公职人员，项目部成员更是对项目建设承担终身负责制，确保其切实履行项目管理对质量、进度、

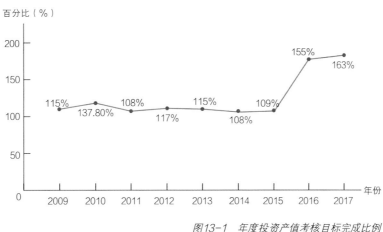

图13-1　年度投资产值考核目标完成比例

安全、投资、廉洁控制的全方位管理义务。

1.2　考核指标设置

根据政府相关部门与奥体滨江公司签订年度经营业绩考核责任书，年度考核目标总分100分，工作任务考核指标占60分，主要为年度项目建设计划完成情况；综合管理考核指标40分，主要包括党建及党风廉政、安全生产、综合履职等方面。如此设置，既体现了公司发展主业，又牵引公司均衡发展，特别是在抢抓工程进度的同时，能够时刻不忘身负的"一岗多责"。

1.3　优化年薪构成

根据所签订的年度经营业绩考核责任书，奥体滨江公司管理层年薪由基本年薪、绩效年薪、任期激励三部分组成。绩效年薪根据年度经营业绩考核结果来评定，考核后一次性兑现，考核不合格不得领取绩效年薪；任期激励则以三年为周期，实行延期支付，三年均考核优秀的任期激励为三年年薪总额的20%，根据三年考核优秀、良好、合格不同情况

调整激励比例，若有一年不合格的则均不兑现任期激励。

实践证明，在这一创新的政府投资管理模式下，杭州滨江奥体项目建设自2009年正式实施以来，连续9年超额完成市、区政府下达的年度投资产值考核目标（2009—2017年分别完成115%、137.8%、108%、117%、115%、108%、109%、155%、163%）；主体育场钢结构工程已获得全国钢结构工程最高荣誉——中国钢结构金奖；幕墙工程获得浙江省建筑装饰行业协会评选的浙江省优秀建筑装饰工程奖（建筑幕墙）；项目正申报"鲁班奖"。

第二节　创建协同监控管理机制

针对杭州滨江奥体项目实施法人制和代建制高度融合的创新体制，更需要一套与之相匹配的内控管理机制，督导日常事务的高效运作。结合近年来实际内控机制的运行，我们认为以下几个方面是内控管理机制最为根本的要点：

2.1　定位要注重精准

杭州滨江奥体项目多为世界级体育场馆，建设程序办理和有关事项协调涉及国家、省、市、区数十个政府相关部门；建设实施涉及土建、安装、强弱电、给排水、智能化、绿化等十多个工种近百家参建单位；相关办事程序环环相扣。因此，我们对于内控管理的定位是：高效、协同、监控、服务。

2.2　制度要注重执行

内控机制制定的目的就是为了切实执行。一方面，我们借鉴吸收了杭州高新技术产业开发总公司作为代建专业单位内控管理的经验；另一方面，制定过程均征求了内部和外部意见，内部征求每一位普通员工对自身岗位工作有关制度的意见，部门、项目部交叉覆盖考量其他部门、项目部岗位职责制度；外部征求了政府行政部门的意见；最终经全体职工代表大会通过后正式定稿。可以说，制度制定的过程就是每一位员工巩固和提升规矩意识的过程，这为规范管理、高效办事奠定了扎实基础。

2.3　六大特色管理

总体上，我们形成了"全程控制点线管理、建设程序流程管理、工程变更分层管理、资金拨付全程管理、重大工程内外管理、工程信息公开管理"的6大管理特色，体现出严格高效的要求。

2.3.1　点线管理：以项目部为点，全程负责项目进度、质量、安全、投资；以职能部门为协同工作线，内设综合办、工程部、总工办、计审部、财务部、招标采购部、物业管理部，既对项目建设各有关方面给予后台支持，更对项目质量、安全、投资等给予严格把关。实现管理体系内部的相互监督和制约，强化了协同、监督、控制作用。

2.3.2　流程管理：整体上建立了《公司政府投资项目基本建设管理流程图》，重要事项严格实施内外流转审核制。

2.3.3　变更管理：通过项目部、财务部、计审部三方把关；部门、分管领导、公司领导班子三层审核，重要事项再报政府重大变更领导小组审批，对每项工程的投资情况进行严格审核，确保工程决算控制在概算范围之内。

2.3.4　资金管理：杭州滨江奥体项目建设资金严格实施财政直接支付制度，在内部审核基础上报区财政直付系统实施流转审批（图13-2）。

申请单位意见 ——▶ 区财政初审意见 ——▶ 区财政复审意见 ——▶ 区财政分管局长审核意见 ——▶ 区财政局长审核意见区分管领导 ——▶ 审核意见

图13-2　滨江奥体资金支付流程

2.3.5　内外管理：除资金管理已体现内外管理外，杭州滨江奥体项目公开招标操作更进一步建立了由以市、区有关部门联合成立的，由市、区领导挂帅的杭州奥体博览城滨江区块招投标领导小组（简称招投标领导小组）为平台，建立起"奥体滨江指挥部内部审核——招投标领导小组联合审核并召开领导小组专题会议形成最终招标方案——法定公开招标（采购）程序"的管理流程，保障了公平、公正和公开透明，做到了资源在市场中配置，资金在监管中支付，权力在阳光下运作。

2.3.6　信息管理：一方面对于工程重大信息按国家法律规定予以公示；另一方面，突出党建引领，建立舆论宣传工作领导小组，对突发事件、热点敏感问题第一时间与上级党组织和区委宣传部对接，确保工程动态信息能够始终释放出正能量。截止目前，市级以上媒体对杭州滨江奥体项目的正式宣传已达数十次；标志性建筑场馆已几乎每天都能在市级媒体出现。

目前，《杭州奥体博览中心滨江建设投资有限公司制度汇编》共分四章七十三项制度，分别对岗位职责、行政管理、项目建设管理和党群工作等各方面工作做出了明确规定，既把权力关进了制度的笼子里，又实现了工作程序化、标准化、规范化。在此基础上，主体育场工程于2013年被选为浙江省安全生产会举办地，连续多年被评为杭州市质量示范点。

第三节　积极打造专业化管理团队

杭州滨江奥体立足"建好奥体百年工程，带出工程'双优'队伍"的目标，积极统筹现代人力资源管理和国有企业党建组织工作优势，建立了培养、严管加厚爱的新型国有企业现代化人才管理体系，力促专业的人做专业的事，专业的团队管理国家级高精尖奥体场馆建设。

3.1　全方位架构专业化团队

新时代工程技术管理团队的搭建要加强政治引领，突出党的领导；要体现市场竞争，突出宁缺毋滥；要统筹职称职务，突出专业化要求。

3.1.1　凸显"又红又专"。建立了全员理论中心组学习平台，明确要求全体员工结合主题党日活动等平台，定期学习提升综合素质。既要求学习专业知识，也要求学习习近平新时代中国特色社会主义思想等党建和廉政知识要点；既要求系统学习理论，也要求

结合工程实际联合攻关阶段性难点和重点；既要求集中学习，也要求建立"微信"等新媒体学习方式。力促全体员工紧跟时代步伐，端正学习态度，切实提升自身综合水平。

3.1.2　招聘坚持目标导向。根据实际需要制定年度公开招聘计划，明确招聘岗位、专业及具体要求。对新聘用人员按国家规定设置试用期，并严格规定试用期内出现下述情况的不予正式录用：一是政治素质不过硬，品行不端，给公司业务造成损害的；二是实际工作能力与笔试面试情况差距较大的；三是缺乏诚信，提供个人虚假信息的；四是无法在试用期内提供完整个人档案，以及个人档案载有违法违纪情况的；五是作风不正等其他有关情况。另一方面，对新员工原则上首次签订合同期为一年，给甲乙双方一个相互磨合的观察期。近年来，社会公开招聘在宁缺毋滥的原则下，成功招聘人数均低于计划招聘人数。具体招聘情况详见图13-3。

3.1.3　职称职务专业化管理。奥体滨江公司成立了专业技术职称职务管理工作委员会，制订和落实《职称申报和职务聘任管理办法》。对于职称申报和技术职务聘任，按照当次申评人员总数专业技术职称职务管理工作委员会确定通过比例，并由委员会成员

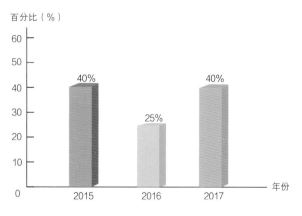

图13-3　实际招聘与计划招聘比例

实施无记名投票,赞成票获投票总人数 2/3 及以上的,在当次控制比例中按得票高低排序确定当次通过人员;且委员会成员本人进行审核时主动回避不参与投票;若发现违法违规及弄虚作假情况的,自申报当年起五年内,委员会不再受理相关人员的有关申报。技术职称聘任更是动态实施了低职高聘和高职低聘制,对于连续 2 个聘任期内工作业绩特别突出、取得明显经济效益和社会效益、取得市级以上荣誉称号等同志适时低职高聘;对于上一聘任年度工作业绩差、年度工作考核排位靠后的、实际工作能力和水平明显低于所聘专业技术职务、由于工作失职严重损害公司声誉和利益、利用工作之便谋取私利、经委员会警告诫勉谈话后工作仍无起色者酌情予以高职低聘。

历时近十年的奥体项目建设,培养出了 8 名共产党员,16 名高级职称专业人员(截至 2018 年 6 月),其中 1 名为教授级高级工程师;公司人员流动率常年保持在 5% 以内;中高级职称人员比例常年保持在 65% 以上;党员比例常年保持在 50% 以上;有 9 人,3 人,15 人分别被评为 2016 年浙江省、杭州市、滨江区峰会先进个人。

3.2　全面实施量化考核

使量化考核成为专业化绩效体现的刚性指标。考核内容设置上,充分体现部门、项目部工作重点和难点;考核方式上,将"全员参与、交叉全覆盖;层层传递、逐级考核;注重民主与集中的有机统一;统筹定性考核与定量"理念融入考核全过程。部门、项目部既对本部门、项目部员工考核,也对其他员工考核;分管

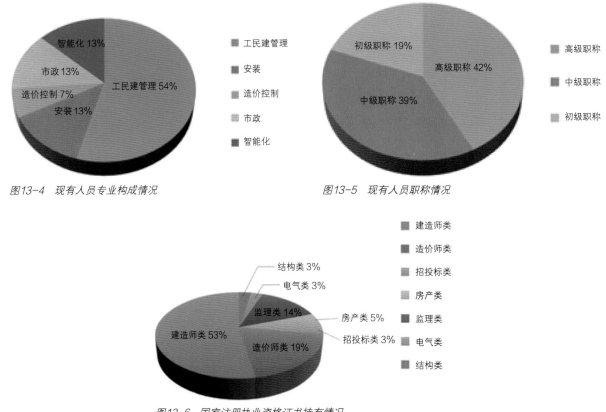

图13-4　现有人员专业构成情况

图13-5　现有人员职称情况

图13-6　国家注册执业资格证书持有情况

领导既对分管部门、项目部员工考核，也对非分管员工考核。最终由领导班子进行综合评价。这既体现了民主集中，也能全方位地体现员工的工作实绩。对于考核 90 分以上的评为当年优秀员工，既发文通报表扬，又在年终绩效奖中予以倾斜；对于考核 60 分以下的，予以通报批评，扣罚相应年终绩效，并实施末尾淘汰，历年来末尾淘汰 5 人。通过敢动真格，全员收入按考核情况拉开档次，体现出个体应有的社会价值和经济价值，始终保持团队积极向上的工作氛围。

3.3　不断凝聚守望相助企业文化

针对奥体项目市区联动，两区竞争的特殊性，创造和培育了"争创一流、积极向上、公平民主、取向融合、守望相助"的企业文化，建立了《企业文化建设制度》和《人文关怀管理办法》，在物质形态、行为形态、制度形态和精神形态 4 个层次上体现出企业软实力，调动全员积极性并增强企业凝聚力，实现"留住人、留住心"目标。

3.3.1　着力营造"职工之家"

把工会建成职工的"娘家"，定期开展职工活动；在职工节假日、严寒酷暑加班时领导亲临现场慰问；积极组织中青年员工向党组织、行政和工会建言献策等。

3.3.2　切实给予经济关怀

根据《人文关怀管理办法》，每逢员工婚丧病，公司层面均给予一定数额的经济补助；同时，鉴于公司实施"五＋二、白＋黑、24 小时服务制"的工作

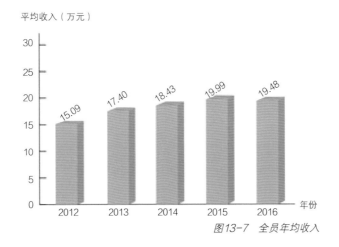

图13-7　全员年均收入

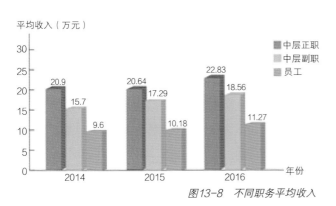

图13-8　不同职务平均收入

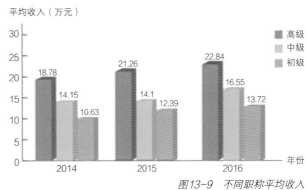

图13-9　不同职称平均收入

机制，于每年春节对每位职工家属予以感谢慰问。

3.3.3 用心落实谈心谈话

公司党政领导定期组织分管员工进行谈心谈话，既指导支持工作中遇到的问题，又及时掌握员工思想动态，形成了抓早抓小和严管厚爱相结合的工作氛围。对于党员更是在其政治生日（入党纪念日）由党组织发送一条祝贺短信和一份书面贺卡（区委组织部统一印制），并与之谈心谈话，切实关怀发展，解决实际问题。

第四节 始终加强党建引领作用

杭州滨江奥体项目管理始终立足国有企业党建引领的新要求和新内涵，紧紧抓住"组织、宣传、廉政"三大党建工作牛鼻子，突出党建工作创新引领和求真务实，不断打出创新牌，实现了"高起点规划、高强度投入、高标准建设、高效能管理"的"四高"目标。

4.1 用好资源，组建院士领衔专家组攻坚团队

依托组织系统人事资源，于项目启动之初就组建了中国工程院院士领衔的工程技术专家顾问团，高新区（滨江）区委书记亲自向院士等专家颁发聘书，顾问组专家涵盖了大学院校、行业协会、设计领域等知名人士。这一举措一方面极大鼓舞了克难攻坚的士气，另一方面每一次的专家研讨会都给中青年技术员工提升专业素养提供了很好的平台。仅在主体育场项目建设中，陆续召开了 11 次专家会，专家会形式既有会议讨论，也有现场观摩以及等比例制作相关模型来深入研究。在此基础上，主体育场项目攻克了"百年混凝土""钢结构环梁节点工艺技术""大型钢结构

吊装""异形幕墙安装"等一系列工程领域的高精尖难题。

4.2 创新平台，营造比学赶超氛围

结合每年党建工作主题和项目建设阶段性特点，党组织开展有针对性的工程竞赛活动。2010 年，针对万事开头难的奥体组织开展了"以服务项目、奉献工程为主题的建设先锋创先争优"竞赛活动；2011年，针对开工项目须大干快上的要求组织开展了"实现工程建设节点目标为核心的创先争优"竞赛活动；2012 年，针对体制转换过渡阶段特征组织开展了"争一流、创双优"竞赛活动；2013 年、2014 年、2015年突出党员奉献深入一线和提升作风要求，组织开展了"创党员先锋岗、建红旗责任区"活动、"群众路线教育实践"活动、"三严三实"活动；2016 年针对峰会要求特别高，时间要求特别紧，组织开展了"当好建设主力军，建功添彩 G20"活动；2017 年针对相关项目收官要求特别严，组织开展了"全面提升内控机制，争做城市建设大会战标兵"活动；2018年紧盯世界游泳锦标赛（25m）赛会建设重任，组织开展了"牢记使命，打赢世界游泳锦标赛（25m）项目建设攻坚战"活动。这些活动并非遵循老套路，而是随着任务的不断加重，不断创新竞争评比措施，主要做法有：

4.2.1 设立《竞赛活动专刊》

将竞赛活动中涌现的先进人物、先进事迹、每月竞赛评比情况和最终总结评比情况通报市、区相关领导，相关赛会组委会，市、区建设行政主管部门，招投标管理部门和各参建单位集团总部。

4.2.2 设立竞赛结果榜单

在奥体滨江区块项目建设现场显著部位张榜每

月评比结果，所有参建单位和调研莅临现场的各级领导均能知晓竞赛评比情况。

4.2.3 众筹方式建立奖金池

2016 年、2018 年由于任务特别艰巨和繁重，竞赛设立了奖金池，由参赛的施工及监理单位以众筹方式筹得，处罚金也纳入其中。业主、施工、监理派代表共同管理，实施专款专用。具体活动经费收支情况在各单位予以公示。

4.2.4 实施党员干部亮牌行动

要求全体党员干部亮出党员身份，划出责任田，根据实际表现评出党员示范岗，确保党员形象带动全体员工形象，党组织形象引领各参建单位展现企业形象。同时，总结评选中各参建单位还对业主项目部进行无记名满意度评价，确保我们的党员干部在竞赛中不仅当裁判员，更要争做优秀的运动员。

由于措施得当，真抓实干，活动每每取得了实效。一是各参建单位总部均引起了高度重视，切实加大了投入，特别是 2016 年、2018 年重点项目参建单位集团领导每月都 2 次以上来到项目现场督促建设，奥体滨江区块施工作业人员达到了 3000 人以上，高峰期夜间作业人员达到数百人，奥体赛会项目获得了稳步推进；二是市、区政府相关层面给予了高度重视，特别是近三年活动报道屡屡获得区党委、政府主要领导、分管领导的肯定批示；三是用实际行动诠释了新时代中国共产党党员勇于担当、甘于奉献的精神，历年先进个人都是在活动中表现优异的党员干部。

4.3 刚柔并济，构筑"三不"廉政基石

职务违法违纪是工程建设领域的老大难问题，人员素质参差不齐，参建单位诱惑始终从未间断，

新的诱惑方式层出不穷，使我们深深感到党风廉政工作"永远在路上"。总体上，奥体滨江项目建设管理单位坚持"党总支统一领导，党政工团齐抓共管，项目部（部门）各负其责，依靠群众支持和参与"的领导体制和工作机制，把党风廉政建设和反腐倡廉工作作为奥体项目建设管理的重要内容，纳入年度目标管理，与项目建设一起部署、一期落实、一起检查、一起考核；并形成《预防职务违法违纪工作实施办法（试行）》和《党风廉政责任制落实及廉政风险防控实施细则》等制度规定。更为重要的是，能够紧盯"不敢腐、不能腐、不想腐"目标，积极创新了相关措施：

4.3.1 从严落实"一票否决制"

将每位员工岗位工作的廉政风险点融入《党风廉政责任制》，凡发生廉政事件的立即采取相应措施，对其本人和项目部（部门）年度考核评定为不合格，扣罚全部的年终绩效奖。

4.3.2 全面落实"五个全覆盖"

杭州滨江奥体业主单位与政府纪检监察等有关部门成立了奥体滨江区块工程建设预防职务犯罪工作领导小组；与市奥体指挥部和政府建设行政主管部门等有关部门成立了由市、区相关领导牵头的杭州奥体博览城滨江区块项目招投标工作领导小组；邀请审计部门长期派驻现场跟踪审计做好指导和支持；纪检部门还直接派驻纪检组参加公司"三重一大"及党风廉政有关工作会议。真正将"公开招标、效能监察、预防职务犯罪、跟踪审计和安全责任""五个全覆盖"落到了实处，营造了良好的廉洁办公氛围。

4.3.3 抓早抓小重在日常

坚持开设《廉政小课堂》，将廉政工作新要求及时传达到全员；坚持"慵懒散"作风专项治理，从严

对标中央八项规定等要求，确保将问题遏制在萌芽状态。可以说，公司党政不论什么层面，召开什么样的会议，对于党风廉政确保做到逢会必讲，警钟长鸣，警醒常在（图13-10）。

部门、项目部党风廉政责任分解表

责任部门、项目部：主体育场

廉政风险点	廉政工作措施	分解责任人
对设计、施工、监理报审的技术变更联系单从技术、经济上审核把关不严	树立为项目服务意识，强化管理，掌握工程变更的实际情况，从技术、经济方面确认其变更的真实性和必要性	汪进、李亚宾、王雨洁
在对工程质量、安全文明施工的检查中，发现问题不及时进行处理	积极开展工程质量和安全检查活动，严格处理检查中发现的问题	汪进、李亚宾、高亚辰
降低技术标准，放松对工程质量、安全的监管要求	认真学习国家技术规范和标准、提高自身的技术素质和业务能力	汪进、李亚宾、高亚辰
对招标文件的技术条款及合同的审核把控不严	认真学习招投标相关文件，提高自身的业务能力	王雨洁、高亚辰
没有严格执行八项规定和公司有关廉政规定	认真学习，严格履行"一岗双责"廉政主体责任及党风廉政建设方面的有关规定，规范党风廉政自律行为，牢固树立廉政意识	王靖、吴云、王金祺、许学武
年终自评（满分100进行打分，并简要说明扣分情况）		
党总支年终考评（按照优秀、合格、不合格进行评定）		

部门、项目部负责人：　王靖
部门、项目部分解负责人：　汪进　水雨伟　高亚
　　　　　　　　　　　　　李亚宾

图13-10　主体育廉政责任表

4.3.4　借力优秀传统文化

不定期邀请中华教育艺术家协会相关专家学者对全员讲解《弟子规》等传统文化，潜移默化、春风化雨感染全体员工，体现法治德治并重，突出党风带政风，提家风，促社风。

处罚刚柔并济，个别出格员工也在第一时间得以纠正或者辞退，2012年以来辞退7人，处理4人，保障了队伍整体积极向上，避免了个别员工犯下更大错误，提升了风清气正的氛围，"不敢腐、不能腐、不想腐"目标基本得以实现，奥体主体育场项目被评

为了滨江区"廉政文化进工地"示范点,党建工作"道路自信、理论自信、制度自信、文化自信"也更为坚定。

　　奥体滨江区块项目已于 2016 年 G20 杭州峰会期间向世人精彩亮相;2018 年还将在此举办杭州首个世界级体育赛事——世界游泳锦标赛(25m)。这些项目的圆满完成和稳步推进得益于上述奥体滨江公司作为业主单位对于政府投资项目建设管理体制、机制、制度和模式上的种种创新与发展。总的来说,法人制和代建制融合激发了市场竞争的干事热情;配套管理机制的建立成为了项目高效推进的刚性保障;专业化团队的多方历练更是政府投资项目管理事业的核心。希望能给后续政府投资项目建设管理提供借鉴,也希望能够得到各方指正,以利于共同提高和进步。

第十四章　杭州博览城滨江区块资金筹集和运作管理

杭州奥体博览城建设是杭州市委、市政府全面实施"跨江发展、拥江发展"战略，共建共享"生活品质之城"，提高人民群众生活质量的民心工程、实事工程，是加快滨江新城和钱江世纪城建设的"先导性工程"，是发展现代服务业的"竞争力工程"，是杭州从西湖时代迈向钱塘江时代的"标志性工程"。

为切实贯彻执行市委、市政府关于既要确保杭州奥体博览城建成"国内领先，世界一流"水平，又要通过"贷款做地、以地贷款、供地还款"的运作方式达到项目建设资金筹集运作管理实现"体内循环、自求平衡"的总体部署和要求。同时按照滨江（高新）区委区政府"综合开发、市场运作、建好场馆、带动发展"的工作要求，实现上述目标，杭州奥体博览城滨江区块建设管理重任被交给了杭

州奥体博览中心滨江建设投资有限公司来承担。现就杭州奥体博览城滨江区块项目资金筹集和运作管理如何通过多渠道筹资投入，科学把握土地出让数量及时序，全方位提升土地价值，黄金地段力创钻石效益，实现了"体内循环、自求平衡"的总体目标作探讨论述：

第一节　杭州奥体博览城滨江区块概况

杭州奥体博览城滨江区块位于杭州钱塘江南岸滨江（高新）区，东至七甲河，南至江南大道，西至江陵路（西兴路），北至钱塘江，与钱江新城隔江相望。杭州奥体博览城滨江区块规划用地 4543.95 亩（1 亩 =0.0667hm^2），核心区场馆建设用地占

图14-1　鸟瞰图

971 亩，平衡区用地占 3572.95 亩。平衡区用地中除已开发使用的缤纷小区、西兴大桥高架等道路、绿化及各类基础设施配套用地，余下可出让土地仅约 935 亩，杭州奥体博览城滨江区块建设资金来源于这 935 亩土地出让金可返回部分。

核心区规划建设八万人主体育场、网球中心，连接场馆与地铁站的特大型地下商业及车库，贯通两区的滨盛路下穿隧道及各种基础设施及配套、绿化、景观项目。

八万人主体育场规划建筑面积 22.9 万 m^2，观众席设计 80912 座，可举办国际性、洲际性和全国性运动会。首层设有满足国际性赛事的体育竞赛用房，为实现"以馆养馆，赛后利用"可持续管理运营的需要，在主体育场设计中引入"一馆两中心"项目，其中：中国印学博物馆新馆 2 万 m^2，杭州群众文化活动中心 5.5 万 m^2 和杭州非物质文化遗产中心 2 万 m^2。

网球中心项目建筑面积 5.23 万 m^2，总席数 15600 座，内设一个 10014 座决赛馆 1 座，比赛场地 1 片；半决赛馆 2 座，比赛场地 2 片（其中一片为预留场地）；预赛场比赛场地 6 片，练习场比赛场 10 片，室内网球馆比赛场地 4 片。这将成为国内规模最大、功能最全，能举办国际网球公开赛，比肩"四大满贯"的世界职业网球赛场。尤其是可移动屋盖设计，可实现演艺、会展等复合用途，满足全天候比赛需求。

杭州奥体博览城滨江区块地下商业及车库项目总建筑面积 24.2 万 m^2，是目前浙江省最大的地下商业开发项目，涵盖地上建筑面积 1.7 万 m^2，地下一层商业建筑面积 10.3 万 m^2，地下二层停车库面积 12.2 万 m^2，设有 2591 个泊位，为赛事和赛后吸引客流、缓解交通"两难"提供了一流的硬件基础。

图14-2 体育场平面图

基础设施及配套建设以滨盛路－钱江二路下穿隧道为主线，隧道长约1738m，下穿飞虹路、奥体核心区、博奥路，横跨七甲河，融通滨江、萧山两区，有效优化现有道路资源，缓解辖区路网交通压力，助力城市交通立体化建设。

杭州奥体博览城滨江区块核心区规划建筑面积共78万m²，道路11条，绿化景观80余万m²，需投资约115.53亿元。

同时，杭州奥体博览城还将利用濒江沿河的独特地理位置在七甲河边建设游船码头，将京杭大运河上的漕舫游船，通过钱塘江七甲河船闸引入奥体博览城，把体育功能、文化功能、旅游功能、商住功能和地铁功能融为一体，把美丽的西子湖、古老的京杭大运河、壮观的钱塘江串联起来，增添了杭州国际旅游城市的新景点。

第二节　投资概算支出总量

2.1　征迁支出：44.42亿元

杭州奥体博览城滨江区块征地拆迁费用总额44.42亿元，目前实际已投入39.74亿元，其中征地款9.57亿元。拆迁补偿款30.09亿元，建设场地物管费0.08亿元。

征迁概算表 表14-1

项目	金额	征迁总投入（亿元）
征地款		9.87
拆迁费	国有土地收购费用	27.97
拆迁费	农户集体土地征迁费用	6.58
合计		44.42

2.2　核心区场馆建设支出：54.46亿元

核心区场馆建设概算表 表14-2

序号	项目名称	建筑面积（万m²）	总投资（亿元）	备注
1	主体育场	22	23.17	
2	网球中心	4	11.04	
3	地下商业及车库项目	26.5	11.15	
4	一馆两中心	9.73	5.09	
5	社会事业和配套商业用房	11.19	5.85	
6	桥梁下新增空间	0.66	0.64	新增
合计		54.72	56.94	

注：概算总投资已考虑征地拆迁补偿费7.57亿元，调整后的核心区场馆建设支出额为46.89亿元。

2.3 区块内基础设施配套建设支出：13.68 亿元

杭州奥体博览城滨江区块基础设施建设以滨盛路－钱江二路下穿隧道工程为主导，囊括 11 条道路工程建设，以及 G20 峰会新增的核心区、平衡区、沿江绿化等环境改造工程项目。

基础设施概算表

表 14-3

序号	项目名称	主要建设内容及规模	总投资（亿元）
1	滨盛路-钱江二路（下穿隧道）	长1738m，宽68m	6.24
2	闻涛路-滨江一路	长1603m，宽40m	2.20
3	江南大道（七甲路-机场路）	长330m，宽40m	0.04
4	滨盛路（七甲路-奥运路）	长300m，宽58m	0.05
5	七甲路	—	0.61
6	奥运路	—	0.52
7	规划支路一期	长803m，宽16～20m	0.27
8	丹枫路（解放桥路-扬帆路）	长590m，宽20m	0.22
9	丹枫路（江陵路-西兴路）	长789m，宽20m	0.57
10	宏飞路（滨盛路-星民路）	长493m，宽16m	0.35
11	解放桥路（丹枫路-江南大道）	长500m，宽20m	0.21
12	星民路（江陵路-西兴路）	长798m，宽20m	0.46
13	核心区综合环境改造	40万m²	0.81
14	平衡区综合环境改造	35万m²	0.84
15	沿江绿化滨江段	5万m²	0.29
合计			13.68

注：概算总投资已考虑征地拆迁补偿费1.13亿元，调整后的基础设施配套建设支出额为12.55亿元。

2.4 安置房建设支出：6.28 亿元

安置房占地 5.27 万 m²，建设规模 20.16 万 m²，原核定概算 6.72 亿元，实际投资 6.28 亿元，其中建安支出 5.05 亿元，待摊支出 1.23 亿元（该项已包含征地拆迁补偿费 0.14 亿元，调整后的安置房建设出额为 6.14 亿元）。

2.5 贷款利息：5.53 亿元

2009-2014 年，奥体滨江公司相继以杭州奥体博览城滨江区块内的土地向多家银行、信托机构融资，借款流量总额 31.05 亿元，累计支付利息 5.53 亿元。

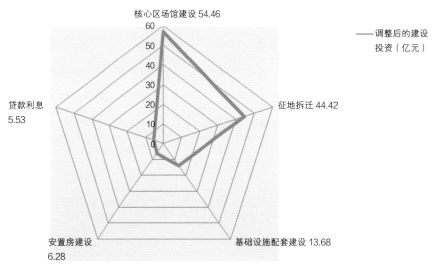

图14-3　资金构成分布图

综上，杭州奥体博览城滨江区块合计总投资115.53 亿元。

第三节　杭州奥体博览城滨江区块建设概算资金来源

杭州奥体博览城滨江区块规划用地 4543.95 亩，核心区场馆建设用地占 971 亩，平衡区用地占 3572.95 亩。杭州奥体博览城滨江区块根据"体内循环，自求平衡"的原则，规划确定平衡区范围内可出让土地面积，扣除已用土地，实际可出让用地 934.65 亩，其中住宅用地 393.07 亩，商业金融业用地 63.6 亩，商业用地 241.3 亩，地铁上盖物业用地 236.68 亩。上述土地出让后，出让金的 86.5% 返回作为建设资金，这是杭州奥体博览城滨江区块建设资金的主要来源，项目立项时测算土地出让地价按钱江新城同性质楼面地价的 2/3 计。

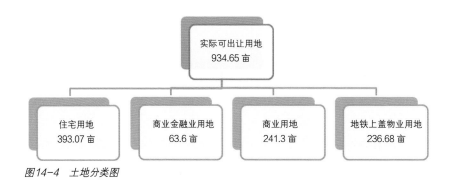

图14-4　土地分类图

3.1　土地出让收入测算

3.1.1　住宅用地

土地单价：667m^2×2.8463（容积率）×0.6万元/m^2=1139万元/亩

出让土地收益：393.07亩×1139万元/亩×市、区分成比例=38.73亿元。

3.1.2　商业金融用地

土地单价：667m^2×5.498（容积率）×0.4万元/m^2=1467万元/亩

出让土地收益：63.6亩×1467万元/亩×市、区分成比例=8.07亿元。

3.1.3　商住用地

土地单价：667m^2*×4.97（容积率）×60%（住宅比例）×0.6万元/m^2+667m^2×4.97（容积率）×40%（商业比例）×0.4万元/m^2=1724万元/亩

出让土地收益：241.3亩×1724万元/亩×市、区分成比例=35.98亿元。

3.1.4　地铁上盖

地铁上盖物业总容积率4.27，住宅占比70%，商业、酒店及配套占比30%

土地单价：667m^2*×4.27（容积率）×0.4万元/m^2×30%+667m^2×4.27（容积率）×0.6万元/m^2×70%=1538万元/亩

出让土地收益：236.68亩×1538万元/亩×市、区分成比例=31.49亿元。

以上4项杭州奥体博览城滨江区块经营性土地出让总收入返回部分共计114.27亿元。

3.2　引入"一馆两中心"

为"一馆两中心"提供场地规模9.5万m^2，向其

*注：每亩面积换成667m^2。

收取成本费用7亿元。

3.3　后期商业出租收入测算

杭州奥体博览城滨江区块地下可出租商业及停车面积约22.5万m^2，为场馆赛后吸引客流、持续利用奠定基础。

地下商业可出租面积13.8万m^2，按出租日均价1.6元/m^{2}计，出租率80%，年收入约4812万元；可出租车库面积约12.2万m^2，车位数2591个泊位，按月出租费1200元/个计，出租率60%，年收入约2239万元，合计每年租金收入7051万元，每年提取5000万元，作为场馆日常维护、运营"以馆养馆"的补贴费用。

商业出租每年可获租金收益A=2051万元。按年租金不变，使用年限50年，可正式出租45年，资本化率i=8%，房产税12%，则出租商业性物业的收益净现值（P）为：

$$P = A/i×[1-（1+i）^{-45}]×（1+i）^{-5}×（1-12\%）$$
$$= 0.2051/8\%×[1-（1+8\%）^{-45}]×（1+8\%）^{-5}×（1-12\%）$$
$$= 1.49 亿元$$

综上，杭州奥体博览城滨江区块总收入122.76亿元。

根据测算杭州奥体博览城滨江区块资金建设投入和来源支出基本平衡，并可为日后场馆维护运营提供长期的资金保障。

第四节　资金筹集及运作管理

杭州奥体博览城滨江区块项目资金筹措始终以"贷款做地、以地贷款、供地还款"的运作方式力求实现建设资金"体内循环、自求平衡"的总体目标。具体资金筹集、运作管理主要策略从以下几个方面展开：

4.1　招商引资从银行开始

公司抽调精兵强将成立的财务部、招商部，作为重中之重的工作是向银行全方位展示市委、市政府给奥体博览城提出的资金筹措政策，资金筹措理念，规划建设标准，资金投入及资金产出及启动阶段平衡测算的依据，增强各大银行对杭州奥体博览城"贷款做地、以地贷款、供地还款"筹资及管理模式的可行性及认可度，使银行对杭州奥体博览城滨江区块筹资模式及还贷方式的能力充满信心。

根据杭州奥体博览城滨江区块第一个三年（2009—2012年）行动计划要求主要工作思路及策略是三年计划至少从银行融入20亿元，作为全力以赴抓规划优化、征地拆迁、场馆建设、基础配套"四个先行"的资金保障，达到提升土地价值，择机出让土地还贷的阶段性目的。

2009年是杭州奥体博览城滨江区块项目建设开局之年，以对接五大国有银行、全国性股份制商业银行、各大城市商业银行为重点，为与各大银行全方位合作建立基础。我们紧紧抓住政府应对全球金融危机推出的稳定金融的措施，主动争取获得了下浮10%的优惠贷款利率；并且仅依靠区内其他国有企业信用保证的担保方式筹足20亿元资金。经多方努力实现了无土地抵押贷款，使出让土地产权无瑕疵，清除日后出让的掣肘；凭借搭建稳健的融资平台，为积极推进的"规划、征迁、建设、配套"四个先行提供及时、充足资金保障。

银行贷款汇总表　　　　　　　　　　　　　　　　　　　　　　　表14-4

序号	借款银行	借款金额（万元）	期限	贷款利率
1	民生银行延安支行	40000	2009.03.30-2012.03.30	
2	建设银行滨江支行	40000	2009.04.13-2012.04.12	
3	工商银行钱江支行	31000	2009.07.17-2012.07.16	
4	农业银行滨江支行	45000	2009.07.14-2014.07.13	
5	渤海银行杭州分行	1000	2009.08.06-2012.08.03	基准下浮10%
6	联合银行西兴支行	11000	2009.07.21-2012.07.20	
7	上海银行杭州分行	17500	2009.11.27-2012.08.06	
8	华夏银行钱江支行	5000	2009.10.15-2012.10.15	
9	平安银行杭州分行	10000	2009.09.30-2011.03.30	
	小计	200500	—	

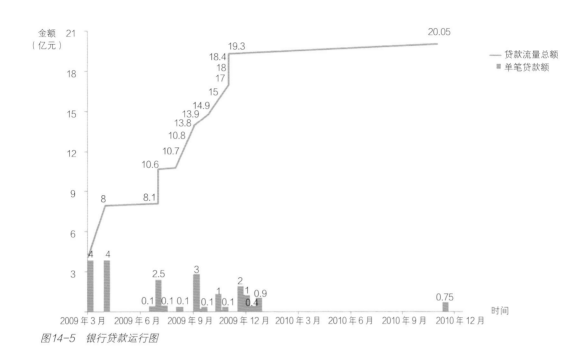

图14-5 银行贷款运行图

4.2 全力以赴抓"四个先行"

4.2.1 规划优化先行

提升仅有土地价值，实现"向规划要土地，向规划要效益，向规划要资金"。

1 平衡地块的商住比例调整至3:7，以利于招商供地和聚集人气，完善区域功能；

2 提高土地开发强度，适当提高规划的容积率指标；

3 优化调整"三桥"两侧绿化带控制距离，营造服务、商业配套氛围，在划定的区域范围内能适当紧凑区域布局，增加土地出让面积；

4 在主体育场区设计时纳入"一馆两中心"项目，加大商业配套设施及地下停车比例，为"一馆多用、以馆养馆、赛后利用"预留空间；

5 完成村级留用地选址优化工作。

4.2.2 征地拆迁先行

杭州奥体博览城滨江区块征迁涉及的土地性质包括农村集体用地、城镇居民住宅用地、出让或划拨建设用地、空地等不同类型的土地，需拆迁交地3136亩。征迁对象主要包括农户、居民、企业等，其中需拆迁农户716户，企业20家，住宅房屋拆迁户1042户，居住集体宿舍141户。

以"以民为本、阳光拆迁、依法拆迁、和谐拆迁"为宗旨，主抓场馆建设用地、基础设施用地需求，按时完成征迁交地。

4.2.3 场馆建设先行

我们坚持"优地优用"的建设思想，对场馆前期规划设计方案进行深化改进，节约和集约利用土地，立足未来考虑相关的商业设施、停车场及地铁站相通设施配套。在遵循总体规划理念的框架内，完善场馆设施建设，以适应后期使用、增设新功能的需要，提高场馆的利用价值和附加值。

通过积极筹备、精心组织、高效推进，确保主场馆建设按计划建设。

4.2.4　基础配套先行

考虑杭州奥体博览城滨江区块虽然今后相当长一段时间内是一个大工地，后续地铁建设开挖，周边地块建设基坑开挖，大量特大型工程车辆的进出对道路的破坏和影响，是一次性高标准建设基础配套，还是先建临时配套道路过渡，形成了两种意见分歧。通过综合考评，决定按一次性高标准建设滨盛路、奥运路、七甲路、江南大道东伸段。"四路"建成杭州奥体博览城滨江区块形成交通环线，为后续场馆及环境配套建设提供便利条件，特别对出让地块的价值提升起到了促进作用。

杭州奥体博览城滨江区块的配套整治工程，按

最好地段，最高（绿城商品房）标准建设的 20 万方征迁安置房工程有效满足了周边居民拆迁安置需要，为整体区域征迁交地提供保障。此外，该项工程还荣获杭州市优质工程奖——"西湖杯"，这在保障性住房建设领域很是少见。

4.3　合理调整场馆建设时序

2011 年下半年，由于银行前期放贷持续扩张，存贷比触及警戒线，国家宏观调控转向风险管理，融资渠道收紧，大量资金撤出政府融资平台，资金筹措压力当即加大，各家银行只会锦上添花，不会雪中送炭的本来面目暴露无遗，融资形势逐渐严峻。

一方面，贷款借新还旧的道路被堵；另一方面，征地拆迁、配套设施、主体育场馆建设已经全面展开，后续需要的资金必定更大。此时与银行一再谈判，无论再怎么利率诱惑、土地抵押甚至附代偿条款都不愿放贷，2012 年，前期贷款还款大限也接踵而至，公司的刚性兑付总额达 18 亿元，违约风险岌岌可危。

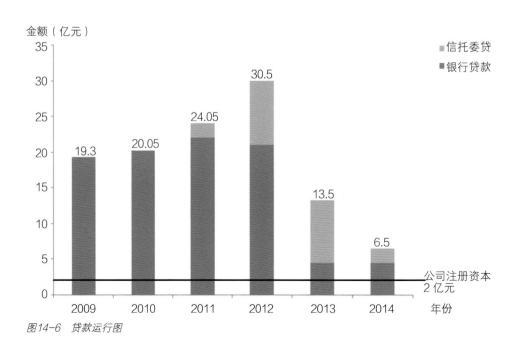

图14-6　贷款运行图

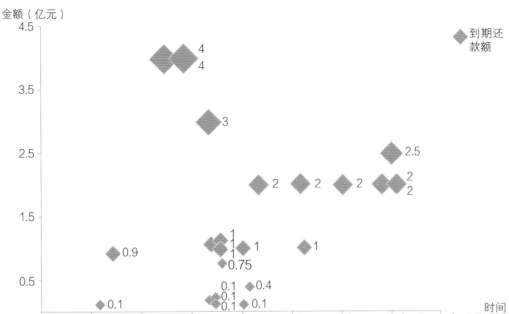

图14-7　还贷运行图

如果停工，不仅会造成恶劣的社会影响，而且会对前期巨额投入造成重大损失，同时会伴随各种违约纠纷风险；如果继续推进，眼前还款压力加上建设资金不断支付使整个项目资金压力不堪重负。全面紧缩的资金压力使土地成交价格长期处于低位徘徊，此时卖地无异于饮鸩止渴，解一时之忧，却埋下一世之患。一方面填补资金缺口所需出让的土地面积扩大，容易造成国有资源流失；另一方面后期建设资金供给乏力，甚至会与"体内循环，自求平衡"的总体目标失之交臂。因此当即果断调整建设时序，已开工的八万人主体育场适当放慢施工进度，未开工的网球中心、地下商业和车库延后开工，把有限资金用在刀刃上。同时坚信信心比黄金更重要，面对这样进退两难的窘境，我们进一步坚定"四个先行"不松懈，坚信杭州奥体博览城的土地出让，

将来必会走出寒冬。我们顶住压力，不忘初心，攻坚克难、勇于担当、咬紧牙关借入年化资本成本超12%的信托资金以渡难关，借款流量总额9亿元，渡过资金难关。

4.4　科学把握土地出让时点

"四个先行"的阶段性成果已经显现，土地出让的基础逐渐具备，土地出让招商引资持续加大力度，理清思路、编制计划，做足做细招商工作，涉及招商项目、招商方式、招商政策等全面提升，招商重点从第一阶段的向"银行招商"转向"房企招商"。利用体育场馆、辐射地块的开发，从项目推介和形象宣传入手，以规划招商、地块招商、功能招商、综合体招商和上盖物业招商为重点，充分挖掘展示体育场馆及周边土地的综合利用价值，按土地出让时序计划全面

信托贷款汇总表   表 14-5

时期 / 投入区间 / 融资规模及利率	2011年 10月	11月	12月	2012年 1月	2月	3月	4月	5月	6月	7月	8月	9月	10月	11月	12月	2013年 1月	2月	3月	4月	5月	6月	7月	8月	9月	10月	11月	12月	2014年 1月	2月	3月	4月	5月	6月	7月	8月	9月
2亿元，年利率14%				■	■	■	■	■	■	■	■	■	■	■	■	■	■	■	■	■	■	■	■	■	■	■										
2亿元，年利率12%					■	■	■	■	■	■	■	■	■																							
1亿元，年利率10.05%										■	■	■	■	■	■	■	■	■	■	■	■															
2亿元，年利率11%										■	■	■	■	■	■	■	■	■	■	■	■	■	■													
2亿元，年利率12.9%										■	■	■	■	■	■	■	■	■	■	■	■	■	■	■	■	■	■	■	■	■	■	■	■	■	■	■

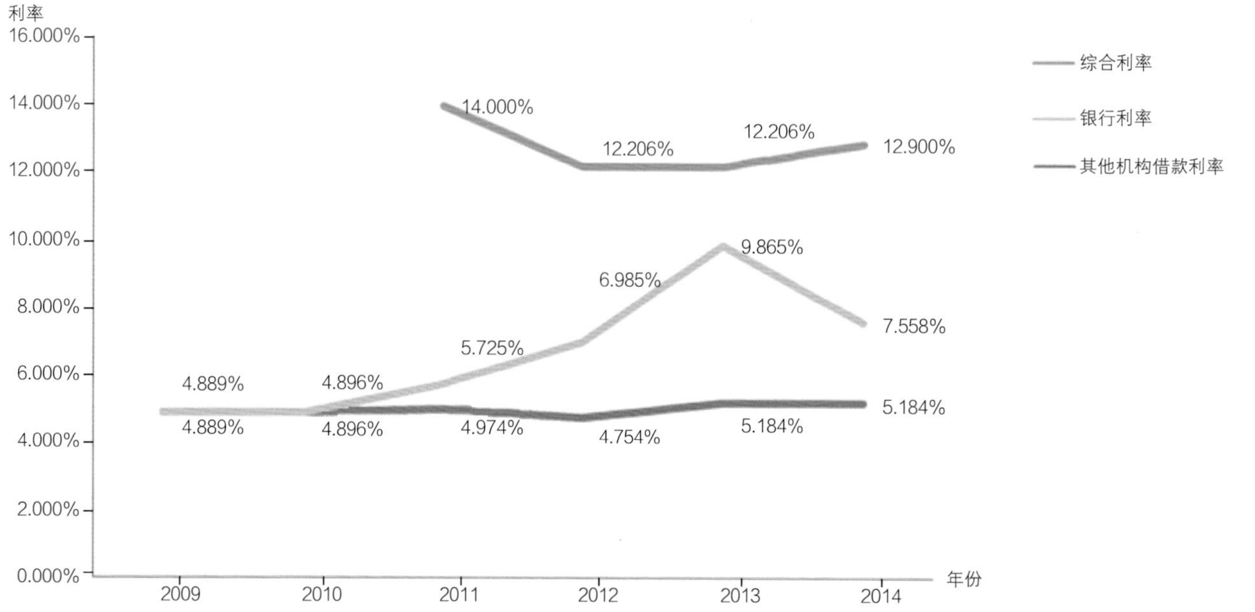

图14-8 贷款利率图

出击，强化土地招商引资工作。2012年上半年，便洽谈全国房企近50余家。2012年8月顺利拍出杭州奥体博览城滨江区块首宗116.02亩商住用地，出让金23.52亿元，土地均价2027.24万元/亩，比商住用地1724万元/亩的测算价上涨了17.59%。多年耕耘终有回报，打响了奥体博览城土地出让的第一炮，打破了杭州奥体博览城滨江区块建设资金困局。这对我们资金筹集和运作管理的思路和策略的正确性更坚信，对全面落实高标准建设杭州奥体博览城滨江区块坚定了信心和决心。

由于前几年高站位规划布局，前瞻性发展配套，杭州奥体博览城滨江区块影响力日益扩大，众多房企主动上门，区域内投资热情快速升温。杭州奥体博览中心滨江建设投资有限公司坚持的高起点规划，高强度投入，高效能管理终有了回报，这时"四个先行"的阶段性成果已经全面显现，土地出让规模、出让时间、出让主动权完全由杭州奥体博览中心滨江建设投资有限公司掌控，土地出让工作把握得愈发游刃有余。在逆境中坚定不拔，在顺境中头脑清晰，不盲目全面加速推出土地，科学把握土地出让时点。

2013 年 5 月杭州奥体博览城滨江区块再次出让土地 131.5 亩，土地出让金 51.16 亿元，出让均价 3890.49 万元 / 亩。2016 年 9 月 G20 峰会在杭举行，G20 主会场在奥体核心区，让影响力和关注度本就处在上升期的杭州奥体博览城更是名声大噪。2016 年 5 月峰会前出让地铁上盖物业 236.68 亩，最终以

溢价率 95.95%，总价 123.18 亿元成交，创全国单块土地出让总价地王，出让均价 5204.5 万元 / 亩。至此，杭州奥体博览城滨江区块共出让土地 484.2 亩，出让金合计 197.86 亿元，以目前的建设规模和已返回土地出让数额，杭州奥体博览城滨江区块已全面实现"体内循环、自求平衡"并达到绝对盈余的目标。

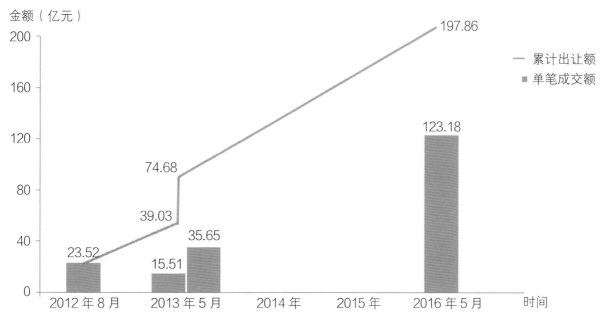

图 14-9　已出让土地收益图

已出让土地汇总表					表 14-6
土地类别	折合（亩）	出让总价（亿元）	平均容积率	出让时间	均价（亿元/亩）
住宅用地	116.02	23.52	3.2	2012年8月	0.2
商住用地	43.06	15.51	4	2013年5月	0.36
	88.44	35.65	4.5		0.40
地铁上盖物业	236.68	123.18	4.6	2016年5月	0.52
小计	484.20	197.86	4.2	—	0.41
返回部分		171.15		—	

第五节 资金筹措及运作管理经济性评价

杭州奥体博览城滨江区块项目始终坚持以"贷款做地、以地贷款、供地还款"的运作方式来实现项目建设资金"体内循环、自求平衡"的总体目标。坚持先通过外部借款填补前期建设资金空缺，将主要资金集中用于做地，加大场馆及环境建设投入，利用奥体项目的溢出效应，待平衡区土地价值增值后再行出让，科学把握出让时点，保障建设资金的总体供给，最终实现项目整体盈利。

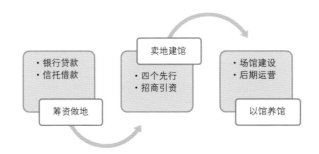

杭州奥体博览城滨江区块作为 2018 年世界游泳锦标赛、2022 年 19 届亚运会的主赛场，密集举办如此高规格的体育赛事，区域内的土地价值及影响力定会进一步攀升，俯瞰整个杭州乃至全国，杭州奥体博览城滨江区块的土地增值潜力已无出其右。

目前，杭州奥体博览城滨江区块尚有剩余可出让土地 450.45 亩，考虑可出让的沿江一线地段虽容积率低于均值，但预计土地出让金约 207.58 亿元，返回的出让金约 180 亿元。至此，杭州奥体博览城滨江区块建设资金筹集和运作管理，通过"贷款做地、以地贷款、供地还款"实现了"体内循环、自求平衡"的目标并实现较大盈利，成为土地置换场馆建设的成功案例。

杭州奥体博览城建设是一个庞大而复杂的工程，其建设难度之大、建设内容之多、建设标准之高，筹资规模之巨，前所未有。为凸显滨江新城"增长极"、钱江南岸"新地标"、优地优用"新典范"，按照"立足全局，综合开发、一次规划、整体推进"和"政府主导、企业主体、市场配合"的要求，通过创新实践、真抓实干、勠力同心，实现经济效益、生态效益和社会效益相统一，杭州奥体博览城滨江区块已打造成具有时代特征、滨江特色、钱江特点的国际旅游城市新景点。

尚未出让土地汇总表 表 14-7

未出让土地类别	土地面积（亩）	平均容积率	地上可建筑面积（m²）	楼面价（万元）	出让价（亿元）
住宅用地	277.05	2.2	411946	3.2	131.82
商住用地	109.80	2.8	201430	2.2	44.31
商业金融业用地	63.60	4.6	196550	1.6	31.45
合计	450.45	—	809926	—	207.58

第十五章　杭州奥体博览城主体育场建设投资控制

杭州奥体主体育场占地 8.29 万 m^2，建筑面积 22.9 万 m^2，地上 6 层、地下 1 层，计划总投资 25.9 亿元；设计有 80800 个座位，是可与"鸟巢"比肩国家级体育场馆；项目设计之初定位为"国内领先、世界一流"；内设 9.5 万 m^2 的"一馆两中心"：杭州市群众文化活动中心、杭州非物质文化遗产保护中心和浙江省印学博物馆（"两中心"地上建筑面积 3 万 m^2，地下建筑面积 4.5 万 m^2；印学博物馆地上面积 5000m^2，地下建筑面积 1.5 万 m^2）。因此，主体育场项目设计标准之高、技术难度之大、多方协调之复杂均在国内政府投资项目中罕见。

主体育场项目自 2011 年 2 月正式开工以来，历时近 7 年时间，于 2017 年 12 月底完成了除体育工艺以外的竣工验收。可以说，项目建设时间跨度较长，涉及参建单位数量众多，前前后后又面临了征迁难、融资难、施工技术难度超预期等多种不可预见因素，对做好投资控制提出了极为艰巨的挑战。对此，按照"科学、务实、全寿命周期把控"的原则，我们从事前、事中、事后均对主体育场项目投资进行了控制和把关，取得了一定成效。现将有关经验论述如下：

第一节　事前控制

1.1　立足长远做出决策

杭州奥体博览城规划酝酿恰逢 2008 年国际金融危机，杭州老城区发展也已接近饱和，再加上杭州作为经济强市人均体育场馆面积却常年低于平均水平。综合上述种种原因，杭州市委、市政府通过长期研究论证，做出了在钱塘江南岸正对钱江新城的滨江和萧山区域建造奥体博览城的历史性决定。

对于大型体育场馆空置率较高、维护成本较大的传统挑战，政府层面还在八万人主体育场中创造性引入印学博物馆、群众文化活动中心、非物质遗产保护中心等"一馆两中心"，从规划阶段就解决了场馆赛后利用的问题。可以说，以主体育场等为代表的奥体博览城不仅是杭州从"西湖时代"迈向"钱塘江时代"的"标志性工程"，也是杭州保增长、扩内需、调结构、促和谐、惠民生的"向心力工程"，更是提高广大市民生活品质的"民心工程和实事工程"。

根据《关于杭州奥体中心主体育场和网球中心建设项目可行性研究报告的批复》（杭发改社会【2009】346 号），确定主体育场等项目估算总投资为 50.95 亿元。其中：主体育场、网球中心及停车配套 42.65 亿元；非物质文化遗产和群众文化娱乐中心 3.12 亿元；预留社会事业和其他配套用房 5.18 亿元。除核心区场馆建设外，再加上土地征迁、配套项目建设及财务费用等，奥体滨江区块项目估算总投资为 115 亿元。同时，经多部门测算，可带动奥体滨江区域可出让地块出让收入达 180 亿元以上。截至撰稿时，奥体滨江可出让土地已完成出让 620 亩，出让金合计 236.65 亿元，每亩平均价 3816.9 万元。因此，实际经济社会效益已超出规划预期。

1.2 全方位加强设计控制

设计阶段的造价控制是工程投资控制的重中之重，通常情况下，设计费只占建设工程寿命费用的 1% 以下，而这 1% 以下的费用对工程造价的影响度却占 75% 以上；施工图阶段影响工程造价的比例则降为 10%。

奥体主体育场项目于 2008 年 3 月在杭州市开展面向国际进行招标，吸引国内、国外设计精英参与投标。参与投标的十多个设计方案在浙江省展览馆的大厅内面向公众展示，在综合了广大市民的投票结果和专家的评审意见，最终确定了现行设计方案为基本方案。主体育场下部看台为现浇混凝土结构，上部钢结构屋盖为花瓣造型的悬挑空间管桁架 + 弦支单层网壳结构；整个钢结构屋盖由 14 组（28 片）主花瓣和 13 片次花瓣形成的花瓣组构成。针对主体育场项目特点，我们在设计环节采取了以下投资控制措施：

1.2.1 限额设计

按照总体功能和结构特点，请设计单位运用价值工程方法进行限额设计。比如，涉及梁柱等结构安全部分，增加了一定投资费用；声学处理考虑到金属屋盖屋面底板已设计有近 4 万 m^2 穿孔吸音板，可取消膜结构投资约 2500 万元。通过多种功能核算等，使主体育场整体限额科学务实，并预留一定不可见因素的应对。

1.2.2 标准化设计

尽可能采用成熟的技术，标准化、模块化设计以降低建造成本。其中，屋盖构成单元以尽量少的单元组合构成整个屋盖，降低了屋盖钢结构和幕墙的设计及建造难度，提升了建造效率，有效控制了成本。屋盖钢结构使用了 2.8 万 t 钢材和 4.5 万 t 钢筋，可在

循环材料使用总重量占所有建筑材料总重量约 20% 左右。

1.2.3 节能型设计

主体育场内设的杭州群众文化活动中心、杭州非物质文化遗产保护中心、中国印学博物馆空调热源均设计为燃气锅炉，锅炉热效率设计为 90%；主体育场空调冷源设计为电制冷系统，设有螺杆式冷水机组和离心式冷水机组和利用钱塘江水的江水源制冷系统；还利用主体育场屋盖屋面和二层平台雨水收集面积约为 8 万 m^2，收集的雨水汇入位于东侧的雨水利用贮存处理系统。收集处理的雨水用于绿化灌溉、道路泼洒、车库地面冲洗。相关设计措施的落实将对后续运行维护节能降耗提供较好基础。

第二节 事中控制

事中控制主要包括招投标阶段、施工图深化设计和施工阶段。

2.1 招投标阶段

工程建设公开招标是建设单位对拟建建设工程通过法定程序和方法吸引承包单位进行公平竞争，从中选择信誉佳、实力强、技术方案优、商务报价总体平衡等综合条件优越者来完成建设工程任务的行为，是投资控制的重要阶段。

奥体主体育场招标工程本着方便管理、便于投资控制、保证工期和保证质量的原则，按照专业和种类进行了多次招标和采购。主体育场工程类招标共 11 项，中标金额累计 14.5021 亿元；设备材料采购类共 14 项，中标金额累计 0.992443 亿元。

主体育场招标、采购情况　　　　　　　　　　表 15-1

序号	招标项目	类型	中标金额（亿元）	合计（亿元）	总计（亿元）
1	主体育场总包	工程类	5.7822		
2	主体育场监理	工程类	0.1784		
3	主体育场钢结构	工程类	2.36		
4	主体育场幕墙	工程类	2.36		
5	主体育场消防	工程类	0.5796		
6	主体育场智能化	工程类	0.3958	14.5021	
7	主体育场泛光照明	工程类	0.406		
8	主体育场室外工程	工程类	1.18		
9	主体育场闸机雨棚	工程类	0.034		
10	主体育场精装修I标	工程类	0.6468		
11	主体育场精装修II标	工程类	0.5793		
12	主体育场水泵	设备材料采购	0.0185		15.49454
13	主体育场锅炉	设备材料采购	0.03499		
14	主体育场空调末端	设备材料采购	0.0339		
15	主体育场电缆	设备材料采购	0.1543		
16	主体育场EPS	设备材料采购	0.02296		
17	0.4KV配电箱	设备材料采购	0.3131		
18	主体育场多联机	设备材料采购	0.0229		
19	主体育场热泵	设备材料采购	0.0619	0.992443	
20	主体育场柴油发电机	设备材料采购	0.0858		
21	主体育场交换器	设备材料采购	0.0103		
22	主体育场水处理器	设备材料采购	0.0095		
23	主体育场直饮水	设备材料采购	0.0106		
24	主体育场座椅	设备材料采购	0.205893		
25	主体育场灭火系统	设备材料采购	0.0078		

根据本工程招标次数多、招标专业多等特点，在招标阶段我们采取了以下投资控制措施：

1. 在主体育场项目招投标阶段，严格按照国家公开招标有关法律法规，会同招标代理等相关单位，根据工程特点，先在项目部及公司内部各部门进行深入探讨研究，形成初步招标方案，再提交由市、区政府相关部门组成的奥体滨江区块招标领导小组审定。确保招标成功的同时，有效控制了经济的合理性，也充分体现了重大工程内外招标管理的有效举措。

2. 由于主体育场项目招标次数多，所以各招标项目之间的招标界限划分显得尤为重要。在招标工作开始之前，确立了"施工管理方便、责任划分清晰、严格控制投资"等原则，将总承包与分包和配套工程之间的招标范围、工作界面划分清楚，制定招标范围划分表和界面划分表。在总承包招标时将工程分为三类，将三类工程之间的招标范围和工作界面以表格的形式直观地展示出来，便于招标管理，防止工作界面混乱：

A 类工程：纳入本次招标范围的工程

B 类工程：未纳入本次招标范围的分包工程

C 类工程：未纳入本次招标范围的配套工程

3. 编制招标文件前，相关部门人员会同招标代理人员、工程量清单编制人员对工程现场进行充分的踏勘，只有对工程现场有了详细的了解，编制的工程量清单才能更符合工程要求，才能减少施工过程中的施工联系单。尤其是对现场障碍物的清理、各种管线的保护措施、周边环境的保护措施等内容尽可能列入招标清单里。

4. 主体育场施工图有 1600 多张，招标前对施工图设计深度进行全面复核，及时修改完善和提升设计，减少施工过程中的变更。其中，相关混凝土预制板在此阶段增加设计面积达 1.2 万 m^2，需提前在招标阶段纳入了相关投资测算数。

5. 根据施工工期长、主材用量大、对造价影响大的特点，在招标文件合同条款中明确施工期内材料涨跌情况下的价格调整方式，以明确的调价方式来应对不确定的主材涨跌行情。

6. 在招标之前委托第三方造价咨询机构对招标代理单位编制的招标文件、工程量清单和招标控制价进行审核，并上报区相关部门进行审定。通过专业机构的审核来发现其中的漏洞（包括招标条款是否合规、是否符合工程实际、是否符合建设单位要求，工程量清单漏项，工程量错误，控制价错误等），以此来减少因为招标文件错误导致的后期造价增加。

1.2 施工图深化设计阶段

主体育场工程规模大，施工图数量多，技术特别复杂，因此按桩基工程、主体结构工程、钢结构工程等主要节点进度组织参建单位对施工图进行图审，必要时由中标的专业单位进行深化设计。主体育场工程共自组织了 17 次施工图交底、会审会，及时补充完善了相关施工图，保证了使用功能，又尽可能地减少返工。其中，主体育场钢结构屋盖对钢结构加工工艺经图纸会审和反复论证，确定了"正火加回火工艺"，节省投资约 1100 万元；相关钢结构屋盖通过深化设计，兼顾工厂制作工艺、运输条件、现场拼装方案等技术要求，实现深化后的钢桁架和钢檩条工程量比原图纸有了明显减少，节省资金约 470 万元；另有环梁铸钢节点更是先进行了 1：1 模型试验论证后再行正式施工，兼顾了施工方案的可行性和经济性。

1.3　施工阶段

施工阶段是实现建设工程价值的主要阶段，也是资金投入量最大的阶段。主体育场由于项目规模特别大，施工组织特别难，不可预见因素及工程变更难以避免。为了严格、有效地对工程变更进行管理，奥体博览中心主体育场在施工过程中主要采用了以下变更控制措施。

1.3.1　工程变更管理流程化、制度化

对施工阶段管理首先是严格按照施工图施工，对各种变更严格把关，所有的变更都是先审批后变更。针对主体育场项目我们还单独制定了工程联系单管理操作流程，对工程变更实施"量价分离"控制，建设单位负责签证工程变更发生的"量"，不签证"价"；过程中所有的工程变更审核造价都是初步审核造价，最终都是以审计局的审计结果为准。

在工程变更的管理上按照单个变更的金额大小分为两类：

（1）一般工程变更：指同一性质变更金额在 30 万元（含）以下（合同造价 500 万元以下的项目）、50 万元以下（合同造价 500 万元～5000 万元以下的项目）、变更金额占合同造价 1% 以下且变更总额 300 万元以下（合同造价 5000 万元及以上的项目）的工程变更。一般变更实行会签或例会制度。项目部现场管理人员根据区政府投资项目工程一般变更报告程序报计划审核部，计划审核部依据招投标文件、施工合同和图纸等有关资料，结合现场核实情况提出客观公正的内审意见并出具变更报告，并会同工程部、总工办现场核实、踏勘，做工程变更会议记录，最后经公司工程变更审查小组批准。

（2）重大工程变更：指同一性质变更金额在 30 万元（含）以上（合同造价 500 万元以下的项目）、50 万元（含）以上（合同造价 500 万元～5000 万元以下的项目）、变更金额占合同造价 1%（含）以上且变更总额 300 万元（含）以上（合同造价 5000 万元及以上的项目）的工程变更。重大变更除履行一般变更程序外，由计划审核部报区建设工程重大变更审查委员会审查批准。如遇特别重大、特殊工

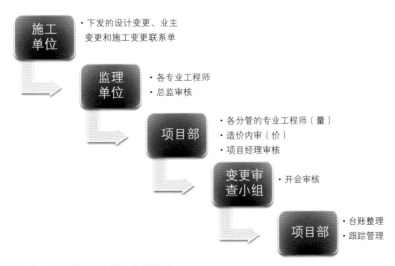

图15-1　项目联系单内部审核流程图

程变更还需上报区长办公会议审查批准。

主体育场项目联系单内部审核总体流程如下：

1.3.2 工程变更管理科学化、专业化

在设计、监理、建设单位对变更进行审核的基础上聘请专业造价咨询公司对本项目进行全过程造价跟踪审计，各方共同努力、发挥各自的专业特长对各项变更的控制更加专业。经过多年实践，我们认为以下几点是工程变更审查的重点：

（1）注重工程变更资料、手续完备性

着重审查工程变更资料是否齐全，有无正规批文；工程变更图纸及原设计图纸；监理单位、原设计单位对变更的技术、经济等方面的认可意见等。对工程变更的变更理由、依据、内容，处理方式等要有总体把握，做到有的放矢，突出重点。

（2）明确工程变更在施工合同和招标文件中的处理原则

重点分析施工合同的价格约定形式，是单价合同还是总价包干合同，分析施工合同中明确的发承包人义务和责任以及承担的风险，分析施工合同中明确的变更工程的价格调整方法，承包单位投标书中所使用的定额等。当合同文件内容含糊不清或不相一致时，按照招标文件明确的优先解释顺序来确认有关变更事项。

（3）核查工程变更理由

根据施工单位所提交的变更申请充分分析变更的理由，对比原合同文件中对发包范围的规定以及相关内容，判定变更的合理性。着重审查工程变更中是否存在施工合同的承包内容已包括应由承包方自己承担的工程费用，防止工程变更的虚报，这是工程变更初审的关键。对下列情况的工程变更申请应不予申报：

①招标文件规定应由承包单位自行承担的；

②施工合同约定或已包括在合同价款内应由承包单位自行承担的；

③承包单位在投标文件中承诺自行承担的或投标时应预见的风险；

④由承包单位责任造成的工程量增加；

⑤法律、法规、规章规定不能办理的。

（4）核实变更工程量

变更工程量的审核是变更工程价款审核的基础，它的准确与否直接影响到变更工程价款的正确性。主体育场对变更工程量的审核，是在监理审核的基础上再次核实确认的结果。主要审查内容：一是看是否按照各专业清单、定额规定的工程量计算规则计算；二是看工程量是否与定额子目所包含的工作内容重复；三是要深入施工现场准确测量变更工程量，由于"先批后做"的原则，更要严格将设计修改单或现场签证单的工程量与施工现场实际发生的工程量仔细复核，防止工程量虚增。

（5）审查工程变更单价

重点审查承包单位上报的变更价格是否按照招标文件中工程变更价格确定的原则计算，是否存在为了额外利润或不平衡报价的补亏而故意抬高单价的现象。对于合同范围外新增项目综合单价的审核：一是看是否符合招标文件条款的约定；二是看是否高套定额；三是看是否有多套定额子目；四是看重新组价的材料单价无投标价可参照时，是否按变更发生当期的信息价计取，如材料无信息价可参照时，按承发包双方确认的市场价计取，最终以审计为准；五是看取费基数是否正确；六是看费率是否和原投标报价所取费率一致。其中主材价格的签证还应要求施工单位列

计划安排，提前报给建设单位，给建设单位充分的市场调查和决策时间。

（6）证据链的完整有效性

相关变更证据链要完整有效，对于隐蔽的或者拆除后看不到的内容，要有影像资料作为依据附件。

此外，工程变更联系单申报要紧跟实际情况的发生时点做到及时提出、及时取证、及时认定和及时签证。对主体育场工程变更管理举例如下：

2014年，为满足毗邻工程施工需要，主体育场工程相关临设需拆除并重新布置。对此，施工单位提出增加临设拆迁费用约244万元。我们在初审时通过查看各项文件资料，发现总包招标答疑第7页第44条内容，明确"临时建筑根据已提供的总平面图规定的本项目范围及现场踏勘情况，由投标人自行布置。非本项目用地不能占用，如占用其他项目用地，其他项目开工时，应无条件拆除"。根据该条款，驳回了施工单位变更申请。

主体育场外露结构设计清水混凝土，由于主体育场主体结构施工时间长，故而会导致使用不同批次的水泥而产生色差，设计要求根据现场清水混凝土基层的情况，进行局部修补和清水混凝土构件整体调色处理。通过咨询多家仿清水工艺施工单位，先由多家单位现场施工调色样板，再由设计确认最终样板颜色和施工方案，选定北京中铁德成、北京中和三江、深圳轻易装饰报价，最终选定北京中和三江来从事整个主体育场的仿清水混凝土调色事项施工。该设计变更施工单位上报约557万元，原应作为重大变更上报，但在审核过程中，我们与北京中和三江厂家核实工序和人工后发现施工单位上报调色工序报价没有扣除招标范围内应有工序，变更费用得以核减约368万元。

第三节　事后控制

由于截止撰文时，主体育场工程尚处于工程结算阶段，在此仅论述该工程结算工作的有关经验。工程竣工结算是指施工承包单位施工完成并经验收合格后，与建设单位进行的最终工程价款结算。根据本工程特点，在投资的事后控制上采取了以下措施：

1. 对施工单位送审的结算资料进行审查。审查资料是否真实、有效、完整。

2. 对送审结算进行审核。

（1）审核单价是否按投标单价报审，各项费率是否按投标费率报审等。对工程量进行全面的复核计算和审核，核减虚报的工程量。

（2）审核是否有施工单位为了施工方便而增加的工程量，该部分属于施工单位自行承担的措施费，不能另行计取费用。如：

本工程钢结构吊装时定位而制作安装了连接耳板，待吊装完毕又自行拆除，经过分析，认为该费用属于吊装时发生的施工措施费用，不予计取，核减约740万元。

（3）对结算中的计算正确性和无价材料价格取定等情况进行审核，对计算错误和价格高取的情况进行核减。

（4）招标时如有暂列金额、预留金等费用的，在审核时要检查送审结算中是否有相关金额，如有则进行扣除。

（5）将合同中的罚则与资料进行逐项对比，施工过程中如有触犯罚则的情况发生则按合同约定进行处罚。

（6）将整个项目的所有工程统一管理，统一审核，避免出现同个子目重复计算给不同施工单位的情况。

实现了"结算＜预算＜概算"的目标；同时相关社会经济效益自2016年G20杭州峰会后正在逐渐显现。

第四节　总结

奥体主体育场项目在各方的共同努力下，目前已有部分专业工程获得了工程建设领域国家级或省级奖项：钢结构工程获得了全国钢结构工程最高荣誉（中国钢结构金奖），幕墙工程已荣获了浙江省优秀建筑装饰工程奖（建筑幕墙）。一定程度上反映了投资控制保障了主体育场工程进度、质量、安全等全方位地推进。通过事前、事中和事后全方位地控制，主体育场工程在投资方面取得了以下成果：

1. 根据初步统计测算，主体育场工程总体上

2. 工程变更得到有效控制

建设工程通常在施工阶段会发生各项索赔和众多工程变更。主体育场工程由于实施了众多的投资控制措施有效地控制了变更数量和变更金额，并且所有的变更都程序完整、证据充分、事实清晰。经各级初步审核，主体育场工程共发生一般变更8205.0082万元，重大变更17157.9392万元。其中重大变更施工单位报审金额合计为23765.9109万元，各级各部门依据事先制定的审核依据和投资控制措施，采取了科学的审核办法，共计核减变更金额6607.9717万元，占报审金额的27.8%。

主体育场一般变更情况　　　　　　　　　　　　　　表15-2

序号	项目名称	变更金额（万元）	备注
1	主体育场总包工程	3957.2337	—
2	钢结构工程	1832.0097	—
3	幕墙	1513.662	—
4	泛光照明	82.954	—
5	智能化	72.622	—
6	消防	268.5363	—
7	装饰Ⅰ标、Ⅱ标	304.8697	—
8	室外工程（未竣工）	133.6439	—
9	0.4kV配电柜设备	18.8943	—
10	闸机雨棚工程	20.5826	—
	合计	8205.0082	—

主体育场重大变更情况　　　　　　　　　　　　　　　　　　　　表 15-3

序号	项目名称	变更内容	报审金额（万元）	审核金额（万元）	核减金额（万元）
1	总包工程	施工场地三通一平（临时设施区域）	115.4429	97.4289	18.0140
		防水材料变更	1502.4324	716.8177	785.6147
		百年混凝土增加费用	4137.2321	2698.4922	1438.7399
		群文及印博的建筑、结构修改增加费用	1039.7423	875.1029	164.6394
		下部钢结构部分深化图纸变更	978.4381	615.0683	363.3698
		环梁吊模方案被否决，重新编制了新的支模专项方案，已获专家论证通过	4362.0016	1844.9620	2517.0396
		外墙做法调整	-341.2436	-506.2495	165.0059
2	钢结构工程	铸钢件（ZGJ-01）重量变化	505.1858	341.1721	164.0137
		铸钢件（ZGJ-02）数量有误	2521.4629	2506.1726	15.2903
		铸钢件（ZGJ-02）重量变化	672.7323	368.2385	304.4938
		铸钢件设计变更	2056.0497	1905.5487	150.501
		上部钢结构弦杆对戒节点深化	790.2555	740.4728	49.7827
		铸钢件制造工艺修改	940.747	853.6252	87.1218
3	幕墙工程	体育场观众通道口原涂料改为清水挂板设计变更	883.3126	660.6348	222.6778
		金属屋面板排版设计变更	287.356	256.3710	30.985
		屋盖屋面次檩条防暑做法变更	-242.7351	-242.7351	0
		下沉广场墙面设计变更	-406.5995	-406.5995	0
4	泛光照明	泛光照明临时供电增加四路电缆	191.6312	160	31.6312
5	智能化工程	深化设计变更	1128.3325	1128.3325	0
6	消防工程	火灾自动报警系统调整	335.3790	276	59.379
7	室外工程	调整2kV电力进线管沟	364.9834	325.3113	39.6721
8	变配电工程	电气一、二次系统加强，新增三次系统等	1943.7718	1943.7718	0
		合　计	23765.9109	17157.9392	6607.9717

主体育场项目变更金额占合同金额的比例在行业内属于较低水平。具体情况为：

（1）总包工程、智能化工程和消防工程的变更金额占合同金额的比例控制在20%以内。

（2）钢结构工程变更率虽然达到36%，但别除设计图纸有关数量错误因素后，变更金额占合同金额的比例也在20%左右。

（3）幕墙、泛光照明工程、室外工程的变更金额占合同金额的比例则是控制在10%以内。

3.根据已经完成审计的两个项目来看，事后控制对投资控制同样发挥了不可替代的作用。其中，主体育场钢结构工程送审结算造价321703615元，审定结算造价298448223元，核减金额为23255392元；主体育场及附属建筑幕墙工程，送审结算造价253509864元，审定结算造价249000841元，核减金额为4509023元。

可以说，奥体主体育场项目投资控制是一场持久仗，从项目规划之初至今已10年，至今已基本结束；这也是一场极有挑战性的综合性工作，既要一个接一个地面对数十家参建单位发起的诱惑攻势，又要一次又一次地调动各参建单位的建设积极性。总的来说，做好这样大型规模的政府投资项目的投资控制，不仅需要"专业、务实"，更需要"敬业、协调"。本文阐述了在工程建设全过程周期中项目投资予以科学和严格地控制理念、思路和措施，希望能给相关工作者予以借鉴；同时鉴于笔者能力有限，望相关各方能不吝指正。

主体育场有关变更情况   表 15-4

项目名称	合同金额（万元）	一般变更金额（万元）	重大变更金额（万元）	变更金额合计（万元）	变更金额占合同金额比例（%）
总包工程	57822.7542	3957.2337	6341.6225	10298.86	17.81
钢结构工程	23623.12188	1832.0097	6715.2299	8547.24	36.18
幕墙工程	23635.6383	1513.662	267.6712	1781.333	7.54
泛光照明工程	4060	82.954	160	242.954	5.98
智能化工程	5796.0077	72.622	1128.3325	1200.955	20.72
消防工程	3958.6805	268.5363	276	544.5363	13.76
室外工程	4859.4039	133.6439	325.3113	458.9552	9.44

工程照片选集

开工典礼一

开工典礼二

竣工验收

下层看台施工（内景）

下层看台施工（外景）

中层看台夜间施工

三层结构施工

上层看台施工（内景）

上层看台施工（外景）

样板模型混凝土浇筑

样板区模型

样板模型钢筋绑扎

钢结构预拼装一

钢结构预拼装二

钢结构预拼装三

钢结构吊装内景

钢结构吊装外景一

钢结构吊装近景

钢结构吊装远景

钢结构吊装外景二

钢结构吊装外景三

钢结构吊装完成

金属屋面施工

金属屋面施工完成内景

金属屋面施工完成外景一

金属屋面施工完成外景二

泛光照明赛事模式

泛光照明节庆模式

泛光照明冬日模式

泛光照明夏日模式

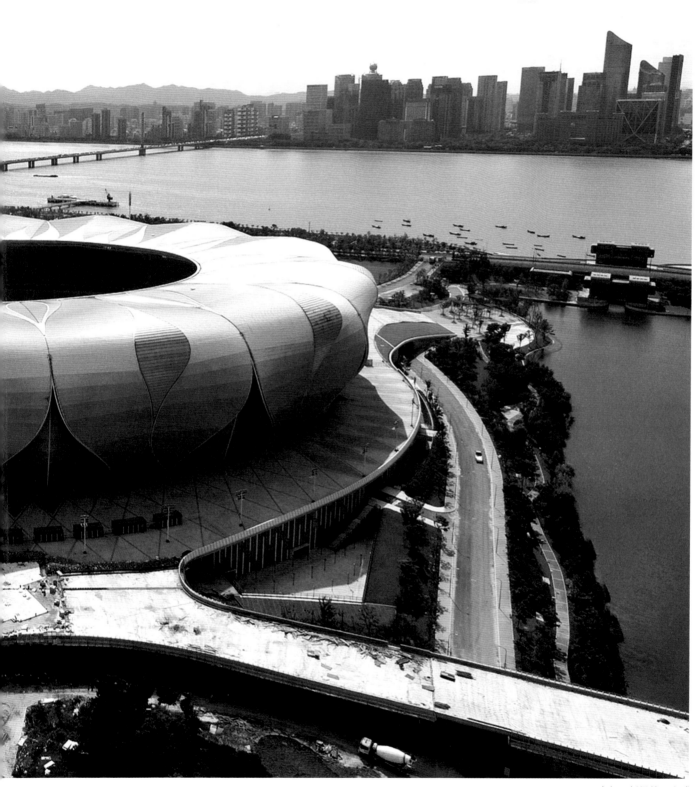

高架、桥梁施工完成